U0160434

粒子对波束散射的解析和半解析方法

王明军　张华永　著

科学出版社

北京

内 容 简 介

本书主要讨论粒子对波束散射的解析和半解析方法。全书共 6 章，第 1 章介绍粒子对激光波束散射的研究进展；第 2 章给出入射高斯波束用球矢量波函数展开的表达式，是广义 Mie 理论的基础；第 3 章详细讨论规则形状粒子对高斯波束的散射，给出球、旋转椭球的微分散射截面，以及无限长圆柱和介质平板的归一化强度分布；第 4 章讨论规则形状粒子对任意波束的散射；第 5 章应用扩展边界条件法讨论均匀和双层粒子对高斯波束的散射；第 6 章研究粒子对任意波束的散射特性。书中附有典型粒子对常用波束散射的程序，便于读者学习和研究之用。

本书适合电子科学与技术、电子信息工程、电磁与无线技术、光学工程及通信与信息系统专业的高年级本科生、研究生以及相关专业的工程技术人员参考。

图书在版编目(CIP)数据

粒子对波束散射的解析和半解析方法/王明军，张华永著. —北京：科学出版社，2020.3

ISBN 978-7-03-064086-4

Ⅰ.①粒… Ⅱ.①王… ②张… Ⅲ.①粒子−电波散射−研究 Ⅳ.①TN011

中国版本图书馆 CIP 数据核字(2020) 第 015226 号

责任编辑：宋无汗 李 萍／责任校对：邹慧卿
责任印制：张 伟／封面设计：陈 敬

科学出版社 出版

北京东黄城根北街 16 号
邮政编码：100717
http://www.sciencep.com

北京凌奇印刷有限责任公司 印刷

科学出版社发行　各地新华书店经销

*

2020 年 3 月第 一 版　开本：720×1000　B5
2021 年 1 月第二次印刷　印张：11
字数：222 000

定价：98.00 元

(如有印装质量问题，我社负责调换)

前　　言

复杂系统中随机介质波传播与散射特性的研究自 20 世纪 50 年代起，在国防、军事、航天及民用领域具有重要的学术价值和广泛的应用背景。不同类型、不同几何形状的复杂粒子是离散随机介质的一种类型，激光与这些复杂粒子的传输与散射特性在大气光学、激光雷达遥感、无线光通信、光镊、燃烧、生物医学、纳米科学等领域有着重要的应用。

本书主要介绍粒子 (如球、椭球和圆柱形粒子) 对任意入射激光波束散射的解析和半解析方法。首先，全面综述粒子对激光 (高斯) 波束散射的国内外研究进展。其次，阐述波束散射的基础理论，介绍 Davis 给出的高斯波束在两平行直角坐标系中的三阶近似描述，并根据广义 Mie 理论，采用属于旋转直角坐标系的球矢量波函数之间的关系式，导出入射高斯波束用属于任一直角坐标系的球矢量波函数展开表达式，给出展开系数或波束形状因子的计算公式，为进一步研究入射高斯波束在旋转椭球、圆柱坐标系中的展开打下了理论基础。再次，在广义 Mie 理论框架内详细讨论球、旋转椭球对高斯波束的散射，高斯波束通过无限长圆柱和介质平板的传播特性，给出球、旋转椭球的微分散射截面，以及无限长圆柱和介质平板的归一化强度分布结果。接着，用半解析方法研究球形粒子、椭球形粒子、无限长介质圆柱和无限大介质平板对任意波束的散射。然后，给出扩展边界法的一般理论，并用来研究均匀粒子和双层粒子对高斯波束的散射。最后，介绍粒子对任意波束的散射特性。

本书得到国家自然科学基金 (项目编号：61771385、61271110，60801047)、中国博士后基金 (20090461308、2014M552468)、陕西省高层次人才特别支持计划、陕西省青年科技新星计划 (2011KJXX39)、陕西省自然科学基金 (2014JQ8316、2010JQ8016)、陕西省教育厅专项科研计划 (2010JK897、08JK480)、安徽省自然科学基金 (1408085MF123) 及国家自然科学优秀青年基金 (61722101) 等项目和西安理工大学著作资助基金资助，在此一并表示感谢。

本书是作者及团队对粒子与波束散射特性研究工作的总结，由于作者水平和时间所限，书中难免存在不足之处，欢迎读者不吝指正。

目　　录

第1章 绪 论

1.1 背景和意义

在不同背景环境下，不同几何形状粒子的散射特性是电磁/光波传输和散射特性研究的热点。激光器的发明，使得复杂系统粒子散射特性研究从电磁波扩展到了激光。众多学者利用电磁场与电磁波理论，结合激光波束传输特点，从理论和实验两个方面对激光波束在随机介质中的传输特性及激光波束与介质相互作用特性做出深入研究，并取得了很大的进展。

在自然界中，天空会出现彩虹大气光学现象，其产生的本质是大气粒子对光波的散射和吸收。人们研究了各种大气粒子与光束的散射和吸收特性。在生物医学领域，诺贝尔奖获得者亚瑟·阿什金的主要贡献——光学镊子及其在生物系统的应用，就是利用激光波束的光镊现象实现对生物活体样品非接触无损伤的捕获和操纵，该方法特别适合于生命科学中对生物大分子、生物细胞的研究。根据激光波束与粒子间的辐射压力，可以给出光镊系统中微粒辐射捕获力的精确理论解释及数值分析，从而对光镊实验仪器的技术改进、捕获力的实验测量过程和细胞的生物特性研究等起到重要的指导作用。在大气光学中，当激光波束在大气中传输时，与大气中的各种粒子，如云中的水汽、冰晶粒子、雾、霾或者大气分子与气溶胶发生吸收和散射，从而产生激光信号的衰减、吸收和去极化现象。研究激光与粒子的相互作用所取得的结果，可用于地空链路上激光通信、激光雷达目标探测、激光制导和激光引信，对星载、机载激光通信、激光雷达目标的跟踪、定位和识别都具有重要的意义。另外，在大气或者海洋环境检测中，利用激光发射出来的波束的散射和吸收特性，可以探测大气和水下的特定污染物，也可以通过大气和水下悬浮微粒对激光光束散射强度和极化度的测量来监测水下和大气雾霾污染。在燃烧技术中，研究激光波束在飞机、飞行的导弹和火箭发动机尾喷产生的大量的烟尘、气体或者等离子体等中的传输特性时，可利用大量燃烧生成物组成的颗粒系对激光波束的散射特性，判断燃烧过程以及燃料燃烧程度，而且对目标的激光雷达预警和识别也有重要作用。

在自然界,各种各样的粒子分布在大气、海洋或者生物医学环境中,研究激光波束对粒子间的散射特性,能够进一步促进激光在已知及更多应用领域中的改进和开拓,具有重要的理论价值和实际应用前景。

1.2 粒子对激光波束散射研究的进展

自 20 世纪 50 年代起,对复杂系统中随机介质波传输与散射特性的研究一直是研究的热点,本书结合激光传输特点,应用精确的解析和半解析理论研究粒子对任意波束的散射,是研究激光在随机介质中的传输特性及激光与介质相互作用特性的基础问题。

粒子的激光散射特性研究,最早从研究平面波与球形粒子的散射特性开始。各向同性均匀球形粒子对平面电磁波散射精确解在 1908 年由 Mie 得到,这开启了学者对粒子散射特性的研究。在现代科学研究中,粒子的电磁散射和光散射特性早就成为重要的研究课题 [1-6]。经过一个多世纪的发展,人们针对不同的粒子提出了相应的解决办法,研究的文献很多,涉及的研究领域有大气、海洋、气象水文和材料科学等。2014 年,Gouesbet 等 [7,8] 用大量文献介绍了任意形状粒子对有形波束的散射问题,综述了 2009~2013 年基于广义 Lorenz-Mie 理论针对典型粒子的散射问题所做的主要工作。概括起来,粒子散射研究使用的方法如下:① 解决瑞利区小粒子的计算方法主要有瑞利近似、玻恩近似、瑞利–玻恩近似等;② 解决几何光学区大粒子的主要计算方法有几何绕射理论、物理光学法、物理绕射理论、几何光学法、一致性绕射理论以及等效电流法等;③ 解决谐振区与入射波可比拟粒子的计算方法主要有时域有限差分法、有限元法、矩量法、点匹配法、散射传输矩阵法、分离变量法等。各种计算方法近年来在迅速地发展,在计算的速度、精度及可以计算算例的普遍性上都有很大提高 [1-6,9]。能够解决的粒子特性由原来的球体、圆柱体、圆锥体等规则形状 [10,11] 发展到任意形状,其中典型的是 Draine 等 [12] 提出的数字积分法,解决了雪花、烟尘、沙尘或雾霾等粒子的光散射特性数值计算问题。

有关粒子的波束散射问题研究,早在 1968 年,Morita 等 [13] 给出在波束传输轴上束腰附近球形粒子对波束的散射特性,通过数值计算比较了金属球形粒子平面波和波束散射特性。1978 年,Tam 等 [14] 基于矢量波函数研究了 TEM$_{00}$ 模式高斯光束入射任意位置球形粒子的散射特性。1979 年,Davis[15] 提出高斯波束用平面波角谱的展开形式,为研究高斯波束的散射提供了一种有效的途径。Kojima

等[16]研究了离轴二维高斯波束入射圆柱体的散射特性。1982 年，Kozaki[17]研究了高斯波束入射导体圆柱和介质圆柱的散射特性并给出解析。1983 年，Kim 等[18]建立了基模激光束在光学势阱中入射各向同性介质球的散射理论，并给出了球体内外的光场分布。1988 年，Gouesbet 等[19,20]根据 Davis 的结果，基于 Bromwich方法，给出位于高斯波束中任意位置上各向同性球形粒子的散射特性，提出了广义Mie 理论，并给出一种计算球形粒子对高斯波束散射的级数方法及高斯波束在球坐标系中展开时展开系数的三种计算方法。广义 Mie 理论已是一种公认的研究球形粒子对有形波束散射的重要方法。Barton 等[21]推导了任意波束入射均匀球形粒子上内、外电磁场的理论表达式，并给出基于该理论发展的数值计算方法。

1990 年，Gouesbet 等[22]基于局域近似条件，用广义 Mie 理论给出波束形状因子 (展开系数)$g_{n,\text{TM}}^m$ 和 $g_{n,\text{TE}}^m(n = 0, 1, 2, \cdots, \infty; m = -n, \cdots, +n)$。1991 年，Barton等[23]研究了球形和准球形粒子在聚焦激光光束照射下粒子的内、外电磁场。1993年，Lock[24]研究了球形粒子高斯波束照射下球内场和球外散射场强度。Khaled等[25]研究了高斯波束入射球形粒子的散射对高阶彩虹的贡献。1994 年，Lock 等在广义 Mie 理论基础上，基于局域近似条件，给出了在轴和离轴高斯波束球形粒子散射波束形状因子，同时还利用分布理论研究了高斯波束与无限长圆柱之间的散射特性[26-28]。Khaled 等[29,30]研究了具有涂层球形粒子的激光波束散射特性，比较了平面波和离轴高斯波束入射球形粒子内部的电场能量。1995 年，Barton[31,32]提出一种在椭球坐标系中分离变量的理论方法，用于确定入射于均匀椭球状粒子上的任意单色光散射时椭球内部和近表面电磁场。并且，对长椭球和扁椭球进行了计算，给出了入射场的粒径、粒轴比和方向、平面波和聚焦高斯波束对粒子的内、近表面电磁场分布的影响。Gouesbet 等利用分布理论研究波束入射下无限长圆柱，以及任意形状波束入射下多层球形粒子的散射和辐射压力特性，同时利用广义 Lorenz-Mie 理论和衍射理论分析了沿着光束轴的球形粒子对高斯激光束的前向散射，给出直径为 $51.6\mu\text{m}$ 的电动悬浮液滴的前向散射和近前向散射分布，并与广义 Lorenz-Mie 理论的理论值进行了比较[33-35]。Lock[36]通过球形粒子高斯光束散射理论局部化模型，在该理论的数值计算中给出了一种简化算法。1996 年，Barton[37]研究了一种不规则形状的轴对称层状粒子对聚焦光束的散射特性，给出了分层球形粒子波束散射特性。Lock 等[38]研究了离轴非高斯波束入射球形粒子的远区散射场。1997 年，Wu 等[39]改进平面波和波束入射球形粒子的散射特性数值计算算法，Barton[40]建立了一种计算高阶高斯光束与均匀球相互作用后粒子内、外电磁场理论模型, 并利用数值的方法给出了内、外电磁场的空间分布。1997 年, Ren 等 [41] 利用广义 Lorenz-Mie 理论研究了无限长圆柱对不同类型高斯光束的散射。Doicu 等 [42] 利用广义 Lorenz-Mie 理论研究了球形粒子对高斯激光束的电磁散射。1998 年, Barton[43] 提出高阶高斯光束与均匀球粒子相互作用时的电磁场分析方法, 研究了入射光束对球形粒子散射远场的影响, 并且给出了入射光束类型对远场散射角度分布的影响, 导出了高斯波束电磁场分量的高阶近似表达式, 并采用分离变量法研究了球形粒子、椭球形粒子、无限长圆柱粒子对高斯波束散射强度分布。吴振森等 [44] 利用广义 Lorenz-Mie 理论, 将入射高斯波束按矢量球谐函数展开, 研究了多层有耗介质球的光散射, 讨论了波束宽度与球形粒子的尺寸和位置对散射系数和散射强度角分布的影响。1999 年, Mees 等 [45] 利用广义 Lorenz-Mie 理论, 计算了任意位置和任意方向的无限长圆柱对高斯光束的散射。在垂直入射的特殊情况下, Gouesbet 等 [46] 采用圆柱局部近似改进了广义 Lorenz-Mie 理论圆柱散射特性的数值计算方法, 并对该算法进行了验证, 然后将这种近似推广到圆柱在任意给定波束入射的情况。Gouesbet[47] 利用圆柱局部近似, 对无限长圆柱的广义 Lorenz-Mie 理论中的光束形状分布的数值计算进行了介绍, 并在高斯光束的入射情况下, 严格证明了该近似的正确性, 并将该近似推广到任意形状光束的条件下。2001 年, Yokota 等 [48] 研究了厄米–高斯光束入射手性介质球散射问题, 计算了光束近区散射场, 讨论了手性介质球半径对散射场的影响。Han 等 [49] 研究了高斯光束在长椭球向量波函数方面的扩展, 通过确定膨胀系数, 计算了球形散射特性。同时, 提出了一种根据球形坐标中的球形波函数扩展高斯光束的方法, 研究了均匀扁长 (或扁圆) 球状粒子高斯光束散射问题, 给出了在轴高斯光束入射的展开系数和散射强度分布的数值。2002 年, Cai 等 [50]研究了扭曲的各向异性高斯–谢尔模型光束在色散和吸收介质中的演化特性和光谱特性。2006 年, 白璐 [51] 研究了多粒子对高斯波束的相干散射, 导出了波束入射下双粒子相干散射系数, 提出了高斯波束入射在轴串粒子相干散射相互作用方程的构建方法, 建立了高斯波束入射多粒子相干散射相互作用方程, 提出了波束入射多粒子相干散射方程的传输矩阵表示方法, 计算并分析了多粒子对高斯波束的散射场特性。Kotlyar 等 [52] 考虑施加在由非近轴圆柱高斯光束照射的无限长的电介质圆形圆柱上的辐射力, 证明了在非近轴圆柱高斯光束中光学捕获圆形圆柱体的可能性。2007 年, Yan 等 [53] 提出一种改进的 T 矩阵方法来计算各种类形状粒子的散射场, 比较了聚焦高斯光束对相同体积椭球体和球形粒子的横向俘获效率的数值结果。Yokota 等 [54] 采用矩量法结合多重网格方法，分析了任意形状介质圆柱对高斯光束的散射。Venkatapathi 等 [55] 研究了线性偏振光束和椭圆高斯光束入射无限长均匀圆柱的散射场和内部场。2009 年，Pawliuk 等 [56] 利用平面波谱法分析了均匀介质圆柱对二维高斯光束的散射。Wu 等 [57] 研究了单轴各向异性球对在轴高斯光束的散射，分析了光束宽度、束腰中心位置和各向异性对散射特性的影响，还讨论了内部和近表面场分布。2010 年，Elsayed 等 [58] 使用 T 矩阵方法，计算了聚焦高斯光束入射非同心球形颗粒的角散射强度。Yuan 等 [59] 在粒子中心系统中，得到斜入射单轴各向异性球面上的离轴高斯光束散射的解析解，计算束腰中心位置和入射角以及介电常数张量对远区散射场分布的影响。Zhang 等 [60] 基于球形矢量波函数高斯光束扩展和广义 Lorenz-Mie 理论，计算高斯光束入射电介质和导电球形粒子的散射特性。Sun 等 [61] 利用球形矢量波函数展开入射和散射电磁场，推导用于高斯光束任意入射的涂覆球形粒子的散射的解析解，未知的膨胀系数由从适当的边界条件导出的线性方程组确定，得到导电和涂层球形颗粒的归一化微分散射截面的数值结果，并简要讨论了散射特性。

2011 年，Zhang 等 [62] 给出了计算高斯光束散射的精确解析解，计算了中心嵌入椭球体的球形粒子对高斯光束的散射特性。Yan 等 [63] 基于广义 Lorenz-Mie 理论研究了具有导体球核的椭球粒子对高斯光束的散射，给出了归一化微分散射截面的数值结果。Cui 等 [64,65] 提出一种计算聚焦高斯光束任意入射随机离散粒子多次散射的方法，并用表面积分方程方法，对任意形状均匀介质粒子对任意入射聚焦高斯光束的散射特性进行了研究，同时给出了一些不规则粒子的数值结果。2012 年，Zhai 等 [66] 利用柱面矢量波函数将入射高斯光束的散射场和圆柱内场展开，给出了无限长手征圆柱体对在轴斜入射高斯光束散射的解析解。Han 等 [67,68] 采用基于表面积分方程的有效数值方法，模拟多个任意形状的内部夹杂物组成的复杂粒子对高斯光束的散射，给出聚焦高斯光束通过结合由欧拉角定义的旋转的戴维斯五阶近似表达式。Wang 等 [69] 在广义 Lorenz-Mie 理论框架下，提出了旋转单轴各向异性球体对高斯光束散射的解析解，利用无限级数扩展求各向异性球体内的散射场。Jiang 等 [70] 根据球形坐标中的球形波函数扩展聚焦拉盖尔–高斯光束的方法，研究了聚焦拉盖尔–高斯光束在轴入射均匀长椭球粒子散射特性。Zhu 等 [71] 基于广义 Lorenz-Mie 理论通过用球面矢量波函数扩展入射高斯光束，得到了手征介质球对高斯光束散射的解析解。2013 年，Zhang 等 [72] 通过研究入射高斯光束的散射场以及圆柱内部高斯光场，获得了单轴各向异性圆柱散射的解析解，并研究了在轴高斯光束斜入射各向异性圆柱的散射特性。Sun 等 [73] 基于广义 Lorenz-Mie 理论框架，用局部光束模型描述在轴高斯光束的入射，研究了具有旋转单轴各向异性球形的散射场。2014 年，Sun 等 [74] 在广义 Lorenz-Mie 理论框架下，给出了球面高斯光束偏振入射时球面散射的解析解，计算夹杂物或涂层的球形溶胶粒子的偏振高斯光散射特性，并计算了在轴偏振高斯光束入射具有包含球状体粒子的散射特性。Chen 等 [75,76] 基于扩展边界条件方法，构造了由任意形状的单轴各向异性物体对在轴高斯光束散射的半解析解，用圆柱形矢量波函数展开形式给出高斯束通过陀螺圆柱的精确解析解。2016 年，Wani 等 [77] 主要研究了非均匀等离子体中高斯激光束的非线性传输。Chen 等 [78] 提出一种精确的半解析解，用于计算入射到旋转各向异性物体上的在轴高斯光束的散射。2017 年，Huang 等 [79] 基于复源点法和广义 Lorenz-Mie 理论，研究了厄米–高斯光束在海洋大气中的气溶胶粒子的散射特性和极化特性。2018 年，Zheng 等 [80] 在广义 Lorenz-Mie 理论的基础上，研究了高斯光束中矿物气溶胶的散射截面，并对散射截面进行了适当的建模。

综上所述，有关规则形状的粒子（如球形、圆柱形、椭球形粒子）波束散射特性的研究理论和计算都非常成熟，几何形状不规则或者不同介电常数、磁导率的粒子波束散射特征还在继续深入开展研究。本书将结合作者的研究工作，介绍粒子（如球、椭球和圆柱形粒子）对任意入射高斯波束的散射解析和半解析方法，为开展各种不同形状不规则粒子、团聚粒子、多个粒子体或者不同特殊的材质的粒子光散射特性研究提供系统的研究基础，所给出粒子与波束散射的解析与半解析方法在大气光学、激光雷达遥感、无线光通信、光镊、燃烧、生物医学、纳米科学等诸多领域中的粒子散射特性研究有着重要的意义。

第2章 高斯波束用球矢量波函数展开

本章首先介绍 Davis 给出的高斯波束在两平行直角坐标系中的一阶近似描述，然后根据 Gouesbet 等提出的广义 Lorenz-Mie 理论，采用属于旋转直角坐标系的球矢量波函数之间的关系式 (该关系式可由 Edmonds 给出的相应球标量波函数之间的关系式得到)，推导入射高斯波束用属于任一直角坐标系的球矢量波函数展开的表达式，并给出展开系数或波束形状因子的计算公式。解决这一理论难点，可以为进一步研究入射高斯波束在旋转椭球、圆柱坐标系中的展开打下理论基础。

2.1 高斯波束的描述

如图 2.1 所示，高斯波束在自由空间且沿直角坐标系 $O'x'y'z'$ 的 z' 轴正方向传输，设随时间变化的部分表示为 $\exp(-\mathrm{i}\omega t)$，其中 ω 为角频率，高斯波束束腰半径为 w_0，束腰中心与圆心 O' 重合。

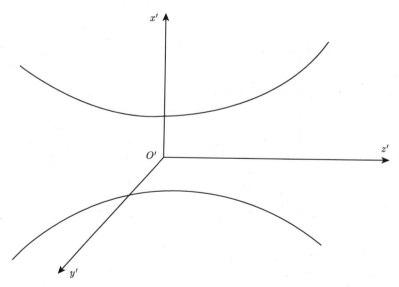

图 2.1 高斯波束

高斯波束可用平面波谱 [81] 或球矢量波函数展开 [82-86]。Davis[15] 和 Barton 等 [87] 给出一种方法，可推导出高斯波束的电磁分量在坐标系 $O'x'y'z'$ 中的各阶近似描述。

由矢势函数 $\boldsymbol{A} = A\hat{x}$ 满足的 Helmholtz 方程 $\nabla^2 \boldsymbol{A} + k^2 \boldsymbol{A} = 0$ 出发，对于图 2.1 所示的沿 z' 轴正方向传输的高斯波束，设有如下形式的解：

$$A = \psi(x', y', z')\mathrm{e}^{\mathrm{i}kz'} \tag{2.1.1}$$

定义无量纲的参数：$\xi = x'/w_0, \eta = y'/w_0, \zeta = z'/(kw_0^2)$。式 (2.1.1) 可表示为

$$A = \psi(\xi, \eta, \zeta)\mathrm{e}^{\mathrm{i}\zeta/s^2} \tag{2.1.2}$$

其中，$s = 1/(kw_0)$，通常是一个较小的值。

把式 (2.1.2) 代入 Helmholtz 方程可得

$$\left[\frac{\partial^2}{\partial \xi^2} + \frac{\partial^2}{\partial \eta^2} + 2\mathrm{i}\frac{\partial}{\partial \zeta}\right]\psi(\xi, \eta, \zeta) = -s^2\frac{\partial^2\psi(\xi, \eta, \zeta)}{\partial \zeta^2} \tag{2.1.3}$$

采用微扰法求解式 (2.1.3)，把 ψ 展开为参数 s 的级数：

$$\psi = \psi_0 + s^2\psi_2 + s^4\psi_4 + \cdots \tag{2.1.4}$$

把式 (2.1.4) 代入式 (2.1.3)，并令等式两边 s^2 各次幂前面的系数分别相等，可得

$$\left[\frac{\partial^2}{\partial \xi^2} + \frac{\partial^2}{\partial \eta^2} + 2\mathrm{i}\frac{\partial}{\partial \zeta}\right]\psi_0(\xi, \eta, \zeta) = 0 \tag{2.1.5}$$

$$\left[\frac{\partial^2}{\partial \xi^2} + \frac{\partial^2}{\partial \eta^2} + 2\mathrm{i}\frac{\partial}{\partial \zeta}\right]\psi_2 = -\frac{\partial^2\psi_0}{\partial \zeta^2} \tag{2.1.6}$$

$$\left[\frac{\partial^2}{\partial \xi^2} + \frac{\partial^2}{\partial \eta^2} + 2\mathrm{i}\frac{\partial}{\partial \zeta}\right]\psi_4 = -\frac{\partial^2\psi_2}{\partial \zeta^2} \tag{2.1.7}$$

······

式 (2.1.5) 是典型的抛物型方程，可用傅里叶变换的方法进行求解。设式 (2.1.5) 有如下傅里叶变换形式的解：

$$\psi_0(\xi, \eta, \zeta) = \int_{-\infty}^{\infty}\int_{-\infty}^{\infty}\bar{\psi}_0(\alpha, \beta, \zeta)\mathrm{e}^{\mathrm{i}(\alpha\xi+\beta\eta)}\mathrm{d}\alpha\mathrm{d}\beta \tag{2.1.8}$$

把式 (2.1.8) 代入式 (2.1.5)，可得

$$2\mathrm{i}\frac{\mathrm{d}\bar{\psi}_0(\alpha,\beta,\zeta)}{\mathrm{d}\zeta} - (\alpha^2+\beta^2)\bar{\psi}_0(\alpha,\beta,\zeta) = 0 \tag{2.1.9}$$

式 (2.1.9) 是关于变量 ζ 的常微分方程，其通解为

$$\bar{\psi}_0(\alpha,\beta,\zeta) = C\exp\left(-\mathrm{i}\frac{\alpha^2+\beta^2}{2}\zeta\right) \tag{2.1.10}$$

其中，常数 C 可取任意值，不妨令 $C = \dfrac{1}{4\pi}\exp[-(\alpha^2+\beta^2)/4]$，则有

$$\bar{\psi}_0(\alpha,\beta,\zeta) = \frac{1}{4\pi}\exp[-(1+2\mathrm{i}\zeta)(\alpha^2+\beta^2)/4] \tag{2.1.11}$$

把式 (2.1.11) 代入式 (2.1.8)，可得

$$\psi_0(\xi,\eta,\zeta) = \frac{1}{4\pi}\int_{-\infty}^{\infty}\int_{-\infty}^{\infty}\exp[-(1+2\mathrm{i}\zeta)(\alpha^2+\beta^2)/4]\mathrm{e}^{\mathrm{i}(\alpha\xi+\beta\eta)}\mathrm{d}\alpha\mathrm{d}\beta \tag{2.1.12}$$

令 $Q = \dfrac{1}{\mathrm{i}-2\zeta}$，则 $\dfrac{1}{1+2\mathrm{i}\zeta} = \mathrm{i}Q$。考虑积分关系式 $\displaystyle\int_{-\infty}^{\infty}\mathrm{e}^{-\frac{x^2}{a^2}-\mathrm{i}bx}\mathrm{d}x = \sqrt{\pi}a\mathrm{e}^{-a^2\frac{b^2}{4}}$，则式 (2.1.12) 的解为

$$\psi_0(\xi,\eta,\zeta) = \mathrm{i}Q\exp(-\mathrm{i}\rho^2 Q) \tag{2.1.13}$$

其中，$\rho^2 = \xi^2 + \eta^2$。

得到 ψ_0 后，可由式 (2.1.6) 求出 ψ_2，过程比较复杂。通过比较式 (2.1.6) 两边之后，可设 ψ_2 有如下的形式：

$$\psi_2 = [A(Q) + B(Q,\rho^2)]\psi_0 \tag{2.1.14}$$

把式 (2.1.13) 和式 (2.1.14) 代入式 (2.1.6)，可得

$$4\mathrm{i}Q^2\frac{\mathrm{d}A(Q)}{\mathrm{d}Q} + 4\rho^2\frac{\partial^2}{\partial(\rho^2)^2}B(Q,\rho^2) + [4-8\mathrm{i}\rho^2 Q]\frac{\partial}{\partial(\rho^2)}B(Q,\rho^2)$$

$$+ 4\mathrm{i}Q^2\frac{\mathrm{d}B(Q,\rho^2)}{\mathrm{d}Q} = -8Q^2 + 16\mathrm{i}Q^3\rho^2 + 4Q^4(\rho^2)^2 \tag{2.1.15}$$

比较式 (2.1.15) 两边，可得

$$4\mathrm{i}Q^2\frac{\mathrm{d}A(Q)}{\mathrm{d}Q} = -8Q^2 \Rightarrow A(Q) = 2\mathrm{i}Q \tag{2.1.16}$$

$$4\rho^2 \frac{\partial^2}{\partial(\rho^2)^2} B(Q,\rho^2) + [4 - 8\mathrm{i}\rho^2 Q] \frac{\partial}{\partial(\rho^2)} B(Q,\rho^2) + 4\mathrm{i}Q^2 \frac{\mathrm{d}B(Q,\rho^2)}{\mathrm{d}Q}$$

$$= 16\mathrm{i}Q^3\rho^2 + 4Q^4\rho^4 \Rightarrow B(Q,\rho^2) = \mathrm{i}Q^3\rho^4 \tag{2.1.17}$$

因此，ψ_2 可表示为

$$\psi_2 = [2\mathrm{i}Q + \mathrm{i}Q^3\rho^4]\psi_0 \tag{2.1.18}$$

得到 ψ_2 后，可由式 (2.1.7) 求出 ψ_4。设 $\psi_4 = [A(Q) + B(Q,\rho^2)]\psi_0$，把 ψ_2 和 ψ_4 代入式 (2.1.7)，可得

$$4\rho^2 \frac{\partial^2}{\partial(\rho^2)^2} B(Q,\rho^2) + [4 - 8i\rho^2 Q] \frac{\partial}{\partial(\rho^2)} B(Q,\rho^2)$$

$$+ 4\mathrm{i}Q^2 \frac{\mathrm{d}A(Q)}{\mathrm{d}Q} + 4\mathrm{i}Q^2 \frac{\mathrm{d}B(Q,\rho^2)}{\mathrm{d}Q}$$

$$= -48\mathrm{i}Q^3 - 48Q^4\rho^2 - 72\mathrm{i}Q^5\rho^4 - 40Q^6\rho^6 + 4\mathrm{i}Q^7\rho^8 \tag{2.1.19}$$

比较式 (2.1.19) 两边，可得

$$4\mathrm{i}Q^2 \frac{\mathrm{d}A(Q)}{\mathrm{d}Q} = -48\mathrm{i}Q^3 \Rightarrow A(Q) = -6Q^2 \tag{2.1.20}$$

$$4\rho^2 \frac{\partial^2}{\partial(\rho^2)^2} B(Q,\rho^2) + [4 - 8\mathrm{i}\rho^2 Q] \frac{\partial}{\partial(\rho^2)} B(Q,\rho^2) + 4\mathrm{i}Q^2 \frac{\mathrm{d}B(Q,\rho^2)}{\mathrm{d}Q}$$

$$= -48Q^4\rho^2 - 72\mathrm{i}Q^5\rho^4 - 40Q^6\rho^6 + 4\mathrm{i}Q^7\rho^8 \tag{2.1.21}$$

在式 (2.1.21) 中，可设 $B(Q,\rho^2) = mQ^6\rho^8 + nQ^5\rho^6 + lQ^4\rho^4 s$，计算后使相应项前面的系数分别相等，可确定常数 $m = -\dfrac{1}{2}, n = -2\mathrm{i}, l = -3$，进而确定 $B(Q,\rho^2)$，则可得 ψ_4 的表达式为

$$\psi_4 = \left[-6Q^2 - \frac{1}{2}Q^6\rho^8 - 2\mathrm{i}Q^5\rho^6 - 3Q^4\rho^4 \right]\psi_0 \tag{2.1.22}$$

应用同样的方法，可求出 ψ 关于 s^2 的各阶近似解。

求矢势函数 $\boldsymbol{A} = A\hat{x}$，可由关系式 $\boldsymbol{H} = \dfrac{1}{\mu_0}\nabla' \times \boldsymbol{A}$ 和 $\boldsymbol{E} = \dfrac{\mathrm{i}}{\omega\varepsilon_0\mu_0}\nabla'\nabla'\cdot\boldsymbol{A} + \mathrm{i}\omega\boldsymbol{A}$ (应用了 Lorenz 规范，上标 "′" 表示运算在坐标系 $O'x'y'z'$ 中进行) 求出电场和磁场强度，它们各分量的三阶近似 (s 的最高次幂为 3) 表达式为

$$E_{x'} = E_0[1 + s^2(\mathrm{i}Q^3\rho^4 - 4Q^2\xi^2)]\psi_0 \mathrm{e}^{\mathrm{i}\zeta/s^2}$$

$$E_{y'} = E_0 s^2(-4Q^2\xi\eta)\psi_0 \mathrm{e}^{\mathrm{i}\zeta/s^2}$$

$$\begin{cases} E_{z'} = E_0[s2\xi Q - s^3(8Q^3\rho^2\xi + 4\mathrm{i}Q^2\xi - 2\mathrm{i}Q^4\rho^4\xi)]\psi_0\mathrm{e}^{\mathrm{i}\zeta/s^2} \\ H_{x'} = 0 \\ H_{y'} = \frac{E_0}{\eta_0}[1 + s^2(\mathrm{i}Q^3\rho^4 - 2Q^2\rho^2)]\psi_0\mathrm{e}^{\mathrm{i}\zeta/s^2} \\ H_{z'} = \frac{E_0}{\eta_0}[s2Q\eta + s^3(\mathrm{i}4Q^2\eta - 4Q^3\rho^2\eta + 2\mathrm{i}Q^4\rho^4\eta)]\psi_0\mathrm{e}^{\mathrm{i}\zeta/s^2} \end{cases} \tag{2.1.23}$$

其中, $E_0 = \mathrm{i}\omega$; $\eta_0 = \sqrt{\mu_0/\varepsilon_0}$。

式 (2.1.23) 并没有形式上的对称性, 不是高斯波束常用的描述形式。可以再从麦克斯韦方程组的两个旋度方程 $\nabla \times \boldsymbol{E} = \mathrm{i}\omega\mu\boldsymbol{H}$ 和 $\nabla \times \boldsymbol{H} = -\mathrm{i}\omega\varepsilon\boldsymbol{E}$ 出发, 令 $\boldsymbol{E} = -\frac{1}{\varepsilon}\nabla' \times \boldsymbol{A}_1$, 应用 Lorenz 规范, 则磁场强度为 $\boldsymbol{H} = \frac{\mathrm{i}}{\omega\varepsilon_0\mu_0}\nabla'\nabla' \cdot \boldsymbol{A}_1 + \mathrm{i}\omega\boldsymbol{A}_1$, 不难推出矢势函数 $\boldsymbol{A}_1$ 也满足 Helmholtz 方程。与推导式 (2.1.23) 同样的方法步骤, 可方便推出如式 (2.1.23) 所示的电场和磁场强度各分量的三阶近似表达式 (具体表达式可设 $E_0 = \mathrm{i}\frac{k}{\varepsilon_0}$, 此处从略)。

常用的高斯波束采用由矢势函数 $\boldsymbol{A}$ 和 $\boldsymbol{A}_1$ 所得到的电磁场分量的算术平均值 (相应电场和磁场分量相加再除以 2) 来描述, 则三阶近似为

$$E_{x'} = E_0[1 + s^2(\mathrm{i}Q^3\rho^4 - Q^2\rho^2 - 2Q^2\xi^2)]\psi_0\mathrm{e}^{\mathrm{i}\zeta/s^2}$$

$$E_{y'} = -E_0s^22Q^2\xi\eta\psi_0\mathrm{e}^{\mathrm{i}\zeta/s^2}$$

$$E_{z'} = E_0[s2Q\xi + s^3(2\mathrm{i}Q^4\rho^4\xi - 6Q^3\rho^2\xi)]\psi_0\mathrm{e}^{\mathrm{i}\zeta/s^2}$$

$$H_{x'} = -\frac{E_0}{\eta_0}H_0s^22Q^2\xi\eta\psi_0\mathrm{e}^{\mathrm{i}\zeta/s^2}$$

$$H_{y'} = \frac{E_0}{\eta_0}[1 + s^2(\mathrm{i}Q^3\rho^4 - Q^2\rho^2 - 2Q^2\eta^2)]\psi_0\mathrm{e}^{\mathrm{i}\zeta/s^2}$$

$$H_{z'} = \frac{E_0}{\eta_0}[s2Q\eta + s^3(2\mathrm{i}Q^4\rho^4\eta - 6Q^3\rho^2\eta)]\psi_0\mathrm{e}^{\mathrm{i}\zeta/s^2} \tag{2.1.24}$$

式 (2.1.24) 近似满足麦克斯韦方程组。在以上推导的基础上可以得到高斯波束更高阶的近似描述, 越高阶的描述越能在更大程度上近似满足麦克斯韦方程组。

考虑电磁场理论中的对偶关系, 即在式 (2.1.24) 中做替换 $\boldsymbol{E} \to -\boldsymbol{H}, \boldsymbol{H} \to \boldsymbol{E}, \varepsilon_0 \to \mu_0, \mu_0 \to \varepsilon_0$, 得到的电磁场分量仍然近似满足麦克斯韦方程组, 也是对高斯波束的近似描述。进行上述操作后, 可得

$$E_{x'} = E_0s^2(-2Q^2\xi\eta)\psi_0\mathrm{e}^{\mathrm{i}\zeta/s^2}$$

$$E_{y'} = E_0[1 + s^2(\mathrm{i}Q^3\rho^4 - Q^2\rho^2 - 2Q^2\eta^2)]\psi_0\mathrm{e}^{\mathrm{i}\zeta/s^2}$$

$$E_{z'} = E_0[s2Q\eta + s^3(2iQ^4\rho^4\eta - 6Q^3\rho^2\eta)]\psi_0 e^{i\zeta/s^2}$$

$$H_{x'} = -\frac{E_0}{\eta_0}[1 + s^2(iQ^3\rho^4 - Q^2\rho^2 - 2Q^2\xi^2)]\psi_0 e^{i\zeta/s^2}$$

$$H_{y'} = \frac{H_0}{\eta_0}s^2 2Q^2\xi\eta\psi_0 e^{i\zeta/s^2}$$

$$H_{z'} = -\frac{H_0}{\eta_0}[s2Q\xi + s^3(-6Q^3\rho^2\xi + 2iQ^4\rho^4\xi)]\psi_0 e^{i\zeta/s^2} \tag{2.1.25}$$

式 (2.1.24) 描述的高斯波束通常称为 $\text{TEM}_{00}^{(x')}$ 或 TM 模式，式 (2.1.25) 为 $\text{TEM}_{00}^{(y')}$ 或 TE 模式，两者均为高斯波束可以独立存在的模式。

2.2　球矢量波函数

2.2.1　球矢量波函数的一般理论

在无源、均匀、各向同性介质中，对于时谐电磁场 (时间因子为 $e^{-i\omega t}$)，电场 $\boldsymbol{E}$ 和磁场 $\boldsymbol{H}$ 满足相同的矢量微分方程:

$$\nabla^2\boldsymbol{E} + k^2\boldsymbol{E} = 0 \tag{2.2.1}$$

$$\nabla^2\boldsymbol{H} + k^2\boldsymbol{H} = 0 \tag{2.2.2}$$

其中，$k^2 = \omega^2\mu\varepsilon + i\sigma\mu\omega$，参数 ε、μ、σ 分别为介质的介电常数、磁导率和电导率；或 $k = \frac{2\pi}{\lambda}\tilde{n}$，$\lambda$ 为电磁波在自由空间的波长，$\tilde{n}$ 为介质相对于自由空间的折射率。

电场 $\boldsymbol{E}$ 和磁场 $\boldsymbol{H}$ 有如下关系式:

$$\boldsymbol{E} = \frac{i\omega\mu}{k^2}\nabla\times\boldsymbol{H}, \quad \boldsymbol{H} = \frac{1}{i\omega\mu}\nabla\times\boldsymbol{E} \tag{2.2.3}$$

为求解式 (2.2.1)，Stratton[86] 引入了标量函数 ψ 和任一常矢量 $\boldsymbol{a}$(在球和旋转椭球坐标系中为位置矢量 $\boldsymbol{R}$)，构造出了满足式 (2.2.1) 和式 (2.2.2) 的矢量波函数:

$$\boldsymbol{L} = \nabla\psi, \quad \boldsymbol{N} = \frac{1}{k}\nabla\times\boldsymbol{M} \tag{2.2.4}$$

其中，ψ 满足相应的标量微分方程:

$$\nabla^2\psi + k^2\psi = 0 \tag{2.2.5}$$

由式 (2.2.4) 可得出矢量波函数有如下关系:

$$M = L \times a = \frac{1}{k}\nabla \times N \qquad (2.2.6)$$

从式 (2.2.6) 可知对于矢量波函数 M 和 N, 每一个都与另一个的旋度成正比。结合式 (2.2.3) 可看出, 它们非常适合用来表示电场 E 和磁场 H。

需要指出的是, 矢量波函数 L 的旋度为零, M 和 N 的散度为零, 本书只用到 M 和 N。

与式 (2.2.5) 的每个特征函数 ψ_n 相对应的有三个矢量波函数 L_n、M_n、N_n, 彼此是线性无关的, 并且在一些常用正交坐标系中存在正交关系, 构成一个完备的正交系, 因此满足矢量微分方程的解均可用 L_n、M_n、N_n 的线性叠加表示。对于无散场, 展开式中只需包含 M_n 和 N_n。

2.2.2 球矢量波函数的描述

在与任意直角坐标系 $Oxyz$ 对应的球坐标系 (R, θ, φ) 中, 式 (2.2.5) 可写为

$$\frac{1}{R^2}\frac{\partial}{\partial R}\left(R^2\frac{\partial\psi}{\partial R}\right) + \frac{1}{R^2\sin\theta}\frac{\partial}{\partial\theta}\theta\left(\sin\theta\frac{\partial\psi}{\partial\theta}\right) + \frac{1}{R^2\sin^2\theta}\frac{\partial^2\psi}{\partial\varphi^2} + k^2\psi = 0 \qquad (2.2.7)$$

采用分离变量法求解式 (2.2.7), 可得特征解为

$$\psi_{emn} = z_n(kR)\mathrm{P}_n^m(\cos\theta)\cos m\varphi$$
$$\psi_{omn} = z_n(kR)\mathrm{P}_n^m(\cos\theta)\sin m\varphi \qquad (2.2.8)$$

其中, 下标 o 和 e 分别表示 φ 的奇偶性; $z_n(kR)$ 为第一至四类球贝塞尔函数 $\mathrm{j}_n(kR), \mathrm{y}_n(kR), \mathrm{h}_n^{(1)}(kR), \mathrm{h}_n^{(2)}(kR)$ 中的一个; $\mathrm{P}_n^m(\cos\theta)$ 为第一类连带勒让德函数。球矢量波函数的具体表示形式为 [15]

$$\boldsymbol{m}_{emn}^{r(j)}(kR, \theta, \varphi) = -z_n(kR)\pi_{mn}(\theta)\sin m\varphi\hat{\theta} - z_n(kR)\tau_{mn}(\theta)\cos m\varphi\hat{\varphi}$$

$$\boldsymbol{m}_{omn}^{r(j)}(kR, \theta, \varphi) = z_n(kR)\pi_{mn}(\theta)\cos m\varphi\,\hat{\theta} - z_n(kR)\tau_{mn}(\theta)\sin m\varphi\,\hat{\varphi} \qquad (2.2.9)$$

$$\boldsymbol{n}_{emn}^{r(j)}(kR, \theta, \varphi) = \frac{z_n(kR)}{kR}n(n+1)\mathrm{P}_n^m(\cos\theta)\cos m\varphi\hat{R}$$
$$+ \frac{1}{kR}\frac{\mathrm{d}}{\mathrm{d}(kR)}[kRz_n(kR)][\tau_{mn}(\theta)\cos m\varphi\hat{\theta} - \pi_{mn}(\theta)\sin m\varphi\hat{\varphi}]$$

$$\boldsymbol{n}_{omn}^{r(j)}(kR, \theta, \varphi) = \frac{z_n(kR)}{kR}n(n+1)\mathrm{P}_n^m(\cos\theta)\sin m\varphi\hat{R}$$

$$+ \frac{1}{kR} \frac{\mathrm{d}}{\mathrm{d}(kR)}[kR z_n(kR)][\tau_{mn}(\theta)\sin m\varphi\hat{\theta} + \pi_{mn}(\theta)\cos m\varphi\hat{\varphi}]$$

$$(2.2.10)$$

其中，$\pi_{mn}(\theta) = m\dfrac{\mathrm{P}_n^m(\cos\theta)}{\sin\theta}$；$\tau_{mn}(\theta) = \dfrac{\mathrm{d}_n^m(\cos\theta)}{\mathrm{d}\theta}$；上标 $r(j)$ 中 $j = 1,2,3,4$ 表示球矢量波函数中的 $z_n(kR)$ 分别取第一至四类球贝塞尔函数。

球矢量波函数之间满足如下正交关系：

$$\int_0^{2\pi}\int_0^{\pi} \boldsymbol{m}_{emn} \cdot \boldsymbol{m}_{om'n'} \sin\theta\mathrm{d}\theta\mathrm{d}\varphi = \int_0^{2\pi}\int_0^{\pi} \boldsymbol{n}_{emn} \cdot \boldsymbol{n}_{om'n'} \sin\theta\mathrm{d}\theta\mathrm{d}\varphi = 0$$

$$\int_0^{2\pi}\int_0^{\pi} \boldsymbol{m}_{emn} \cdot \boldsymbol{n}_{em'n'} \sin\theta\mathrm{d}\theta\mathrm{d}\varphi = \int_0^{2\pi}\int_0^{\pi} \boldsymbol{m}_{omn} \cdot \boldsymbol{n}_{om'n'} \sin\theta\mathrm{d}\theta\mathrm{d}\varphi = 0$$

$$\int_0^{2\pi}\int_0^{\pi} \boldsymbol{m}_{emn} \cdot \boldsymbol{n}_{om'n'} \sin\theta\mathrm{d}\theta\mathrm{d}\varphi = \int_0^{2\pi}\int_0^{\pi} \boldsymbol{m}_{omn} \cdot \boldsymbol{n}_{em'n'} \sin\theta\mathrm{d}\theta\mathrm{d}\varphi = 0$$

$$\int_0^{2\pi}\int_0^{\pi} \boldsymbol{m}_{\circ mn} \cdot \boldsymbol{m}_{\mathrm{e}m'n'} \sin\theta\mathrm{d}\theta\mathrm{d}\varphi = \int_0^{2\pi}\int_0^{\pi} \boldsymbol{n}_{\circ mn} \cdot \boldsymbol{n}_{\mathrm{e}m'n'} \sin\theta\mathrm{d}\theta\mathrm{d}\varphi = 0,$$

当 $m \neq m'$，$n \neq n'$ 时，

$$\int_0^{2\pi}\int_0^{\pi} \boldsymbol{m}_{emn} \cdot \boldsymbol{m}_{emn} \sin\theta\mathrm{d}\theta\mathrm{d}\varphi = (1+\delta_{m0})\frac{2\pi}{2n+1}\frac{(n+m)!}{(n-m)!}n(n+1)[z_n(kR)]^2$$

$$\int_0^{2\pi}\int_0^{\pi} \boldsymbol{m}_{omn} \cdot \boldsymbol{m}_{omn} \sin\theta\mathrm{d}\theta\mathrm{d}\varphi = (1+\delta_{m0})\frac{2\pi}{2n+1}\frac{(n+m)!}{(n-m)!}n(n+1)[z_n(kR)]^2$$

$$\int_0^{2\pi}\int_0^{\pi} \boldsymbol{n}_{emn} \cdot \boldsymbol{n}_{emn} \sin\theta\mathrm{d}\theta\mathrm{d}\varphi = (1+\delta_{m0})\frac{2\pi}{(2n+1)^2}\frac{(n+m)!}{(n-m)!}n(n+1)\{(n+1)$$
$$[z_{n-1}(kR)]^2 + n[z_{n+1}(kR)]^2\}$$

$$\int_0^{2\pi}\int_0^{\pi} \boldsymbol{n}_{omn} \cdot \boldsymbol{n}_{omn} \sin\theta\mathrm{d}\theta\mathrm{d}\varphi = (1+\delta_{m0})\frac{2\pi}{(2n+1)^2}\frac{(n+m)!}{(n-m)!}n(n+1)\{(n+1)$$
$$[z_{n-1}(kR)]^2 + n[z_{n+1}(kR)]^2\}$$

$$(2.2.11)$$

2.3　高斯波束在平行直角坐标系中的表示

高斯波束在直角坐标系 $O'x'y'z'$ 中的描述如图 2.2 所示，直角坐标系 $Ox''y''z''$ 与 $O'x'y'z'$ 平行，原点 O 在 $Ox'y'z'$ 中的坐标为 (x_0, y_0, z_0)，在式 (2.1.24) 和式 (2.1.25) 中，做变换 $x' = x_0 + x''$，$y' = y_0 + y''$，$z' = z_0 + z''$，可得高斯波束在 $Ox''y''z''$ 中的描述。

Gouesbet 等在研究如图 2.2 所示的问题时，提出了广义 Mie 理论，并成功解决了该问题。广义 Mie 理论的核心是把高斯波束的电磁场用属于直角坐标系 $Ox''y''z''$ 的球矢量波函数展开。

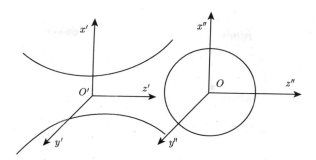

图 2.2 高斯波束在平行直角坐标系中的描述

$$\boldsymbol{E}^i = E_0 \sum_{n=1}^{\infty} \sum_{m=-n}^{n} C_{nm} \left[\mathrm{i} g_{n,\mathrm{TE}}^m \boldsymbol{m}_{mn}^{r(1)}(kR, \theta'', \varphi'') + g_{n,\mathrm{TM}}^m \boldsymbol{n}_{mn}^{r(1)}(kR, \theta'', \varphi'') \right]$$

$$\boldsymbol{H}^i = E_0 \frac{k}{\omega\mu} \sum_{n=1}^{\infty} \sum_{m=-n}^{n} C_{nm} \left[g_{n,\mathrm{TE}}^m \boldsymbol{n}_{mn}^{r(1)}(kR, \theta'', \varphi'') - \mathrm{i} g_{n,\mathrm{TM}}^m \boldsymbol{m}_{mn}^{r(1)}(kR, \theta'', \varphi'') \right]$$

$$(2.3.1)$$

其中，E_0 是平面波或波束束腰中心电场的幅度；C_{nm} 是 m 取负值时的归一化常数，表达式为

$$C_{nm} = \begin{cases} C_n, & m \geqslant 0 \\ (-1)^{|m|} \dfrac{(n+|m|)!}{(n-|m|)!} C_n, & m < 0 \end{cases}$$

$$C_n = \mathrm{i}^{n-1} \frac{2n+1}{n(n+1)} \tag{2.3.2}$$

$\left(\boldsymbol{m}_{mn}^{r(1)}\ \boldsymbol{n}_{mn}^{r(1)} \right) = \left(\boldsymbol{m}_{emn}^{r(1)}\ \boldsymbol{n}_{emn}^{r(1)} \right) + \mathrm{i} \left(\boldsymbol{m}_{omn}^{r(1)}\ \boldsymbol{n}_{omn}^{r(1)} \right)$，上标 $r(1)$ 表示式 (2.2.8) 中的球贝塞尔函数取第一类，即 $z_n(kR) = \mathrm{j}_n(kR)$，$g_{n,\mathrm{TE}}^m$ 和 $g_{n,\mathrm{TM}}^m$ 为展开系数或波束形状因子。关于波束形状因子，很多学者进行了研究。Lock 等给出了三种计算方法，即积分法、有限级数法和区域近似法，其中区域近似法以计算速度快、收敛性和稳定性较好而得到广泛应用 [26,27]。Doicu 等 [42,81] 用球矢量波函数的平移加法定理 [82-84]，也推导出了区域近似法的计算公式。区域近似法可表示为

$$\begin{pmatrix} g_{n,\mathrm{TM}}^{m,\mathrm{loc}} \\ \mathrm{i} g_{n,\mathrm{TE}}^{m,\mathrm{loc}} \end{pmatrix} = \frac{1}{2} \mathrm{i}^{m-1} \exp(-\mathrm{i}kz_0) K_{nm} \bar{\psi}_0^0$$

$$\times \left\{ \mathrm{J}_{m-1} \left(2\frac{\bar{Q}R_0\rho_n}{w_0^2} \right) \exp\left[-\mathrm{i}(m-1)\theta_0 \right] \right.$$

$$\left. \mp \mathrm{J}_{m+1} \left(2\frac{\bar{Q}R_0\rho_n}{w_0^2} \right) \exp\left[-\mathrm{i}(m+1)\theta_0 \right] \right\} \tag{2.3.3}$$

其中,

$$\bar{\psi}_0^0 = \mathrm{i}\bar{Q}\exp(-\mathrm{i}\bar{Q}R_0^2/w_0^2)\exp[-\mathrm{i}\bar{Q}(n+0.5)^2/(k^2w_0^2)]$$

$$K_{nm} = \begin{cases} (-\mathrm{i})^{|m|}\mathrm{i}/(n+0.5)^{|m|-1}, & m \neq 0 \\ n(n+1)/(n+0.5), & m = 0 \end{cases}$$

$$R_0 = \sqrt{x_0^2 + y_0^2}, \tan\theta_0 = \frac{y_0}{x_0}$$

$$\rho_n = (n+0.5)/k, \bar{Q} = \frac{1}{\mathrm{i} + 2z_0/(kw_0^2)} \tag{2.3.4}$$

2.4　高斯波束在任一直角坐标系中的表示

2.4.1　旋转直角坐标系

在图 2.3 中, 直角坐标系 $Ox''y''z''$ 为波束坐标系 $O'x'y'z'$ 的平移坐标系, $Oxyz$ 是相对于 $O'x'y'z'$ 的旋转直角坐标系, 其中包括相对位移和方向。实际上, 围绕原点 O 旋转坐标系 $Ox''y''z''$, 即可得到 $Oxyz$。

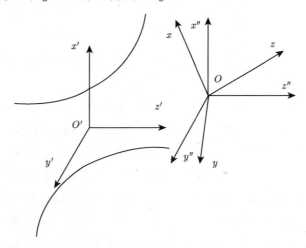

图 2.3　旋转直角坐标系

要完全描述直角坐标系 $Oxyz$ 相对于 $Ox''y''z''$ 的旋转, 可采用欧拉角的概念。Edmonds 等 [85] 给出了欧拉角 $\alpha(0 \leqslant \alpha < 2\pi)$、$\beta(0 \leqslant \beta \leqslant \pi)$、$\gamma(0 \leqslant \gamma \leqslant \pi)$ 的详尽论述, 如图 2.4 所示, 并规定与旋转轴正方向成右手螺旋关系的旋转方向为正旋转方向, 成左手螺旋关系的为负旋转方向。

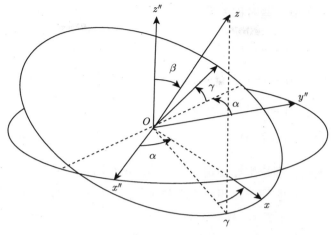

图 2.4 欧拉角

上面三个步骤中的旋转均为按照正旋转方向旋转，如果按照负旋转方向旋转，则三个欧拉角 α、β、γ 取相应的负值。

值得强调的是，最终旋转得到的直角坐标系 $Oxyz$ 的 z 轴在原来坐标系 $Ox''y''z''$ 中的球坐标 θ、φ 分别与欧拉角 β、α 一致。经过上述旋转，称坐标系 $Oxyz$ 由 $Ox''y''z''$ 旋转欧拉角 α、β、γ 而得到。

2.4.2 高斯波束用属于任一直角坐标系的球矢量波函数展开

Edmonds 等给出了分别属于直角坐标系 $Oxyz$ 和 $Ox''y''z''$ 的球标量波函数之间的关系式：

$$\mathrm{P}_n^m(\cos\theta'')\mathrm{e}^{im\varphi''} = \sum_{s=-n}^{n} \rho(m,s,n)\mathrm{P}_n^s(\cos\theta)\mathrm{e}^{is\varphi} \tag{2.4.1}$$

其中，系数为

$$\rho(m,s,n) = (-1)^{s+m}\mathrm{e}^{is\gamma}\left[\frac{(n+m)!(n-s)!}{(n-m)!(n+s)!}\right]^{1/2} u_{sm}^{(n)}(\beta)\mathrm{e}^{im\alpha}$$

$$u_{sm}^{(n)}(\beta) = \left[\frac{(n+s)!(n-s)!}{(n+m)!(n-m)!}\right]^{1/2} \sum_{\sigma} \begin{pmatrix} n+m \\ n-s-\sigma \end{pmatrix} \begin{pmatrix} n-m \\ \sigma \end{pmatrix}$$

$$(-1)^{n-s-\sigma}\left(\cos\frac{\beta}{2}\right)^{2\sigma+s+m}\left(\sin\frac{\beta}{2}\right)^{2n-2\sigma-s-m} \tag{2.4.2}$$

对于 $u_{sm}^{(n)}(\beta)$，有下面一些对称关系:

$$u_{sm}^{(n)}(-\beta) = u_{ms}^{(n)}(\beta), u_{sm}^{(n)}(\pi + \beta) = (-1)^{n-s} u_{(-s)m}^{(n)}(\beta)$$

$$u_{sm}^{(n)}(\pi - \beta) = (-1)^{n-s} u_{(-s)m}^{(n)}(-\beta) = (-1)^{n-s} u_{m(-s)}^{(n)}(\beta)$$

$$u_{sm}^{(n)}(\beta) = (-1)^{n-m} u_{s(-m)}^{(n)}(\beta + \pi)$$

$$u_{sm}^{(n)}(\beta) = (-1)^{s-m} u_{(-s)(-m)}^{(n)}(\beta), u_{sm}^{(n)}(\beta) = (-1)^{s-m} u_{ms}^{(n)}(\beta) \tag{2.4.3}$$

这些对称关系无论在理论推导还是编程上都非常有用。

在本书中，规定空间一点相对于直角坐标系 $Oxyz$ 的球坐标和圆柱坐标分别用 (R, θ, φ) 和 (r, φ, z) 表示，相对于 $Ox''y''z''$ 的用 (R, θ'', φ'') 和 (r'', φ'', z'') 表示，相对于 $O'x'y'z'$ 的用 (R', θ', φ') 和 (r', φ', z') 来表示。

坐标系 $Oxyz$ 和 $Ox''y''z''$ 有共同的原点 O，则有共同的位置矢径 $\boldsymbol{R}$。因为矢量算子 ∇ 与坐标系是无关的、绝对的，所以在式 (2.4.1) 两边同乘以第一类球贝塞尔函数 $j_n(kR)$，并应用式 (2.2.9)，可得关系式:

$$(\boldsymbol{m}, \boldsymbol{n})_{mn}^{r(1)}(kR, \theta'', \varphi'') = \sum_{s=-n}^{n} \rho(m, s, n)(\boldsymbol{m}, \boldsymbol{n})_{sn}^{r(1)}(kR, \theta, \varphi) \tag{2.4.4}$$

把式 (2.4.4) 代入式 (2.4.1)，可得

$$\boldsymbol{E}^i = E_0 \sum_{n=1}^{\infty} \sum_{m=-n}^{n} \sum_{s=-n}^{n} \rho(m, s, n) C_{nm} \left[i g_{n,\mathrm{TE}}^m \boldsymbol{m}_{sn}^{r(1)}(kR, \theta, \varphi) + g_{n,\mathrm{TM}}^m \boldsymbol{n}_{sn}^{r(1)}(kR, \theta, \varphi) \right]$$
$$\tag{2.4.5}$$

把字母符号 m 和 s 互换并交换它们的求和顺序，则式 (2.4.5) 或高斯波束的电磁场用属于任一直角坐标系 $Oxyz$ 的球矢量波函数展开的表达式为

$$\boldsymbol{E}^i = E_0 \sum_{n=1}^{\infty} \sum_{m=-n}^{n} \left[i G_{n,\mathrm{TE}}^m \boldsymbol{m}_{mn}^{r(1)}(kR, \theta, \varphi) + G_{n,\mathrm{TM}}^m \boldsymbol{n}_{mn}^{r(1)}(kR, \theta, \varphi) \right]$$

$$\boldsymbol{H}^i = E_0 \frac{k}{\omega\mu} \sum_{n=1}^{\infty} \sum_{m=-n}^{n} \left[G_{n,\mathrm{TE}}^m \boldsymbol{n}_{mn}^{r(1)}(kR, \theta, \varphi) - i G_{n,\mathrm{TM}}^m \boldsymbol{m}_{mn}^{r(1)}(kR, \theta, \varphi) \right] \tag{2.4.6}$$

其中，

$$G_{n,\mathrm{TE}}^m = G_{n,\mathrm{TM}}^m = \sum_{s=-n}^{n} \rho(s, m, n) C_{ns} \left(g_{n,\mathrm{TE}}^s, g_{n,\mathrm{TM}}^s \right) \tag{2.4.7}$$

2.5 在轴高斯波束用球矢量波函数展开

从理论上讲, 式 (2.4.6) 已经描述了任意入射情况下高斯波束的展开, 其中包括高斯波束在轴入射的情况 $(x_0 = y_0 = 0)$。对在轴入射的情况做进一步理论上的探讨, 能得到一些有价值的理论成果和公式。

对于在轴入射高斯波束, 由广义 Mie 理论可知, 在式 (2.4.5) 中 s 只能取 ± 1, 取其他值时 $g_{n,\mathrm{TE}}^s$ 和 $g_{n,\mathrm{TM}}^s$ 均为零 [19,22,26,27]。

对于 TE 模式:

$$g_{n,\mathrm{TE}}^1 = g_{n,\mathrm{TE}}^{-1} = -\frac{1}{2}g_n, \quad g_{n,\mathrm{TM}}^1 = -g_{n,\mathrm{TM}}^{-1} = -\frac{\mathrm{i}}{2}g_n \tag{2.5.1}$$

其中,

$$g_n = \frac{1}{1 - 2\mathrm{i}sz_0/w_0} \exp(-\mathrm{i}kz_0) \exp\left[\frac{-s^2\left(n + \frac{1}{2}\right)^2}{1 - 2\mathrm{i}sz_0/w_0}\right] \tag{2.5.2}$$

式 (2.5.2) 可由式 (2.3.3) 并考虑式 (2.5.1) 得到。

把式 (2.5.1) 代入式 (2.4.7), 经化简后可得

$$G_{n,\mathrm{TE}}^m = \frac{1}{2}g_n\mathrm{i}^{n-1}\frac{2n+1}{n(n+1)}\left[\rho(-1,m,n)\frac{(n+1)!}{(n-1)!} - \rho(1,m,n)\right]$$

$$G_{n,\mathrm{TM}}^m = -\frac{\mathrm{i}}{2}g_n\mathrm{i}^{n-1}\frac{2n+1}{n(n+1)}\left[\rho(-1,m,n)\frac{(n+1)!}{(n-1)!} + \rho(1,m,n)\right] \tag{2.5.3}$$

由式 (2.4.2) 可得

$$\begin{pmatrix} \rho(1,m,n) \\ \rho(-1,m,n) \end{pmatrix} = (-1)^{m-1}\sum_{\sigma=0}^{n-m}\frac{(n-m)!}{(n-1-\sigma)!(m+1+\sigma)!(n-m-\sigma)!\sigma!}$$

$$\cdot \begin{pmatrix} \exp[\mathrm{i}(\alpha+m\gamma)](n+1)!(-1)^{n-m-\sigma}\left(\cos\frac{\beta}{2}\right)^{2\sigma+1+m}\left(\sin\frac{\beta}{2}\right)^{2n-2\sigma-1-m} \\ \exp[\mathrm{i}(-\alpha+m\gamma)](n-1)!(-1)^{\sigma}\left(\sin\frac{\beta}{2}\right)^{2\sigma+1+m}\left(\cos\frac{\beta}{2}\right)^{2n-2\sigma-1-m} \end{pmatrix} \tag{2.5.4}$$

对于连带勒让德函数 $\mathrm{P}_n^m(\cos\beta)$, 采用表示式:

$$\mathrm{P}_n^m(\eta) = \frac{(1-\eta^2)^{\frac{m}{2}}}{2^n n!}\frac{\mathrm{d}^{n+m}(\eta^2-1)^n}{\mathrm{d}\eta^{n+m}} \tag{2.5.5}$$

则由式 (2.5.5) 可推导出 $\mathrm{P}_n^m(\cos\beta)$ 的展开表达式为

$$
\begin{aligned}
&\mathrm{P}_n^m(\cos\beta)\\
&=\sum_{r=0}^{n-m}\frac{(n+m)!n!}{(n-r)!(r+m)!(n-m-r)!r!}(-1)^{n-m-r}\sin^{2n-m-2r}\frac{\beta}{2}\cos^{2r+m}\frac{\beta}{2}\\
&=\sum_{r=0}^{n-m}\frac{(n+m)!n!}{(n-r)!(r+m)!(n-m-r)!r!}(-1)^{r}\cos^{2n-m-2r}\frac{\beta}{2}\sin^{2r+m}\frac{\beta}{2}
\end{aligned}
\tag{2.5.6}
$$

由 $\mathrm{P}_n^m(\cos\beta)$ 的递推公式可得如下等式:

$$
\begin{aligned}
2m\frac{\mathrm{P}_n^m(\cos\beta)}{\sin\beta}&=\left[m\tan\frac{\beta}{2}\mathrm{P}_n^m(\cos\beta)+\mathrm{P}_n^{m+1}(\cos\beta)\right]\\
&\quad+\left[m\cot\frac{\beta}{2}\mathrm{P}_n^m(\cos\beta)-\mathrm{P}_n^{m+1}(\cos\beta)\right]
\end{aligned}
\tag{2.5.7}
$$

把推导出的 $m\tan\dfrac{\beta}{2}\mathrm{P}_n^m(\cos\beta), m\cot\dfrac{\beta}{2}\mathrm{P}_n^m(\cos\beta)$ 和 $\mathrm{P}_n^{m+1}(\cos\beta)$ 的表达式代入式 (2.5.7), 可得

$$
\begin{aligned}
2m\frac{P_n^m(\cos\beta)}{\sin\beta}=&\sum_{\sigma=0}^{n-m}\frac{(n+m)!(n+1)!}{(n-m-\sigma)!(m+1+\sigma)!(n-1-\sigma)!\sigma!}\\
&\left[(-1)^{n-m-\sigma}\left(\cos\frac{\beta}{2}\right)^{2\sigma+m+1}\cdot\left(\sin\frac{\beta}{2}\right)^{2n-2\sigma-m-1}\right.\\
&\left.+(-1)^{\sigma}\left(\sin\frac{\beta}{2}\right)^{2\sigma+m+1}\left(\cos\frac{\beta}{2}\right)^{2n-2\sigma-m-1}\right]
\end{aligned}
\tag{2.5.8}
$$

同样，从 $\mathrm{P}_n^m(\cos\beta)$ 的递推关系式可得

$$
\frac{\mathrm{d}}{\mathrm{d}\zeta}\mathrm{P}_n^m(\cos\beta)=m\frac{\mathrm{P}_n^m(\cos\beta)}{\sin\beta}-m\tan\frac{\beta}{2}\mathrm{P}_n^m(\cos\beta)-\mathrm{P}_n^{m+1}(\cos\beta)
\tag{2.5.9}
$$

按照与推导式 (2.5.8) 同样的步骤, 可得

$$
\begin{aligned}
2\frac{\mathrm{d}P_n^m(\cos\beta)}{\mathrm{d}\beta}=&\sum_{\sigma=0}^{n-m}\frac{(n+m)!(n+1)!}{(n-m-\sigma)!(m+1+\sigma)!(n-1-\sigma)!\sigma!}\\
&\left[(-1)^{n-m-\sigma}\left(\cos\frac{\beta}{2}\right)^{2\sigma+m+1}\cdot\left(\sin\frac{\beta}{2}\right)^{2n-2\sigma-m-1}\right.\\
&\left.-(-1)^{\sigma}\left(\sin\frac{\beta}{2}\right)^{2\sigma+m+1}\left(\cos\frac{\beta}{2}\right)^{2n-2\sigma-m-1}\right]
\end{aligned}
\tag{2.5.10}
$$

把式 (2.5.4) 与式 (2.5.8) 及式 (2.5.10) 相比较, 可得到如下关系式:

$$
\begin{pmatrix} \rho(1,m,n) \\ n(n+1)\rho(-1,m,n) \end{pmatrix} = (-1)^{m-1} \frac{(n-m)!}{(n+m)!} \left[\begin{pmatrix} \exp[i(\alpha+m\gamma)] \\ \exp[i(-\alpha+m\gamma)] \end{pmatrix} m \frac{P_n^m(\cos\beta)}{\sin\beta} \right.
$$

$$
\left. + \begin{pmatrix} \exp[i(\alpha+m\gamma)] \\ -\exp[i(-\alpha+m\gamma)] \end{pmatrix} \frac{dP_n^m(\cos\beta)}{d\beta} \right] \tag{2.5.11}
$$

把式 (2.5.11) 代入式 (2.5.3), 即可得到在轴入射高斯波束的展开系数。在本书中, 由于所讨论问题中球、椭球、圆柱具有旋转对称性, 均可令欧拉角 $\gamma = 0$, 故只给出 $\gamma = 0$ 时的结果如下:

$$
G_{n,\text{TE}}^m = (-1)^{m-1} \frac{(n-m)!}{(n+m)!} C_n g_n \left[-im \frac{P_n^m(\cos\beta)}{\sin\beta} \sin\alpha - \frac{dP_n^m(\cos\beta)}{d\beta} \cos\alpha \right]
$$

$$
G_{n,\text{TM}}^m = (-1)^{m-1} \frac{(n-m)!}{(n+m)!} C_n g_n \left[-im \frac{P_n^m(\cos\beta)}{\sin\beta} \cos\alpha + \frac{dP_n^m(\cos\beta)}{d\beta} \sin\alpha \right]
$$

$$\tag{2.5.12}$$

对于 TM 模式:

$$
g_{n,\text{TE}}^1 = -g_{n,\text{TE}}^{-1} = -\frac{i}{2} g_n, \quad g_{n,\text{TM}}^1 = g_{n,\text{TM}}^{-1} = \frac{1}{2} g_n \tag{2.5.13}
$$

按照推导式 (2.5.12) 的步骤, 把式 (2.5.13) 代入式 (2.5.3), 并应用式 (2.5.11) 可得

$$
G_{n,\text{TE}}^m = (-1)^{m-1} \frac{(n-m)!}{(n+m)!} C_n g_n \left[-im \frac{P_n^m(\cos\beta)}{\sin\beta} \cos\alpha + \frac{dP_n^m(\cos\beta)}{d\beta} \sin\alpha \right]
$$

$$
G_{n,\text{TM}}^m = (-1)^{m-1} \frac{(n-m)!}{(n+m)!} C_n g_n \left[im \frac{P_n^m(\cos\beta)}{\sin\beta} \sin\alpha + \frac{dP_n^m(\cos\beta)}{d\beta} \cos\alpha \right]
$$

$$\tag{2.5.14}$$

平面波可看作高斯波束在束腰半径 $w_0 \to \infty$ 时的极限情况, 取 $z_0 = 0$, 则由式 (2.5.2) 可得 $g_n = 1$。令 $\alpha = 0, \beta = -\zeta$, 可由式 (2.4.6) 和式 (2.5.12) 得到斜入射平面波的展开式为

$$
\hat{y} \exp[ik(x\sin\zeta + z\cos\zeta)] = -\sum_{n=1}^{\infty} \sum_{m=-n}^{n} i^n \frac{2n+1}{n(n+1)} \frac{(n-m)!}{(n+m)!}
$$

$$
\left[\frac{dP_n^m(\cos\zeta)}{d\zeta} \boldsymbol{m}_{mn}^{r(1)} + m \frac{P_n^m(\cos\zeta)}{\sin\zeta} \boldsymbol{n}_{mn}^{r(1)} \right] \tag{2.5.15}
$$

式 (2.5.15) 与已知结果相符 [42,67], 这也从一个方面证实了本章的推导。

第3章 规则形状粒子对高斯波束的散射

本章在广义 Mie 理论的框架内详细讨论球、旋转椭球对高斯波束的散射，以及高斯波束通过无限长圆柱和介质平板的传输特性，给出球、旋转椭球的微分散射截面以及无限长圆柱和介质平板的归一化强度分布的数值结果，并对有关特性进行了简要讨论。

3.1 广义 Mie 理论

如图 3.1 所示，高斯波束入射球形粒子，直角坐标系 $Oxyz$ 与 $O'x'y'z'$ 平行，原点 O 在 $O'x'y'z'$ 中的坐标为 (x_0, y_0, z_0)，球形粒子属于直角坐标系 $Oxyz$，圆心位于原点 O。

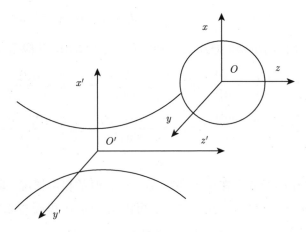

图 3.1 高斯波束入射球形粒子

参考 2.3 节，入射高斯波束用属于直角坐标系 $Oxyz$ 的球矢量波函数展开 [19,20,22,88,89]：

$$\boldsymbol{E}^i = E_0 \sum_{n=1}^{\infty} \sum_{m=-n}^{n} C_{nm} \left[g_{n,\text{TE}}^m \boldsymbol{m}_{mn}^{r(1)}(kR, \theta, \varphi) + g_{n,\text{TM}}^m \boldsymbol{n}_{mn}^{r(1)}(kR, \theta, \varphi) \right]$$

$$\boldsymbol{H}^i = -\mathrm{i}\frac{E_0}{\eta_0}\sum_{n=1}^{\infty}\sum_{m=-n}^{n} C_{nm}\left[g_{n,\mathrm{TE}}^m \boldsymbol{n}_{mn}^{r(1)}(kR,\theta,\varphi) + g_{n,\mathrm{TM}}^m \boldsymbol{m}_{mn}^{r(1)}(kR,\theta,\varphi)\right] \quad (3.1.1)$$

高斯波束入射球形粒子后会发生散射, 因为散射场在距离粒子较远处 (远区场) 时为发散场, 所以粒子的散射场可用第三类球矢量波函数展开如下:

$$\boldsymbol{E}^s = E_0\sum_{n=1}^{\infty}\sum_{m=-n}^{n}\left[c_{mn}\boldsymbol{m}_{mn}^{r(3)}(kR,\theta,\varphi) + d_{mn}\boldsymbol{n}_{mn}^{r(3)}(kR,\theta,\varphi)\right]$$

$$\boldsymbol{H}^s = -\mathrm{i}\frac{E_0}{\eta_0}\sum_{n=1}^{\infty}\sum_{m=-n}^{n}\left[c_{mn}\boldsymbol{n}_{mn}^{r(3)}(kR,\theta,\varphi) + d_{mn}\boldsymbol{m}_{mn}^{r(3)}(kR,\theta,\varphi)\right] \quad (3.1.2)$$

球粒子内部的场也用相应的球矢量波函数展开:

$$\boldsymbol{E}^w = E_0\sum_{n=1}^{\infty}\sum_{m=-n}^{n}\left[e_{mn}\boldsymbol{m}_{mn}^{r(1)}(k'R,\theta,\varphi) + f_{mn}\boldsymbol{n}_{mn}^{r(1)}(k'R,\theta,\varphi)\right]$$

$$\boldsymbol{H}^w = -\mathrm{i}\frac{E_0}{\eta'}\sum_{n=1}^{\infty}\sum_{m=-n}^{n}\left[e_{mn}\boldsymbol{n}_{mn}^{r(1)}(k'R,\theta,\varphi) + f_{mn}\boldsymbol{m}_{mn}^{r(1)}(k'R,\theta,\varphi)\right] \quad (3.1.3)$$

其中, $k' = k\tilde{n}$; $\eta' = \dfrac{k'}{\omega\mu'}$, $\tilde{n}$ 和 μ' 分别为球介质相对于自由空间的折射率和球介质的磁导率。

在式 (3.1.2) 和式 (3.1.3) 中, 待定的展开系数可由电磁场边界条件来确定。球形粒子表面的边界条件要求电场和磁场的切向分量连续, 且 $R = R_1$(R_1 为球粒子的半径), 具体可表示为

$$\begin{cases} E_\theta^i + E_\theta^s = E_\theta^w, & E_\varphi^i + E_\varphi^s = E_\varphi^w \\ H_\theta^i + H_\theta^s = H_\theta^w, & H_\varphi^i + H_\varphi^s = H_\varphi^w \end{cases} \quad (3.1.4)$$

其中, 下标 θ 和 φ 表示电磁场的相应分量。

考虑式 (2.2.9) 和式 (2.2.10) 中的球矢量波函数, 则由式 (3.1.4) 可得

$$g_{n,\mathrm{TE}}^m \mathrm{j}_n(kR_1) + c_{mn}\mathrm{h}_n^{(1)}(kR_1) = e_{mn}\mathrm{j}_n(k'R_1)$$

$$g_{n,\mathrm{TM}}^m \frac{1}{kR_1}\frac{\mathrm{d}}{\mathrm{d}(kR_1)}[kR_1\mathrm{j}_n(kR_1)] + d_{mn}\frac{1}{kR_1}\frac{\mathrm{d}}{\mathrm{d}(kR_1)}[kR_1\mathrm{h}_n^{(1)}(kR_1)]$$

$$= f_{mn}\frac{1}{k'R_1}\frac{\mathrm{d}}{\mathrm{d}(k'R_1)}[k'R_1\mathrm{j}_n(k'R_1)]$$

$$g_{n,\mathrm{TE}}^m \frac{1}{kR_1}\frac{\mathrm{d}}{\mathrm{d}(kR_1)}[kR_1\mathrm{j}_n(kR_1)] + c_{mn}\frac{1}{kR_1}\frac{\mathrm{d}}{\mathrm{d}(kR_1)}[kR_1\mathrm{h}_n^{(1)}(kR_1)]$$

$$=e_{mn}\frac{\eta}{\eta'}\frac{1}{k'R_1}\frac{\mathrm{d}}{\mathrm{d}(k'R_1)}[k'R_1\mathrm{j}_n(k'R_1)]$$

$$g_{n,\mathrm{TM}}^m\mathrm{j}_n(kR_1)+d_{mn}\mathrm{h}_n^{(1)}(kR_1)=f_{mn}\frac{\eta}{\eta'}\mathrm{j}_n(k'R_1) \tag{3.1.5}$$

由方程组式 (3.1.5) 可求出散射场展开系数:

$$c_{mn}$$
$$=\frac{\dfrac{\eta_0}{\eta'}\dfrac{1}{k'R_1}\dfrac{\mathrm{d}}{\mathrm{d}(k'R_1)}[k'R_1j_n(k'R_1)]\mathrm{j}_n(kR_1)-\dfrac{1}{kR_1}\dfrac{\mathrm{d}}{\mathrm{d}(kR_1)}[kR_1j_n(kR_1)]\mathrm{j}_n(k'R_1)}{\dfrac{1}{kR_1}\dfrac{\mathrm{d}}{\mathrm{d}(kR_1)}[kR_1\mathrm{h}_n^{(1)}(kR_1)]\mathrm{j}_n(k'R_1)-\dfrac{\eta_0}{\eta'}\dfrac{1}{k'R_1}\dfrac{\mathrm{d}}{\mathrm{d}(k'R_1)}[k'R_1j_n(k'R_1)]\mathrm{h}_n^{(1)}(kR_1)}g_{n,\mathrm{TE}}^m$$

$$d_{mn}$$
$$=\frac{\dfrac{1}{kR_1}\dfrac{\mathrm{d}}{\mathrm{d}(kR_1)}[kR_1j_n(kR_1)]\dfrac{\eta_0}{\eta'}\mathrm{j}_n(k'R_1)-\dfrac{1}{k'R_1}\dfrac{\mathrm{d}}{\mathrm{d}(k'R_1)}[k'R_1j_n(k'R_1)]\mathrm{j}_n(kR_1)}{\dfrac{1}{k'R_1}\dfrac{\mathrm{d}}{\mathrm{d}(k'R_1)}[k'R_1j_n(k'R_1)]\mathrm{h}_n^{(1)}(kR_1)-\dfrac{1}{kR_1}\dfrac{\mathrm{d}}{\mathrm{d}(kR_1)}[kR_1\mathrm{h}_n^{(1)}(kR_1)]\dfrac{\eta}{\eta'}\mathrm{j}_n(k'R_1)}g_{n,\mathrm{TM}}^m$$
$$\tag{3.1.6}$$

以及球粒子内部场的展开系数:

$$e_{mn}$$
$$=\frac{\dfrac{1}{kR_1}\dfrac{\mathrm{d}}{\mathrm{d}(kR_1)}[kR_1\mathrm{h}_n^{(1)}(kR_1)]\mathrm{j}_n(kR_1)-\dfrac{1}{kR_1}\dfrac{\mathrm{d}}{\mathrm{d}(kR_1)}[kR_1j_n(kR_1)]\mathrm{h}_n^{(1)}(kR_1)}{\dfrac{1}{kR_1}\dfrac{\mathrm{d}}{\mathrm{d}(kR_1)}[kR_1\mathrm{h}_n^{(1)}(kR_1)]\mathrm{j}_n(k'R_1)-\dfrac{\eta_0}{\eta'}\dfrac{1}{k'R_1}\dfrac{\mathrm{d}}{\mathrm{d}(k'R_1)}[k'R_1j_n(k'R_1)]\mathrm{h}_n^{(1)}(kR_1)}g_{n,\mathrm{TE}}^m$$

$$f_{mn}$$
$$=\frac{\dfrac{1}{kR_1}\dfrac{\mathrm{d}}{\mathrm{d}(kR_1)}[kR_1j_n(kR_1)]\mathrm{h}_n^{(1)}(kR_1)-\dfrac{1}{kR_1}\dfrac{\mathrm{d}}{\mathrm{d}(kR_1)}[kR_1\mathrm{h}_n^{(1)}(kR_1)]\mathrm{j}_n(kR_1)}{\dfrac{1}{k'R_1}\dfrac{\mathrm{d}}{\mathrm{d}(k'R_1)}[k'R_1j_n(k'R_1)]\mathrm{h}_n^{(1)}(kR_1)-\dfrac{1}{kR_1}\dfrac{\mathrm{d}}{\mathrm{d}(kR_1)}[kR_1\mathrm{h}_n^{(1)}(kR_1]\dfrac{\eta_0}{\eta'}\mathrm{j}_n(k'R_1)}g_{n,\mathrm{TE}}^m$$
$$\tag{3.1.7}$$

考虑关系式 $\dfrac{\mathrm{d}}{\mathrm{d}(kR_1)}\mathrm{h}_n^{(1)}(kR_1)\mathrm{j}_n(kR_1)-\dfrac{\mathrm{d}}{\mathrm{d}(kR_1)}\mathrm{j}_n(kR_1)\mathrm{h}_n^{(1)}(kR_1)=\mathrm{i}\left(\dfrac{1}{kR_1}\right)^2$ (朗斯基行列式), 则式 (3.1.7) 还可以进一步进行化简。

求出各部分场的展开系数, 则可求出相应的场。在式 (3.1.5)~ 式 (3.1.7) 中, 展开系数是针对 TM 模式入射的高斯波束来说的, 对于 TE 模式高斯波束入射的情况, 只需相应的把 $g_{n,\mathrm{TE}}^m$ 用 $-\mathrm{i}g_{n,\mathrm{TM}}^m$, $g_{n,\mathrm{TM}}^m$ 用 $-\mathrm{i}g_{n,\mathrm{TE}}^m$ 替换即可。

在很多应用中, 通常只关心远区散射场, 即 $kR\gg 1$ 区域的场, 为此需要应用远区散射场在 $kR\gg 1$ 时的渐近表达式。

考虑第三类球贝塞尔函数的渐近表达式 $h_n^{(1)}(kR) \approx \dfrac{1}{kR} e^{ikR}(-i)^{n+1}, kR \gg 1$，可以方便地得到第三类球矢量波函数的渐近表达式：

$$\boldsymbol{m}_{mn}^{r(3)}(kR, \theta, \varphi) \approx \frac{1}{kR} e^{ikR}(-i)^{n+1}\left[im\frac{P_n^m(\cos\theta)}{\sin\theta}\hat{\theta} - \frac{dP_n^m(\cos\theta)}{d\theta}\hat{\varphi}\right]e^{im\varphi}$$

$$\boldsymbol{n}_{mn}^{r(3)}(kR, \theta, \varphi) = \frac{1}{kR} e^{ikR}(-i)^{n+1}\left[i\frac{dP_n^m(\cos\theta)}{d\theta}\hat{\theta} - m\frac{P_n^m(\cos\theta)}{\sin\theta}\hat{\varphi}\right]e^{im\varphi}$$

$$(3.1.8)$$

把式 (3.1.8) 代入式 (3.1.2)，可得散射电场的渐近表达式：

$$\boldsymbol{E}^s \approx E_0 \frac{1}{kR} e^{ikR}[T_1(\theta, \varphi)\hat{\theta} + T_2(\theta, \varphi)\hat{\varphi}] \tag{3.1.9}$$

其中，参数分别为

$$T_1(\theta, \varphi) = \sum_{n=1}^{\infty}\sum_{m=-n}^{n}(-i)^n\left[c_{mn}m\frac{P_n^m(\cos\theta)}{\sin\theta} + d_{mn}\frac{dP_n^m(\cos\theta)}{d\theta}\right]e^{im\varphi}$$

$$T_2(\theta, \varphi) = \sum_{n=1}^{\infty}\sum_{m=-n}^{n}(-i)^{n-1}\left[c_{mn}\frac{dP_n^m(\cos\theta)}{d\theta} + d_{mn}m\frac{P_n^m(\cos\theta)}{\sin\theta}\right]e^{im\varphi}$$

$$(3.1.10)$$

由式 (3.1.9) 可定义微分散射截面：

$$\sigma(\theta, \varphi) = \lim_{R\to\infty} 4\pi R^2 \left|\frac{\boldsymbol{E}^s}{E_0}\right|^2 = \frac{\lambda^2}{\pi}\left(|T_1(\theta, \varphi)|^2 + |T_2(\theta, \varphi)|^2\right) \tag{3.1.11}$$

微分散射截面的物理意义是散射功率与入射能流的比值，具有面积的量纲。

在图 3.2 中，给出 TE 模式的高斯波束入射介质球形粒子的归一化微分散射

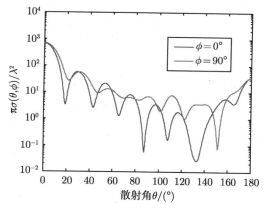

图 3.2 TE 模式的高斯波束入射介质球形粒子的归一化微分散射截面 $\dfrac{\pi}{\lambda^2}\sigma(\theta, \phi)$

截面 $\frac{\pi}{\lambda^2}\sigma(\theta,\phi)$，其中参数为：球形粒子半径 $R_1 = 1.5\lambda$(λ 为入射高斯波束的波长)，介质球形粒子的相对折射率 $\tilde{n} = 2$ 和磁导率 $\mu' = \mu_0$，球形粒子圆心在波束坐标系 $O'x'y'z'$ 中的坐标是 $x_0 = y_0 = 2\lambda$ 和 $z_0 = 1.5\lambda$，高斯波束的束腰半径 $w_0 = 5\lambda$。从图 3.2 可看出，前向 $\theta = 0°$ 散射的强度更强。

3.2　椭球形粒子对高斯波束的散射

本节介绍旋转椭球坐标系、椭球矢量波函数及高斯波束用椭球矢量波函数展开，并应用分离变量法和积分法研究介质椭球形粒子对高斯波束的散射。

3.2.1　椭球矢量波函数

长旋转椭球和扁旋转椭球坐标系可以通过二维共焦点椭圆坐标系的旋转而得到，如绕长轴旋转就形成长旋转椭球坐标系，绕短轴旋转就形成扁旋转椭球坐标系。例如，均以 z 轴为旋转轴，图 3.3 和图 3.4 分别为长、扁旋转椭球坐标系的示意图。

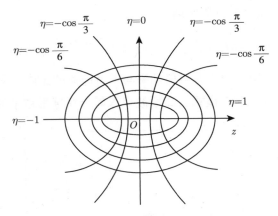

图 3.3　长旋转椭球坐标系

在长旋转椭球坐标系中，包括径向坐标 ζ、角坐标 η 和 φ，它们与直角坐标的变换关系为

$$\begin{cases} x = f(1-\eta^2)^{\frac{1}{2}}(\zeta^2-1)^{\frac{1}{2}}\cos\varphi \\ y = f(1-\eta^2)^{\frac{1}{2}}(\zeta^2-1)^{\frac{1}{2}}\sin\varphi \\ z = f\eta\zeta \end{cases} \tag{3.2.1}$$

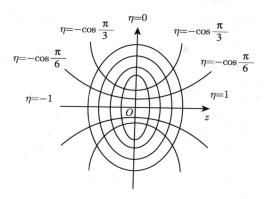

图 3.4 扁旋转椭球坐标系

其中, f 为半焦距长度; 坐标取值范围分别为 $1 \leqslant \zeta < \infty$, $-1 \leqslant \eta \leqslant 1$ 和 $0 \leqslant \varphi \leqslant 2\pi$。

设椭圆的半长轴和半短轴分别为 a 和 b, 则有关系式

$$\begin{cases} f = (a^2 - b^2)^{1/2} \\ \dfrac{a}{b} = \zeta/(\zeta^2 - 1)^{1/2} \end{cases} \tag{3.2.2}$$

椭圆偏心率 $e = 1/\zeta$。

在极限情况下, 当 $f \to 0$ 或 f 为有限, 而 $\zeta \to \infty$ 时, 长旋转和扁旋转椭球坐标系就变为球坐标系: $f\zeta \to R, \eta \to \cos\theta$。

长旋转椭球坐标系中的梯度算子为

$$\nabla = \hat{\zeta}\frac{1}{h_\zeta}\frac{\partial}{\partial\zeta} + \hat{\eta}\frac{1}{h_\eta}\frac{\partial}{\partial\eta} + \hat{\varphi}\frac{1}{h_\varphi}\frac{\partial}{\partial\varphi}$$

其中,

$$\begin{cases} h_\zeta = \left|\dfrac{\partial}{\partial\zeta}(x\hat{x} + y\hat{y} + z\hat{z})\right| = f\dfrac{(\zeta^2 - \eta^2)^{\frac{1}{2}}}{(\zeta^2 - 1)^{\frac{1}{2}}} \\ h_\eta = \left|\dfrac{\partial}{\partial\eta}(x\hat{x} + y\hat{y} + z\hat{z})\right| = f\dfrac{(\zeta^2 - \eta^2)^{\frac{1}{2}}}{(1 - \eta^2)^{\frac{1}{2}}} \\ h_\varphi = \left|\dfrac{\partial}{\partial\varphi}(x\hat{x} + y\hat{y} + z\hat{z})\right| = f(1 - \eta^2)^{\frac{1}{2}}(\zeta^2 - 1)^{\frac{1}{2}} \end{cases} \tag{3.2.3}$$

单位矢量:

$$\left(\hat{\zeta}\ \hat{\eta}\ \hat{\varphi}\right) = \left(\frac{1}{h_\zeta}\frac{\partial}{\partial\zeta}\ \frac{1}{h_\eta}\frac{\partial}{\partial\eta}\ \frac{1}{h_\varphi}\frac{\partial}{\partial\varphi}\right)(x\hat{x} + y\hat{y} + z\hat{z}) \tag{3.2.4}$$

由式 (3.2.4) 可得直角坐标系的单位矢量和长旋转椭球坐标系的单位矢量关系为

$$
\begin{cases}
\hat{x} = \zeta \left(\dfrac{1-\eta^2}{\zeta^2-\eta^2} \right)^{1/2} \cos\varphi\,\hat{\zeta} - \eta \left(\dfrac{\zeta^2-1}{\zeta^2-\eta^2} \right)^{1/2} \cos\varphi\,\hat{\eta} - \sin\varphi\,\hat{\varphi} \\[3mm]
\hat{y} = \zeta \left(\dfrac{1-\eta^2}{\zeta^2-\eta^2} \right)^{1/2} \sin\varphi\,\hat{\zeta} - \eta \left(\dfrac{\zeta^2-1}{\zeta^2-\eta^2} \right)^{1/2} \sin\varphi\,\hat{\eta} + \cos\varphi\,\hat{\varphi} \\[3mm]
\hat{z} = \eta \left(\dfrac{\zeta^2-1}{\zeta^2-\eta^2} \right)^{1/2} \hat{\zeta} + \zeta \left(\dfrac{1-\eta^2}{\zeta^2-\eta^2} \right)^{1/2} \hat{\eta}
\end{cases}
\tag{3.2.5}
$$

单位矢量之间的正交关系为 $\hat{\eta} \times \hat{\zeta} = \hat{\varphi}$。

球坐标系的单位矢量与长旋转椭球坐标系的单位矢量关系如下：

$$
\begin{cases}
\hat{R} = \zeta \left(\dfrac{\zeta^2-1}{(\zeta^2-\eta^2)(\zeta^2+\eta^2-1)} \right)^{1/2} \hat{\zeta} + \eta \left(\dfrac{1-\eta^2}{(\zeta^2-\eta^2)(\zeta^2+\eta^2-1)} \right)^{1/2} \hat{\eta} \\[3mm]
\hat{\theta} = \eta \left(\dfrac{1-\eta^2}{(\zeta^2-\eta^2)(\zeta^2+\eta^2-1)} \right)^{\frac{1}{2}} \hat{\zeta} - \zeta \left(\dfrac{\zeta^2-1}{(\zeta^2-\eta^2)(\zeta^2+\eta^2-1)} \right)^{\frac{1}{2}} \hat{\eta} \\[3mm]
\hat{\varphi} = \hat{\varphi}
\end{cases}
\tag{3.2.6}
$$

且有如下的坐标关系：

$$
\begin{cases}
R = f \left(\zeta^2+\eta^2-1 \right)^{\frac{1}{2}} \\[2mm]
\sin\theta = \left[\dfrac{(\zeta^2-1)(1-\eta^2)}{(\zeta^2+\eta^2-1)} \right]^{\frac{1}{2}} \\[3mm]
\cos\theta = \dfrac{\zeta\eta}{(\zeta^2+\eta^2-1)^{\frac{1}{2}}}
\end{cases}
\tag{3.2.7}
$$

对于扁旋转椭球坐标系，其坐标与直角坐标的变换关系为

$$
\begin{cases}
x = f(1-\eta^2)^{\frac{1}{2}}(\zeta^2+1)^{\frac{1}{2}} \cos\varphi \\[2mm]
y = f(1-\eta^2)^{\frac{1}{2}}(\zeta^2+1)^{\frac{1}{2}} \sin\varphi \\[2mm]
z = f\eta\zeta
\end{cases}
\tag{3.2.8}
$$

其中，$-1 \leqslant \eta \leqslant 1; 0 \leqslant \zeta < \infty; 0 \leqslant \varphi \leqslant 2\pi$。

直角坐标系的单位矢量和扁旋转椭球坐标系的单位矢量关系为

$$
\begin{cases}
\hat{x} = \zeta \left(\dfrac{1-\eta^2}{\zeta^2+\eta^2} \right)^{\frac{1}{2}} \cos\varphi\,\hat{\zeta} - \eta \left(\dfrac{\zeta^2+1}{\zeta^2+\eta^2} \right)^{\frac{1}{2}} \cos\varphi\,\hat{\eta} - \sin\varphi\,\hat{\varphi} \\[2mm]
\hat{y} = \zeta \left(\dfrac{1-\eta^2}{\zeta^2+\eta^2} \right)^{\frac{1}{2}} \sin\varphi\,\hat{\zeta} - \eta \left(\dfrac{\zeta^2+1}{\zeta^2+\eta^2} \right)^{\frac{1}{2}} \sin\varphi\hat{\eta} + \cos\varphi\hat{\varphi} \\[2mm]
\hat{z} = \eta \left(\dfrac{\zeta^2+1}{\zeta^2+\eta^2} \right)^{\frac{1}{2}} \hat{\zeta} + \zeta \left(\dfrac{1-\eta^2}{\zeta^2+\eta^2} \right)^{\frac{1}{2}} \hat{\varphi}
\end{cases}
\tag{3.2.9}
$$

球坐标系的单位矢量与扁旋转椭球坐标系的单位矢量关系如下：

$$
\begin{cases}
\hat{R} = \zeta \left(\dfrac{\zeta^2+1}{(\zeta^2+\eta^2)(\zeta^2-\eta^2+1)} \right)^{\frac{1}{2}} \hat{\zeta} + \eta \left(\dfrac{1-\eta^2}{(\zeta^2+\eta^2)(\zeta^2-\eta^2+1)} \right) \hat{\eta} \\[2mm]
\hat{\theta} = \eta \left(\dfrac{1-\eta^2}{(\zeta^2+\eta^2)(\zeta^2-\eta^2+1)} \right)^{\frac{1}{2}} \hat{\zeta} - \zeta \left(\dfrac{\zeta^2+1}{(\zeta^2+\eta^2)(\zeta^2-\eta^2+1)} \right)^{\frac{1}{2}} \hat{\eta} \\[2mm]
\hat{\varphi} = \hat{\varphi}
\end{cases}
\tag{3.2.10}
$$

且有下面的坐标关系：

$$
\begin{cases}
R = f \left(\zeta^2 - \eta^2 + 1 \right)^{\frac{1}{2}} \\[2mm]
\sin\theta = \left[\dfrac{(\zeta^2+1)(1-\eta^2)}{(\zeta^2-\eta^2+1)} \right]^{\frac{1}{2}} \\[2mm]
\cos\theta = \dfrac{\zeta\eta}{(\zeta^2-\eta^2+1)^{\frac{1}{2}}}
\end{cases}
\tag{3.2.11}
$$

研究椭球粒子的散射要用到椭球矢量波函数，遵循 Stratton[86] 的理论步骤，需要在长旋转椭球坐标系中求解标量波动方程 $\nabla^2\psi + k^2\psi = 0$，该方程可表示为

$$
\left[\frac{\partial}{\partial\eta} (1-\eta^2) \frac{\partial}{\partial\eta} + \frac{\partial}{\partial\zeta}(\zeta^2-1)\frac{\partial}{\partial\zeta} + \frac{(\zeta^2-\eta^2)}{(\zeta^2-1)(1-\eta^2)} \frac{\partial^2}{\partial\varphi^2} + c^2(\zeta^2-\eta^2) \right] \psi = 0
\tag{3.2.12}
$$

其中，$c = fk$。

应用分离变量法进行求解，式 (3.2.12) 可以分解为三个关于 φ、ζ、η 的二阶线性常微分方程。其中，关于 φ 的方程为

$$
\frac{\mathrm{d}^2}{\mathrm{d}\phi^2}\phi(\varphi) + m^2\phi(\varphi) = 0
\tag{3.2.13}
$$

关于 η 的方程为

$$
\frac{\mathrm{d}}{\mathrm{d}\eta} \left[(1-\eta^2) \frac{\mathrm{d}S_{mn}(c,\eta)}{\mathrm{d}\eta} \right] + \left[\lambda_{mn}(c) - c^2\eta^2 - \frac{m^2}{1-\eta^2} \right] S_{mn}(c,\eta) = 0
\tag{3.2.14}
$$

关于 ζ 的方程为

$$\frac{\mathrm{d}}{\mathrm{d}\zeta}\left[(\zeta^2-1)\frac{\mathrm{d}R_{mn}(c,\zeta)}{\mathrm{d}\zeta}\right]-\left[\lambda_{mn}(c)-c^2\zeta^2-\frac{m^2}{1-\zeta^2}\right]R_{mn}(c,\zeta)=0 \quad (3.2.15)$$

其中, $m^2(m=0,1,2,\cdots)$ 和 λ_{mn} 为分离常数。式 (3.2.13) 中 $\phi(\varphi)$ 的解为 $\cos m\varphi$ 和 $\sin m\varphi$; 式 (3.2.14) 的解为角函数 $S_{mn}(c,\eta)$; 式 (3.2.15) 的解为径向函数 $R_{mn}(c,\zeta)$。长旋转椭球标量波函数 ψ 的本征解的通解形式一般可表示为

$$\begin{cases} \psi_{emn}(c;\zeta,\eta,\varphi)=S_{mn}(c,\eta)R_{mn}(c,\zeta)\cos m\varphi \\ \psi_{omn}(c;\zeta,\eta,\varphi)=S_{mn}(c,\eta)R_{mn}(c,\zeta)\sin m\varphi \end{cases} \quad (3.2.16)$$

$S_{mn}^{(1)}(c,\eta)$ 是第一类角函数 $(n=m,m+1,m+2,\cdots)$(下面只用到第一类角函数, 为了方便, 省略上标 (1) 且简称为角函数)。$\lambda_{mn}(c)$ 是一个与 c 有关的对应于角函数 $S_{mn}(c,\eta)$ (本征函数) 的本征值。角函数可以用第一类连带勒让德函数的级数和表示如下:

$$S_{mn}(c,\eta)=\sum_{r=0,1}^{\infty}{}'d_r^{mn}(c)\mathrm{P}_{m+r}^m(\eta) \quad (3.2.17)$$

其中, $d_r^{mn}(c)$ 是待定的与长旋转椭球坐标系有关的展开系数; 求和上的撇号表示当 $n-m$ 是偶数时, 求和仅对 r 的偶数求和, 当 $n-m$ 是奇数时, 求和仅对 r 的奇数求和; 角函数 $S_{mn}(c,\eta)$ 不仅依赖于角坐标, 而且依赖于介质, 即与 c 有关。

下面介绍一种展开系数 $d_r^{mn}(c)$ 和本征值 $\lambda_{mn}(c)$ 的求解方法。

把式 (3.2.17) 代入方程式 (3.2.14), 再根据连带勒让德函数所满足的微分方程及其正交关系, 可得如下递推公式:

$$\begin{cases} \alpha_0 d_2^{mn}(c)+[\beta_0-\lambda_{mn}(c)]d_0^{mn}(c)=0 \\ \alpha_1 d_3^{mn}(c)+[\beta_1-\lambda_{mn}(c)]d_1^{mn}(c)=0 \\ \alpha_r d_{r+2}^{mn}(c)+[\beta_r-\lambda_{mn}(c)]d_r^{mn}(c)+\gamma_r d_{r-2}^{mn}(c)=0 \quad (r\geqslant 2) \end{cases} \quad (3.2.18)$$

其中, 系数 α_r、β_r、γ_r 分别为

$$\begin{cases} \alpha_r=\dfrac{(2m+r+2)(2m+r+1)}{(2m+2r+5)(2m+2r+3)}c^2 \\ \beta_r=(m+r)(m+r+1)+\dfrac{2(m+r)(m+r+1)-2m^2-1}{(2m+2r+3)(2m+2r-1)}c^2 \\ \gamma_r=\dfrac{r(r-1)}{(2m+2r-3)(2m+2r-1)}c^2 \end{cases} \quad (3.2.19)$$

式 (3.2.18) 可写为如下的矩阵形式:

$$
\begin{pmatrix}
\beta_0 & \alpha_0 & & & & & \\
\gamma_2 & \beta_2 & \alpha_2 & & & & \\
& \gamma_4 & \beta_4 & \alpha_4 & & & \\
& & \gamma_6 & \beta_6 & \alpha_6 & & \\
& & & \ddots & \ddots & \ddots & \\
& & & & \gamma_{2r} & \beta_{2r} & \alpha_{2r} \\
& & & & & \ddots & \ddots & \ddots
\end{pmatrix}
\begin{pmatrix}
d_0^{mn}(c) \\
d_2^{mn}(c) \\
\vdots \\
d_{2r}^{mn}(c) \\
\vdots
\end{pmatrix}
$$

$$
= \lambda_{mn}
\begin{pmatrix}
d_0^{mn}(c) \\
d_2^{mn}(c) \\
\vdots \\
d_{2r}^{mn}(c) \\
\vdots
\end{pmatrix}
\quad (n - m = \text{偶数})
$$

$$
\begin{pmatrix}
\beta_1 & \alpha_1 & & & & & \\
\gamma_3 & \beta_3 & \alpha_3 & & & & \\
& \gamma_5 & \beta_5 & \alpha_5 & & & \\
& & \gamma_7 & \beta_7 & \alpha_7 & & \\
& & & \ddots & \ddots & \ddots & \\
& & & & \gamma_{2r+1} & \beta_{2r+1} & \alpha_{2r+1} \\
& & & & & \ddots & \ddots & \ddots
\end{pmatrix}
\begin{pmatrix}
d_1^{mn}(c) \\
d_3^{mn}(c) \\
\vdots \\
d_{2r+1}^{mn}(c) \\
\vdots
\end{pmatrix}
$$

$$
=\lambda_{mn}
\begin{pmatrix}
d_1^{mn}(c) \\
d_3^{mn}(c) \\
\vdots \\
d_{2r+1}^{mn}(c) \\
\vdots
\end{pmatrix}
\quad (n-m = \text{奇数})
\tag{3.2.20}
$$

由式 (3.2.20) 可知，求解展开系数 $d_r^{mn}(c)$ 和本征值 $\lambda_{mn}(c)$ 转化为了求矩阵的本征值问题，可应用 Matlab 编程实现。

为了唯一地确定 $d_r^{mn}(c), d_r^{mn}(c)$ 作为从式 (3.2.20) 求出的特征向量，还必须满足如下归一化关系式：

$$
\begin{cases}
\displaystyle\sum_{r=0}^{\infty}{}' \frac{(-1)^{\frac{r}{2}}(r+2m)!}{2^r \left(\dfrac{r}{2}\right)! \left(\dfrac{r+2m}{2}\right)!} d_r^{mn} = \frac{(-1)^{\frac{n-m}{2}}(n+m)!}{2^{n-m} \left(\dfrac{n-m}{2}\right)! \left(\dfrac{n+m}{2}\right)!}, \\
n-m \text{是偶数} \\[4pt]
\displaystyle\sum_{r=1}^{\infty}{}' \frac{(-1)^{\frac{r-1}{2}}(r+2m+1)!}{2^r \left(\dfrac{r-1}{2}\right)! \left(\dfrac{r+2m+1}{2}\right)!} d_r^{mn} = \frac{(-1)^{\frac{n-m-1}{2}}(n+m+1)!}{2^{n-m} \left(\dfrac{n-m-1}{2}\right)! \left(\dfrac{n+m+1}{2}\right)!}, \\
n-m \text{是奇数}
\end{cases}
\tag{3.2.21}
$$

式 (3.2.21) 可由如下关系式确定：

$$
S_{mn}(c,\eta=0) = \mathrm{P}_n^m(\eta=0), \quad \frac{\mathrm{d}}{\mathrm{d}\eta} S_{mn}(c,\eta)\big|_{\eta=0} = \frac{\mathrm{d}}{\mathrm{d}\eta} \mathrm{P}_n^m(\eta)\big|_{\eta=0}
\tag{3.2.22}
$$

即从式 (3.2.17) 推出。结合式 (3.2.20) 和式 (3.2.21)，即可求出 $d_r^{mn}(c)$ 和 $\lambda_{mn}(c)$。

根据 Sturm-Liouville 微分方程的一般理论，角函数 $S_{mn}(c,\eta)$ 在区间 $-1 \leqslant \eta \leqslant 1$ 上形成一个正交系，满足正交关系：

$$
\int_{-1}^{1} S_{mn}(c,\eta) S_{mn'}(c,\eta) \mathrm{d}\eta = \delta_{nn'} N_{mn}
\tag{3.2.23}
$$

其中，N_{mn} 可以利用连带勒让德函数的归一化因子得到：

$$
N_{mn} = 2\sum_{r=0,1}^{\infty}{}' \frac{(r+2m)!(d_r^{mn})^2}{(2r+2m+1)r!}
$$

$$\delta_{nn'} = \begin{cases} 0, & n' \neq n \\ 1, & n' = n \end{cases} \tag{3.2.24}$$

由径向函数 $R_{mn}^{(j)}(c,\zeta)$ 所满足的微分方程式 (3.2.15)，文献 [90] 给出了径向函数的表示式：

$$R_{mn}^{(j)}(c;\zeta) = \frac{1}{\sum\limits_{r=0,1}' \frac{(r+2m)!}{r!} d_r^{mn}(c)} \left(\frac{\zeta^2 - 1}{\zeta^2} \right)^{\frac{m}{2}}$$

$$\sum\limits_{r=0,1}' d_r^{mn}(c) i^{r+m-n} \frac{(r+2m)!}{r!} z_{m+r}^{(j)}(c\zeta) \tag{3.2.25}$$

其中，$j=1$ 时，$z_{m+r}^{(1)}(c\zeta)$ 是球贝塞尔函数；$j=2$ 时，$z_{m+r}^{(2)}(c\zeta)$ 是球诺依曼函数；$j=3$ 和 4 时，$z_{m+r}^{(3)}(c\zeta)$ 和 $z_{m+r}^{(4)}(c\zeta)$ 分别是第一和第二类球汉克尔函数。

标量波动方程 $\nabla^2 \psi + k^2 \psi = 0$ 在扁旋转椭球坐标系中可以写为

$$\left[\frac{\partial}{\partial \eta} \left(1 - \eta^2 \right) \frac{\partial}{\partial \eta} + \frac{\partial}{\partial \zeta} (\zeta^2 + 1) \frac{\partial}{\partial \zeta} + \frac{(\zeta^2 + \eta^2)}{(\zeta^2 + 1)(1 - \eta^2)} \frac{\partial^2}{\partial \varphi^2} + c^2 (\zeta^2 + \eta^2) \right] \psi = 0 \tag{3.2.26}$$

可按照与式 (3.2.16) 同样的分离变量法求解，把式 (3.2.25) 分解成三个关于 φ、ζ、η 的二阶线性常微分方程，则其本征解的通解形式一般写为

$$\psi_{emn}(-ic; i\zeta, \eta, \varphi) = S_{mn}(-ic, \eta) R_{mn}(-ic, i\zeta) \cos m\varphi$$

$$\psi_{omn}(-ic; i\zeta, \eta, \varphi) = S_{mn}(-ic, \eta) R_{mn}(-ic, i\zeta) \sin m\varphi \tag{3.2.27}$$

由式 (3.2.27) 可以看出，借助转换式 $\zeta \to i\zeta, c \to -ic$，可以将长旋转椭球坐标系中的方程及其函数转换到扁旋转椭球坐标系中，从而得到相应的扁旋转椭球坐标系中的方程和函数，为研究问题带来方便。

Flammer 定义了如下长旋转椭球 (以下简称椭球) 矢量波函数：

$$\boldsymbol{M}_{emn}^{r(j)}(c; \eta, \zeta, \varphi) = \nabla \psi_{emn}^{r(j)}(c; \eta, \zeta, \varphi) \times \boldsymbol{R}$$

$$\boldsymbol{M}_{omn}^{r(j)}(c; \eta, \zeta, \varphi) = \nabla \psi_{omn}^{r(j)}(c; \eta, \zeta, \varphi) \times \boldsymbol{R}$$

$$\boldsymbol{N}_{emn}^{r(j)}(c; \eta, \zeta, \varphi) = k^{-1} \nabla \times \boldsymbol{M}_{emn}^{r(j)}(c; \eta, \zeta, \varphi)$$

$$\boldsymbol{N}_{omn}^{r(j)}(c; \eta, \zeta, \varphi) = k^{-1} \nabla \times \boldsymbol{M}_{omn}^{r(j)}(c; \eta, \zeta, \varphi) \tag{3.2.28}$$

其中，$\boldsymbol{R}$ 为空间一点的位置矢量。

椭球矢量波函数具体表示形式为

$$
\begin{aligned}
\boldsymbol{M}_{emn}^{r(j)} =& M_{mn\eta}^{r(j)} \sin m\varphi \hat{\eta} + M_{mn\zeta}^{r(j)} \sin m\varphi \hat{\zeta} + M_{mn\varphi}^{r(j)} \cos m\varphi \hat{\varphi} \\
=& \frac{m\zeta}{(\zeta^2-\eta^2)^{\frac{1}{2}}(1-\eta^2)^{\frac{1}{2}}} S_{mn}(c,\eta) R_{mn}^{(j)}(c,\zeta) \sin m\varphi \hat{\eta} \\
& - \frac{m\eta}{(\zeta^2-\eta^2)^{\frac{1}{2}}(\zeta^2-1)^{\frac{1}{2}}} S_{mn}(c,\eta) R_{mn}^{(j)}(c,\zeta) \sin m\varphi \hat{\zeta} + \frac{(1-\eta^2)^{\frac{1}{2}}(\zeta^2-1)^{\frac{1}{2}}}{(\zeta^2-\eta^2)} \\
& \left(\zeta \frac{\mathrm{d}}{\mathrm{d}\eta} S_{mn}(c,\eta) R_{mn}^{(j)}(c,\zeta) - \eta S_{mn}(c,\eta) \frac{\mathrm{d}}{\mathrm{d}\zeta} R_{mn}^{(j)}(c,\zeta) \right) \cos m\varphi \; \hat{\varphi}
\end{aligned}
$$

$$
\begin{aligned}
\boldsymbol{M}_{omn}^{r(j)} =& - M_{mn\eta}^{r(j)} \cos m\varphi \hat{\eta} - M_{mn\zeta}^{r(j)} \cos m\varphi \hat{\zeta} + M_{mn\varphi}^{r(j)} \sin m\varphi \hat{\varphi} \\
=& - \frac{m\zeta}{(\zeta^2-\eta^2)^{\frac{1}{2}}(1-\eta^2)^{\frac{1}{2}}} S_{mn}(c,\eta) R_{mn}^{(j)}(c,\zeta) \cos m\varphi \hat{\eta} \\
& + \frac{m\eta}{(\zeta^2-\eta^2)^{\frac{1}{2}}(\zeta^2-1)^{\frac{1}{2}}} S_{mn}(c,\eta) R_{mn}^{(j)}(c,\zeta) \cos m\varphi \hat{\zeta} + \frac{(1-\eta^2)^{\frac{1}{2}}(\zeta^2-1)^{\frac{1}{2}}}{(\zeta^2-\eta^2)} \\
& \left(\zeta \frac{\mathrm{d}}{\mathrm{d}\eta} S_{mn}(c,\eta) R_{mn}^{(j)}(c,\zeta) - \eta S_{mn}(c,\eta) \frac{\mathrm{d}}{\mathrm{d}\zeta} R_{mn}^{(j)}(c,\zeta) \right) \sin m\varphi \; \hat{\varphi}
\end{aligned}
$$

$$
\begin{aligned}
\boldsymbol{N}_{emn}^{r(j)} =& N_{mn\eta}^{r(j)} \cos m\varphi \; \hat{\eta} + N_{mn\zeta}^{r(j)} \cos m\varphi \; \hat{\zeta} + N_{mn\varphi}^{r(j)} \sin m\varphi \hat{\varphi} \\
=& \frac{(1-\eta^2)^{\frac{1}{2}}}{kf(\zeta^2-\eta^2)^{\frac{1}{2}}} \left[\frac{\mathrm{d}}{\mathrm{d}\eta} S_{mn} \frac{\partial}{\partial\zeta} \left(\frac{\zeta(\zeta^2-1)}{\zeta^2-\eta^2} R_{mn}^{(j)} \right) - \eta S_{mn} \frac{\partial}{\partial\zeta} \left(\frac{(\zeta^2-1)}{\zeta^2-\eta^2} \frac{\mathrm{d}}{\mathrm{d}\zeta} R_{mn}^{(j)} \right) \right. \\
& \left. + \frac{m^2\eta}{(1-\eta^2)(\zeta^2-1)} S_{mn} R_{mn}^{(j)} \right] \cos m\varphi \; \hat{\eta} - \frac{(\zeta^2-1)^{\frac{1}{2}}}{kf(\zeta^2-\eta^2)^{\frac{1}{2}}} \\
& \times \left[- \frac{\partial}{\partial\eta} \left(\frac{\eta(1-\eta^2)}{(\zeta^2-\eta^2)} S_{mn} \right) \frac{\mathrm{d}}{\mathrm{d}\zeta} R_{mn}^{(j)} + \zeta \frac{\partial}{\partial\eta} \left(\frac{(1-\eta^2)}{(\zeta^2-\eta^2)} \frac{\mathrm{d}}{\mathrm{d}\eta} S_{mn} \right) R_{mn}^{(j)} \right. \\
& \left. - \frac{m^2\zeta}{(1-\eta^2)(\zeta^2-1)} S_{mn} R_{mn}^{(j)} \right] \cos m\varphi \; \hat{\zeta} + \frac{m(1-\eta^2)^{\frac{1}{2}}(\zeta^2-1)^{\frac{1}{2}}}{kf(\zeta^2-\eta^2)} \\
& \times \left(- \frac{1}{(\zeta^2-1)} \frac{\mathrm{d}}{\mathrm{d}\eta} (\eta S_{mn}) R_{mn}^{(j)} - \frac{1}{(1-\eta^2)} S_{mn} \frac{\mathrm{d}}{\mathrm{d}\zeta} \left(\zeta R_{mn}^{(j)} \right) \right) \sin m\varphi \; \hat{\varphi}
\end{aligned}
$$

$$
\begin{aligned}
\boldsymbol{N}_{omn}^{r(j)} =& N_{mn\eta}^{r(j)} \sin m\varphi \; \hat{\eta} + N_{mn\zeta}^{r(j)} \sin m\varphi \; \hat{\zeta} - N_{mn\varphi}^{r(j)} \cos m\varphi \hat{\varphi} \\
=& \frac{(1-\eta^2)^{\frac{1}{2}}}{kf(\zeta^2-\eta^2)^{\frac{1}{2}}} \left[\frac{\mathrm{d}}{\mathrm{d}\eta} S_{mn} \frac{\partial}{\partial\zeta} \left(\frac{\zeta(\zeta^2-1)}{\zeta^2-\eta^2} R_{mn}^{(j)} \right) - \eta S_{mn} \frac{\partial}{\partial\zeta} \left(\frac{(\zeta^2-1)}{\zeta^2-\eta^2} \frac{\mathrm{d}}{\mathrm{d}\zeta} R_{mn}^{(j)} \right) \right. \\
& \left. + \frac{m^2\eta}{(1-\eta^2)(\zeta^2-1)} S_{mn} R_{mn}^{(j)} \right] \sin m\varphi \; \hat{\eta} - \frac{(\zeta^2-1)^{\frac{1}{2}}}{kf(\zeta^2-\eta^2)^{\frac{1}{2}}}
\end{aligned}
$$

$$\times \left[-\frac{\partial}{\partial \eta} \left(\frac{\eta(1-\eta^2)}{(\zeta^2-\eta^2)} S_{mn} \right) \frac{\mathrm{d}}{\mathrm{d}\zeta} R_{mn}^{(j)} + \zeta \frac{\partial}{\partial \eta} \left(\frac{(1-\eta^2)}{(\zeta^2-\eta^2)} \frac{\mathrm{d}}{\mathrm{d}\eta} S_{mn} \right) R_{mn}^{(j)} \right.$$

$$\left. - \frac{m^2 \zeta}{(1-\eta^2)(\zeta^2-1)} S_{mn} R_{mn}^{(j)} \right] \left(\begin{array}{c} \cos \\ \sin \end{array} m\varphi\, \hat{\zeta} \right) + \frac{m(1-\eta^2)^{\frac{1}{2}}(\zeta^2-1)^{\frac{1}{2}}}{kf(\zeta^2-\eta^2)}$$

$$\times \left(-\frac{1}{(\zeta^2-1)} \frac{\mathrm{d}}{\mathrm{d}\eta}\left(\eta S_{mn}\right) R_{mn}^{(j)} - \frac{1}{(1-\eta^2)} S_{mn} \frac{\mathrm{d}}{\mathrm{d}\zeta}\left(\zeta R_{mn}^{(j)}\right) \right) \left(\begin{array}{c} \sin \\ -\cos \end{array} m\varphi\hat{\varphi} \right)$$

$$\tag{3.2.29}$$

Flammer 还给出了球和椭球标量和矢量波函数之间的关系：

$$\mathrm{P}_n^m(\cos\theta)\mathrm{j}_n(kR) = \frac{2(n+m)!}{(2n+1)(n-m)!}$$

$$\sum_{l=m,m+1}^{\infty}{}' \frac{\mathrm{i}^{l-n}}{N_{ml}} d_{n-m}^{ml}(c) S_{ml}(c,\eta) R_{ml}^{(1)}(c,\zeta) \tag{3.2.30}$$

$$(\boldsymbol{m},\boldsymbol{n})_{emn}^{r(1)}(kR,\theta,\varphi) = \frac{2(n+m)!}{(2n+1)(n-m)!}$$

$$\sum_{l=m,m+1}^{\infty}{}' \frac{\mathrm{i}^{l-n}}{N_{ml}} d_{n-m}^{ml}(c)\, (\boldsymbol{M},\boldsymbol{N})_{eml}^{r(1)}(c,\zeta,\eta,\varphi)$$

$$(\boldsymbol{m},\boldsymbol{n})_{omn}^{r(1)}(kR,\theta,\varphi) = \frac{2(n+m)!}{(2n+1)(n-m)!}$$

$$\sum_{l=m,m+1}^{\infty}{}' \frac{\mathrm{i}^{l-n}}{N_{ml}} d_{n-m}^{ml}(c)\, (\boldsymbol{M},\boldsymbol{N})_{oml}^{r(1)}(c,\zeta,\eta,\varphi) \tag{3.2.31}$$

式 (3.2.31) 在基于广义 Mie 理论推导高斯波束用椭球矢量波函数展开的关系式时要用到。

3.2.2 高斯波束用椭球矢量波函数展开

在广义 Mie 理论的框架内研究椭球粒子对高斯波束的散射，需要把高斯波束用椭球矢量波函数展开。因为椭球矢量波函数的描述比较复杂，并且没有像球矢量波函数的正交关系，所以展式的理论推导非常困难。通常用间接的方法来得到高斯波束的椭球矢量波函数展开式，即在高斯波束用球矢量波函数展开的基础上，应用球矢量波函数和椭球矢量波函数之间的关系来得到。下面就如图 3.5 所示的简单情况来讨论。

如图 3.5 所示，高斯波束入射椭球形粒子，束腰中心在原点 O' 且沿正 z' 轴传输。直角坐标系 $Ox''y''z''$ 与 $O'x'y'z'$ 平行，原点 O 在 $O'x'y'z'$ 中的坐标为

$(0,0,z_0)$(在轴入射)。直角坐标系 $Oxyz$ 为 $Ox''y''z''$ 绕 y'' 轴正方向顺时针旋转 β 角而得到, 椭球形粒子属于直角坐标系 $Oxyz$(长轴与 z 轴重合, 椭球圆心位于原点 O), 椭球的半长轴和半短轴分别用 a 和 b 表示, 半焦距用 f 表示。

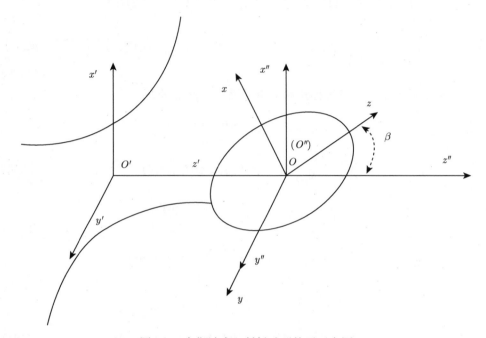

图 3.5　高斯波束入射椭球形粒子示意图

高斯波束用属于 $Ox''y''z''$ 的球矢量波函数来展开。考虑到当 $x_0 = y_0 = 0$ 时, $R_0 = 0$, 贝塞尔函数 $J_0(0) = 1$; 当 $m \neq 0$ 时, $J_m(0) = 0$, 则级数展开式中只需保留 $m = \pm 1$ 的项即可。

约定 $Ox''y''z''$ 和 $Oxyz$ 的共同径向坐标用 R 表示, $Ox''y''z''$ 中的角坐标用 θ'' 和 φ'' 表示, $Oxyz$ 中的角坐标用 θ 和 φ 表示, 则式 (3.1.1) 可表示为

$$\begin{aligned} \boldsymbol{E}^i =& E_0 \sum_{n=1}^{\infty} \sum_{m=\pm 1} C_{nm} \{ g_{n,\text{TE}}^m [\boldsymbol{m}_{emn}^{r(1)}(kR,\theta'',\varphi'') + \text{i}\boldsymbol{m}_{omn}^{r(1)}(kR,\theta'',\varphi'')] \\ & + g_{n,\text{TM}}^m [\boldsymbol{n}_{emn}^{r(1)}(kR,\theta'',\varphi'') + \text{i}\boldsymbol{n}_{omn}^{r(1)}(kR,\theta'',\varphi'')] \} \end{aligned} \tag{3.2.32}$$

考虑到球矢量波函数如下关系式:

$$(\boldsymbol{m},\boldsymbol{n})_{-mn}^{r(1)} = \pm(-1)^m \frac{(n-m)!}{(n+m)!} (\boldsymbol{m},\boldsymbol{n})_{mn}^{r(1)}, \quad m \geqslant 0 \tag{3.2.33}$$

则式 (3.2.32) 可化为

$$
\begin{aligned}
\boldsymbol{E}^i = E_0 \sum_{n=1}^{\infty} C_n &[(g_{n,\mathrm{TE}}^1 + g_{n,\mathrm{TE}}^{-1}) \boldsymbol{m}_{\mathrm{e}1n}^{r(1)}(kR, \theta'', \varphi'') \\
&+ \mathrm{i}(g_{n,\mathrm{TE}}^1 - g_{n,\mathrm{TE}}^{-1}) \boldsymbol{m}_{\mathrm{o}1n}^{r(1)}(kR, \theta'', \varphi'') + (g_{n,\mathrm{TM}}^1 + g_{n,\mathrm{TM}}^{-1}) \boldsymbol{n}_{\mathrm{e}1n}^{r(1)}(kR, \theta'', \varphi'') \\
&+ \mathrm{i}(g_{n,\mathrm{TM}}^1 - g_{n,\mathrm{TM}}^{-1}) \boldsymbol{n}_{\mathrm{o}1n}^{r(1)}(kR, \theta'', \varphi'')]
\end{aligned}
\tag{3.2.34}
$$

对于 TM 模式的高斯波束有式 (2.5.13)，则式 (3.2.32) 可化为

$$
\boldsymbol{E}^i = E_0 \sum_{n=1}^{\infty} C_n g_n [\mathrm{i}\boldsymbol{m}_{\mathrm{o}1n}^{r(1)}(kR, \theta'', \varphi'') + \boldsymbol{n}_{\mathrm{e}1n}^{r(1)}(kR, \theta'', \varphi'')]
\tag{3.2.35}
$$

下面需要推导出 $\boldsymbol{m}_{\mathrm{e}1n}^{r(1)}(kR, \theta'', \varphi'')$ 和 $\boldsymbol{n}_{\mathrm{e}1n}^{r(1)}(kR, \theta'', \varphi'')$ 用属于 $Oxyz$ 的球矢量波函数来展开的关系式，为此用到式 (2.4.4)，代入式 (3.2.35) 可得

$$
\boldsymbol{E}^i = E_0 \sum_{n=1}^{\infty} \sum_{m=-n}^{n} C_n g_n \rho(1, m, n) [\mathrm{i}\boldsymbol{m}_{\mathrm{o}mn}^{r(1)}(kR, \theta, \varphi) + \boldsymbol{n}_{\mathrm{e}mn}^{r(1)}(kR, \theta, \varphi)]
\tag{3.2.36}
$$

在得到式 (3.2.36) 时，为了与前面的级数的表示符号一致，把符号 s 用 m 来代替。

考虑式 (3.2.31)，则式 (3.2.36) 可以进一步的表示为

$$
\begin{aligned}
\boldsymbol{E}^i = E_0 \sum_{m=0}^{\infty} \sum_{n=m}^{\infty} C_n g_n (-1)^{m-1} &\frac{(n-m)!}{(n+m)!} (2 - \delta_{0m}) \\
&\times \left[\mathrm{i}m \frac{\mathrm{P}_n^m(\cos\beta)}{\sin\beta} \boldsymbol{m}_{\mathrm{o}mn}^{r(1)}(kR, \theta, \varphi) + \frac{\mathrm{d}\mathrm{P}_n^m(\cos\beta)}{\mathrm{d}\beta} \boldsymbol{n}_{\mathrm{e}mn}^{r(1)}(kR, \theta, \varphi) \right]
\end{aligned}
\tag{3.2.37}
$$

其中，δ_{0m} 为克罗内克符号。

考虑式 (3.2.31) 中球和椭球矢量波函数之间的关系，则有 [91]

$$
\begin{aligned}
\boldsymbol{E}^i = E_0 \sum_{m=0}^{\infty} \sum_{l=m}^{\infty} \sum_{n=m,m+1}^{\infty} {}' g_n (-1)^{m-1} &\frac{2(2 - \delta_{0m})}{n(n+1)} \cdot \frac{\mathrm{i}^{l-1}}{N_{ml}} d_{n-m}^{ml}(c) \\
&\times \left[\mathrm{i}m \frac{\mathrm{P}_n^m(\cos\beta)}{\sin\beta} \boldsymbol{M}_{\mathrm{o}ml}^{r(1)}(c, \zeta, \eta, \varphi) + \frac{\mathrm{d}\mathrm{P}_n^m(\cos\beta)}{\mathrm{d}\beta} \boldsymbol{N}_{\mathrm{e}ml}^{r(1)}(c, \zeta, \eta, \varphi) \right]
\end{aligned}
\tag{3.2.38}
$$

在得到式 (3.2.38) 时，用到了式 (2.3.2) 中 C_{nm} 的表达式，并且交换了 l 和 n 的求和顺序。

在式 (3.2.38) 做变量替换 $r = n - m$, 为了与前面级数的表示符号一致, 把符号 l 用 n 来代替 (只是符号表示上的变化), 则可得

$$\boldsymbol{E}^i = E_0 \sum_{m=0}^{\infty} \sum_{n=m}^{\infty} \mathrm{i}^n [G_{n,\mathrm{TE}}^m \boldsymbol{M}_{omn}^{r(1)}(c,\zeta,\eta,\varphi) - \mathrm{i} G_{n,\mathrm{TM}}^m \boldsymbol{N}_{emn}^{r(1)}(c,\zeta,\eta,\varphi)] \qquad (3.2.39)$$

其中,

$$\begin{pmatrix} G_{n,\mathrm{TE}}^m \\ G_{n,\mathrm{TM}}^m \end{pmatrix} = \frac{2}{N_{mn}} (-1)^{m-1} \sum_{r=0,1}^{\infty} {}' \frac{d_r^{mn}(c)}{(r+m)(r+m+1)} g_{r+m}$$

$$\begin{pmatrix} 2m \dfrac{\mathrm{P}_{r+m}^m(\cos\beta)}{\sin\beta} \\ (2-\delta_{0m}) \dfrac{\mathrm{dP}_{r+m}^m(\cos\beta)}{\mathrm{d}\beta} \end{pmatrix} \qquad (3.2.40)$$

在式 (3.2.40) 中级数求和的上标表示: $n - m$ 为偶数时对偶数项求和, $n - m$ 为奇数时对奇数项求和, 且当 $m = 0$ 时偶数项求和从 $r = 2$ 开始。

式 (3.2.40) 是 TM 模式的高斯波束用椭球矢量波函数展开的表达式, 同理对 TE 模式的高斯波束可得

$$\boldsymbol{E}^i = E_0 \sum_{m=0}^{\infty} \sum_{n=m}^{\infty} \mathrm{i}^n [G_{n,\mathrm{TE}}'^m \boldsymbol{M}_{emn}^{r(1)}(c,\zeta,\eta,\varphi) + \mathrm{i} G_{n,\mathrm{TM}}'^m \boldsymbol{N}_{omn}^{r(1)}(c,\zeta,\eta,\varphi)] \qquad (3.2.41)$$

其中, $G_{n,\mathrm{TE}}'^m = -G_{n,\mathrm{TM}}^m$; $G_{n,\mathrm{TM}}'^m = -G_{n,\mathrm{TE}}^m$。

式 (3.2.39) 和式 (3.2.41) 只给出了电场强度用椭球矢量波函数展开的表达式, 对于磁场强度的展开式, 可应用 $\boldsymbol{H} = -\dfrac{\mathrm{i}}{\omega\mu} \nabla \times \boldsymbol{E}$ 和 $(\boldsymbol{M}, \boldsymbol{N})_{mn}^{r(1)} = \dfrac{1}{k} \nabla \times (\boldsymbol{N}, \boldsymbol{M})_{mn}^{r(1)}$ 及式 (3.2.39) 与式 (3.2.41) 得到。

3.2.3   分离变量法

下面以 TE 模式的高斯波束入射为例, 研究椭球粒子的散射。

入射高斯波束用椭球矢量波函数展开为

$$\begin{cases} \boldsymbol{E}^i = E_0 \displaystyle\sum_{m=0}^{\infty} \sum_{n=m}^{\infty} \mathrm{i}^n [G_{n,\mathrm{TE}}'^m \boldsymbol{M}_{emn}^{r(1)}(c,\zeta,\eta,\varphi) + \mathrm{i} G_{n,\mathrm{TM}}'^m \boldsymbol{N}_{omn}^{r(1)}(c,\zeta,\eta,\varphi)] \\ \boldsymbol{H}^i = -\mathrm{i} \dfrac{E_0}{\eta_0} \displaystyle\sum_{m=0}^{\infty} \sum_{n=m}^{\infty} \mathrm{i}^n [G_{n,\mathrm{TE}}'^m \boldsymbol{N}_{emn}^{r(1)}(c,\zeta,\eta,\varphi) + \mathrm{i} G_{n,\mathrm{TM}}'^m \boldsymbol{M}_{omn}^{r(1)}(c,\zeta,\eta,\varphi)] \end{cases}$$

$$(3.2.42)$$

椭球粒子的散射场可用第三类椭球矢量波函数展开为

$$
\begin{cases}
\boldsymbol{E}^s = E_0 \sum_{m=0}^{\infty} \sum_{n=m}^{\infty} \mathrm{i}^n [\alpha'_{mn} \boldsymbol{M}^{r(3)}_{emn}(c,\zeta,\eta,\varphi) + \mathrm{i}\beta'_{mn} \boldsymbol{N}^{r(3)}_{omn}(c,\zeta,\eta,\varphi)] \\
\boldsymbol{H}^s = -\mathrm{i}\dfrac{E_0}{\eta_0} \sum_{m=0}^{\infty} \sum_{n=m}^{\infty} \mathrm{i}^n [\mathrm{i}\beta'_{mn} \boldsymbol{M}^{r(3)}_{omn}(c,\zeta,\eta,\varphi) + \alpha'_{mn} \boldsymbol{N}^{r(3)}_{emn}(c,\zeta,\eta,\varphi)]
\end{cases}
\tag{3.2.43}
$$

其中，$c = kf$。

椭球粒子内部的场也可相应展开为

$$
\begin{cases}
\boldsymbol{E}^w = E_0 \sum_{m=0}^{\infty} \sum_{n=m}^{\infty} \mathrm{i}^n [\delta'_{mn} \boldsymbol{M}^{r(1)}_{emn}(c',\zeta,\eta,\varphi) + \mathrm{i}\gamma'_{mn} \boldsymbol{N}^{r(1)}_{omn}(c',\zeta,\eta,\varphi)] \\
\boldsymbol{H}^w = -\mathrm{i}\dfrac{E_0}{\eta'} \sum_{m=0}^{\infty} \sum_{n=m}^{\infty} \mathrm{i}^n [\mathrm{i}\gamma'_{mn} \boldsymbol{M}^{r(1)}_{omn}(c',\zeta,\eta,\varphi) + \delta'_{mn} \boldsymbol{N}^{r(1)}_{emn}(c',\zeta,\eta,\varphi)]
\end{cases}
\tag{3.2.44}
$$

其中，$c' = k'f, k' = k\tilde{n}; \eta' = \dfrac{k'}{\omega\mu'}$，$\tilde{n}$ 和 μ' 分别为椭球介质相对于自由空间的折射率和椭球介质的磁导率。

式 (3.2.43) 和式 (3.2.44) 中，展开系数 α'_{mn}、β'_{mn}、δ'_{mn} 和 γ'_{mn} 的确定需应用电场和磁场的切向分量在椭球粒子表面连续的边界条件：

$$
\begin{cases}
E^i_\eta + E^s_\eta = E^w_\eta, & E^i_\varphi + E^s_\varphi = E^w_\varphi \\
H^i_\eta + H^s_\eta = H^w_\eta, & H^i_\varphi + H^s_\varphi = H^w_\varphi
\end{cases}
\tag{3.2.45}
$$

其中，$\zeta = \zeta_0, \zeta_0$ 是椭球表面在椭球坐标系中的径向坐标。

在应用式 (3.2.45) 的边界条件时，对 $-1 \leqslant \eta \leqslant 1$ 和 $0 \leqslant \varphi \leqslant 2\pi$ 都要求成立。对于每个 m，由于三角函数 $\cos m\varphi$ 和 $\sin m\varphi$ 的正交性，它们的系数必须分别相等，才容易应用边界条件。可是对于 n 的和式，在级数中不能逐项匹配，这就使得未知展开系数的确定比较困难。Asano 等 [92,93] 提出一种较为巧妙的理论方法，较好地解决了该问题。但是，对边界条件推导的部分参数有误，韩一平 [94] 修正了其中的错误。

Asano 等的思路简要介绍如下。

把高斯波束、散射以及椭球内部电磁场展式中的切向分量分别代入式 (3.2.45)，对于 η 分量连续的方程两边用 $(\zeta_0^2 - \eta^2)^{5/2} = [(\zeta_0^2 - 1) + (1 - \eta^2)]^{5/2}$ 相乘，对于 ϕ 分量方程两边用 $(\zeta_0^2 - 1)^{-1/2}(\zeta^2 - \eta^2)$ 相乘，并把方程中出现的有关角函数的表达式用连带勒让德函数展开。对于 $m \geqslant 1$，有

$$
\begin{cases}
\left(1-\eta^2\right)^{\frac{1}{2}} S_{mn}(\eta) = \sum_{t=0}^{\infty} A_t^{mn} \mathrm{P}_{m-1+t}^{m-1}(\eta) \\[2ex]
\left(1-\eta^2\right)^{-\frac{1}{2}} S_{mn}(\eta) = \sum_{t=0}^{\infty} B_t^{mn} \mathrm{P}_{m-1+t}^{m-1}(\eta) \\[2ex]
\eta \left(1-\eta^2\right)^{\frac{1}{2}} S_{mn}(\eta) = \sum_{t=0}^{\infty} C_t^{mn} \mathrm{P}_{m-1+t}^{m-1}(\eta) \\[2ex]
\eta \left(1-\eta^2\right)^{-\frac{1}{2}} S_{mn}(\eta) = \sum_{t=0}^{\infty} D_t^{mn} \mathrm{P}_{m-1+t}^{m-1}(\eta) \\[2ex]
\left(1-\eta^2\right)^{\frac{3}{2}} S_{mn}(\eta) = \sum_{t=0}^{\infty} E_t^{mn} \mathrm{P}_{m-1+t}^{m-1}(\eta) \\[2ex]
\eta \left(1-\eta^2\right)^{\frac{3}{2}} S_{mn}(\eta) = \sum_{t=0}^{\infty} F_t^{mn} \mathrm{P}_{m-1+t}^{m-1}(\eta) \\[2ex]
\left(1-\eta^2\right)^{\frac{1}{2}} \frac{\mathrm{d}S_{mn}(\eta)}{\mathrm{d}\eta} = \sum_{t=0}^{\infty} G_t^{mn} \mathrm{P}_{m-1+t}^{m-1}(\eta) \\[2ex]
\eta \left(1-\eta^2\right)^{\frac{1}{2}} \frac{\mathrm{d}S_{mn}(\eta)}{\mathrm{d}\eta} = \sum_{t=0}^{\infty} H_t^{mn} \mathrm{P}_{m-1+t}^{m-1}(\eta) \\[2ex]
\left(1-\eta^2\right)^{\frac{3}{2}} \frac{\mathrm{d}S_{mn}(\eta)}{\mathrm{d}\eta} = \sum_{t=0}^{\infty} I_t^{mn} \mathrm{P}_{m-1+t}^{m-1}(\eta)
\end{cases}
\tag{3.2.46}
$$

当 $m = 0$ 时, 式 (3.2.46) 中只有四个函数对确定各相应未知展开系数是必须的, 可用连带勒让德函数 $\mathrm{P}_{1+t}^1(\eta)$ 展开如下:

$$
\begin{cases}
\eta \left(1-\eta^2\right)^{\frac{1}{2}} S_{0n}(\eta) = \sum_{t=0}^{\infty} C_t^{0n} \mathrm{P}_{1+t}^1(\eta) \\[2ex]
\eta \left(1-\eta^2\right)^{\frac{3}{2}} S_{0n}(\eta) = \sum_{t=0}^{\infty} F_t^{0n} \mathrm{P}_{1+t}^1(\eta) \\[2ex]
\left(1-\eta^2\right)^{\frac{1}{2}} \frac{\mathrm{d}S_{0n}(\eta)}{\mathrm{d}\eta} = \sum_{t=0}^{\infty} G_t^{0n} \mathrm{P}_{1+t}^1(\eta) \\[2ex]
\left(1-\eta^2\right)^{\frac{3}{2}} \frac{\mathrm{d}S_{0n}(\eta)}{\mathrm{d}\eta} = \sum_{t=0}^{\infty} I_t^{0n} \mathrm{P}_{1+t}^1(\eta)
\end{cases}
\tag{3.2.47}
$$

韩一平 [94] 详细推导了各展开系数 A_t^{mn}、B_t^{mn}、C_t^{mn}、D_t^{mn}、E_t^{mn}、F_t^{mn}、G_t^{mn}、

H_t^{mn} 和 I_t^{mn}, 给出了它们的确切表达式:

$$A_t^{mn} = N_{m-1,m-1-t}^{-1} \sum_{r=0,1}^{\infty} {}' d_r^{mn}$$

$$\cdot \int_{-1}^{+1} \left(1-\eta^2\right)^{\frac{1}{2}} \mathrm{P}_{m+r}^m(\eta) \mathrm{P}_{m-1+t}^{m-1}(\eta) \mathrm{d}\eta$$

$$= \begin{cases} 0 & (n-m+t = 奇数) \\ \dfrac{(t+2m-1)(t+2m)}{(2t+2m+1)} d_t^{mn} - \dfrac{t(t-1)}{(2t+2m-3)} d_{t-2}^{mn} & (n-m+t = 偶数) \end{cases}$$

$$B_t^{mn} = N_{m-t,m-1+t}^{-1} \sum_{r=0,1}^{\infty} {}' d_r^{mn}$$

$$\cdot \int_{-1}^{+1} \left(1-\eta^2\right)^{-\frac{1}{2}} \mathrm{P}_{m+r}^m(\eta) \mathrm{P}_{m-1+t}^{m-1} \mathrm{d}\eta$$

$$= \begin{cases} 0 & (n-m+t = 奇数) \\ (2t+2m-1) \sum_{r=t}^{\infty} {}' d_r^{mn} & (n-m+t = 偶数) \end{cases}$$

$$C_t^{mn} = N_{m-t,m-1+t}^{-1} \sum_{r=0,1}^{\infty} {}' d_r^{mn}$$

$$\cdot \int_{-1}^{+1} \eta \left(1-\eta^2\right)^{\frac{1}{2}} \mathrm{P}_{m+r}^m(\eta) \mathrm{P}_{m-1+t}^{m-1} \mathrm{d}\eta$$

$$= \begin{cases} 0 & (n-m+t = 偶数) \\ \dfrac{(t+2m-1)(t+2m)(t+2m+1)}{(2t+2m+1)(2t+2m+3)} d_{t+1}^{mn} & \\ + \dfrac{(2m-1)t(t+2m-1)}{(2t+2m-3)(2t+2m+1)} d_{t-1}^{mn} & \\ - \dfrac{(t-2)(t-1)t}{(2t+2m-5)(2t+2m-3)} d_{t-3}^{mn} & (n-m+t = 奇数) \end{cases}$$

$$D_t^{mn} = N_{m-t,m-1+t}^{-1} \sum_{r=0,1}^{\infty} {}' d_r^{mn}$$

$$\cdot \int_{-1}^{+1} \eta \left(1-\eta^2\right)^{-\frac{1}{2}} \mathrm{P}_{m+r}^m(\eta) \mathrm{P}_{m-1+t}^{m-1} \mathrm{d}\eta$$

$$= \begin{cases} 0 & (n-m+t = 偶数) \\ t d_{t-1}^{mn} + (2t+2m+1) \sum_{r=t+1}^{\infty} {}' d_r^{mn} & (n-m+t = 奇数) \end{cases}$$

$$E_t^{mn} = N_{m-t,m-1+t}^{-1} \sum_{r=0,1}^{\infty} {}'d_r^{mn} \int_{-1}^{+1} \left(1-\eta^2\right)^{\frac{3}{2}} \mathrm{P}_{m+r}^m(\eta)\mathrm{P}_{m-1+t}^{m-1}\mathrm{d}\eta$$

$$= \begin{cases} 0 & (n-m+t=\text{奇数}) \\ \\ -\dfrac{(t+2m-1)(t+2m)(t+2m+1)(t+2m+2)}{(2t+2m+1)(2t+2m+3)(2t+2m+5)}d_{t+2}^{mn} \\ \\ +\dfrac{(t+2m-1)(t+2m)(3t^2+4mt+4m^2+t-2m-6)}{(2t+2m-3)(2t+2m+1)(2t+2m+3)}d_t^{mn} \\ \\ -\dfrac{(t-1)t(3t^2+8mt+8m^2-7t-12m-2)}{(2t+2m-5)(2t+2m-3)(2t+2m+1)}d_{t-2}^{mn} \\ \\ +\dfrac{(t-3)(t-2)(t-1)t}{(2t+2m-7)(2t+2m-5)(2t+2m-3)}d_{t-4}^{mn} & (n-m+t=\text{偶数}) \end{cases}$$

$$F_t^{mn} = N_{m-1,m-1+t}^{-1} \sum_{r=0,1}^{\infty} {}'d_r^{mn} \int_{-1}^{+1} \eta\left(1-\eta^2\right)^{\frac{3}{2}} \mathrm{P}_{1+r}^1(\eta)\mathrm{P}_t^0(\eta)\mathrm{d}\eta$$

$$= \begin{cases} 0 & (n-m+t=\text{偶数}) \\ \\ -\dfrac{(t+2m-1)(t+2m)(t+2m+1)(t+2m+2)(t+2m+3)}{(2t+2m+1)(2t+2m+3)(2t+2m+5)(2t+2m+7)}d_{t+3}^{mn} \\ \\ +\dfrac{(t+2m-1)(t+2m)(t+2m+1)(2t^2+2mt+4m^2+3t-2m-6)}{(2t+2m-3)(2t+2m+1)(2t+2m+3)(2t+2m+5)}d_{t+1}^{mn} \\ \\ +\dfrac{(2m-1)t(t+2m-1)(t^2+2mt+4m^2-t-4m-6)}{(2t+2m-5)(2t+2m-3)(2t+2m+1)(2t+2m+3)}d_{t-1}^{mn} \\ \\ -\dfrac{(t-2)(t-1)t(2t^2+6mt+8m^2-7t-14m-1)}{(2t+2m-7)(2t+2m-5)(2t+2m-3)(2t+2m+1)}d_{t-3}^{mn} \\ \\ +\dfrac{(t-4)(t-3)(t-2)(t-1)t}{(2t+2m-9)(2t+2m-7)(2t+2m-5)(2t+2m-3)}d_{t-5}^{mn} \\ \\ \qquad\qquad\qquad\qquad\qquad\qquad\qquad (n-m+t=\text{奇数}) \end{cases}$$

$$G_t^{mn} = N_{m-1,m-1+t}^{-1} \sum_{r=0,1}^{\infty} {}'d_r^{mn} \int_{-1}^{+1} \left(1-\eta^2\right)^{\frac{1}{2}} \frac{\mathrm{dP}_{m+r}^m(\eta)}{\mathrm{d}\eta}\mathrm{P}_{m-1+t}^{m-1}(\eta)\mathrm{d}\eta$$

$$= \begin{cases} 0 & (n-m+t=\text{偶数}) \\ \\ -t(t+m-1)d_{t-1}^{mn} + m\left(2t+2m-1\right)\displaystyle\sum_{r=t+1}^{\infty}{}'d_r^{mn} & (n-m+t=\text{奇数}) \end{cases}$$

$$H_t^{mn} = N_{m-1,m-1+t}^{-1} \sum_{r=0,1}^{\infty} {}'d_r^{mn} \int_{-1}^{+1} \eta \left(1-\eta^2\right)^{\frac{1}{2}} \frac{\mathrm{dP}_{m+r}^m(\eta)}{\mathrm{d}\eta} \mathrm{P}_{m-1+t}^{m-1} \mathrm{d}\eta$$

$$= \begin{cases} 0 & (n-m+t = \text{奇数}) \\[2mm] -\dfrac{t(t-1)(t+m-2)}{(2t+2m-3)} d_{t-2}^{mn} - \dfrac{t^3+mt^2+2m^2+mt-m-t}{2t+2m+1} d_t^{mn} \\[2mm] +m(2t+2m-1) \sum_{r=t+2}^{\infty} {}'d_r^{mn} & (n-m+t = \text{偶数}) \end{cases}$$

$$I_t^{mn} = N_{m-1,m-1+t}^{-1} \sum_{r=0,1}^{\infty} {}'d_r^{mn} \int_{-1}^{+1} \left(1-\eta^2\right)^{\frac{3}{2}} \frac{\mathrm{dP}_{m+r}^m(\eta)}{\mathrm{d}\eta} \mathrm{P}_{m-1+t}^{m-1} \mathrm{d}\eta$$

$$= \begin{cases} 0 & (n-m+t = \text{偶数}) \\[2mm] \dfrac{(t+2m-1)(t+2m)(t+2m+1)(t+m+2)}{(2t+2m+1)(2t+2m+3)} d_{t+1}^{mn} \\[2mm] -\dfrac{t(t+2m-1)(2t^2+4mt+2m^2-5m-2t)}{(2t+2m-3)(2t+2m+1)} d_{t-1}^{mn} \\[2mm] +\dfrac{(t-2)(t-1)t(t+m-3)}{(2t+2m-5)(2t+2m-3)} d_{t-3}^{mn} & (n-m+t = \text{奇数}) \end{cases}$$

对于 $m=0$, 有

$$C_t^{0n} = \begin{cases} 0 & (n+t = \text{偶数}) \\[2mm] \dfrac{t}{(2t-1)(2t+1)} d_{t-1}^{0n} + \dfrac{1}{(2t+1)(2t+5)} d_{t+1}^{0n} \\[2mm] -\dfrac{t+3}{(2t+5)(2t+7)} d_{t+3}^{0n} & (n+t = \text{奇数}) \end{cases}$$

$$F_t^{0n} = \begin{cases} 0 & (n+t = \text{偶数}) \\[2mm] -\dfrac{t(t-2)(t-1)}{(2t-5)(2t-3)(2t-1)(2t+1)} d_{t-3}^{0n} \\[2mm] +\dfrac{t(2t^2+t-7)}{(2t-3)(2t-1)(2t+1)(2t+5)} d_{t-1}^{0n} \\[2mm] +\dfrac{(t-1)(t+4)}{(2t-1)(2t+1)(2t+5)(2t+7)} d_{t+1}^{0n} \\[2mm] -\dfrac{(t+3)(2t^2+11t+8)}{(2t+1)(2t+5)(2t+7)(2t+9)} d_{t+3}^{0n} \\[2mm] +\dfrac{(t+3)(t+4)(t+5)}{(2t+5)(2t+7)(2t+9)(2t+11)} d_{t+5}^{0n} & (n+t = \text{奇数}) \end{cases}$$

$$G_t^{0n} = \begin{cases} 0 & (n+t = 偶数) \\ d_{t+1}^{0n} & (n+t = 奇数) \end{cases}$$

$$I_t^{0n} = \begin{cases} 0 & (n+t = 偶数) \\ -\dfrac{t\,(t-1)}{(2t-1)\,(2t+1)}d_{t-1}^{0n} + \dfrac{2\,(t+1)\,(t+2)}{(2t+1)\,(2t+5)}d_{t+1}^{0n} & \\ \quad -\dfrac{(t+3)\,(t+4)}{(2t+7)\,(2t+5)}d_{t+3}^{0n} & (n+t = 奇数) \end{cases} \tag{3.2.48}$$

以电场的切向分量连续为例来进行推导。式 (3.2.45) 中电场 η 分量连续的方程两边同时乘以 $\left(\zeta_0^2 - \eta^2\right)^{5/2} = \left[\left(\zeta_0^2 - 1\right) + \left(1 - \eta^2\right)\right]^{5/2}$，把展开式 (3.2.48) 代入，对高斯波束有

$$E_0 \sum_{n=m}^{\infty} \sum_{t=0}^{\infty} i^n \{ G_{n,\text{TE}}'^{m}[(\zeta^2-1)^2 B_t^{mn} + 2\,(\zeta^2-1)\,A_t^{mn} + E_t^{mn}]m\zeta R_{mn}^{(1)}(c,\zeta)$$

$$+ iG_{n,\text{TM}}'^{m}\frac{1}{kf}\bigg[G_t^{mn}\frac{\partial}{\partial \zeta}R_{mn}^{(1)}\zeta(\zeta^2-1)(\zeta^2-1) + I_t^{mn}\frac{\partial}{\partial \zeta}R_{mn}^{(1)}\zeta(\zeta^2-1)$$

$$+ G_t^{mn}R_{mn}^{(1)}(3\zeta^2-1)(\zeta^2-1) + I_t^{mn}R_{mn}^{(1)}(3\zeta^2-1) - G_t^{mn}R_{mn}^{(1)}2\zeta^2(\zeta^2-1)$$

$$- C_t^{mn}(\zeta^2-1)(\lambda_{mn}(c) - c^2\zeta^2 + \frac{m^2}{\zeta^2-1})R_{mn}^{(1)} - F_t^{mn}\left(\lambda_{mn}(c) - c^2\zeta^2 + \frac{m^2}{\zeta^2-1}\right)R_{mn}^{(1)}$$

$$+ 2\zeta C^{mn}\left((\zeta^2-1)\frac{\mathrm{d}}{\mathrm{d}\zeta}R_{mn}^{(1)}\right)$$

$$+ \frac{m^2[(\zeta^2-1)^2 D_t^{mn} + 2C^{mn}\,(\zeta^2-1) + F_t^{mn}]}{(\zeta^2-1)}R_{mn}^{(1)}\bigg] \} P_{m-1+t}^{m-1}(\eta) \tag{3.2.49}$$

对散射和椭球内部电场的 η 分量，也有如式 (3.2.49) 所示的表示式，此处省略了对它们的推导，但这并不影响对问题的理解。由式 (3.2.49) 可以定义参数

$$U_{mn}^{(j),t} = m\zeta_0 R_{mn}^{(j)}[(\zeta_0^2-1)^2 B_t^{mn} + 2(\zeta_0^2-1)A_t^{mn} + E_t^{mn}] \tag{3.2.50}$$

$$V_{mn}^{(j),t} = \frac{\mathrm{i}}{c}\bigg\{ \frac{m^2 R_{mn}^{(j)}}{\zeta_0^2-1}[(\zeta_0^2-1)^2 D_t^{mn} + 2(\zeta_0^2-1)C_t^{mn} + F_t^{mn}]$$

$$- R_{mn}^{(j)}\left[\lambda_{mn} - (c\zeta_0)^2 + \frac{m^2}{\zeta_0^2-1} \right] \times [(\zeta_0^2-1)C_t^{mn} + F_t^{mn}]$$

$$+ \zeta_0(\zeta_0^2-1)\frac{\mathrm{d}}{\mathrm{d}\zeta}R_{mn}^{(j)}\,|_{\zeta_0}\,[2C_t^{mn} + (\zeta_0^2-1)G_t^{mn} + I_t^{mn}]$$

$$+R_{mn}^{(j)}[(\zeta_0^2-1)^2 G_t^{mn}+(3\zeta_0^2-1)I_t^{mn}]\bigg\} \tag{3.2.51}$$

对式 (3.2.45) 中电场 φ 分量连续的方程两边同时乘以 $(\zeta_0^2-1)^{-1/2}(\zeta^2-\eta^2)$,把展开式 (3.2.48) 代入,对高斯波束有

$$E_0\sum_{n=m}^{\infty}\sum_{t=0}^{\infty}\mathrm{i}^n\bigg\{ G_{n,\mathrm{TE}}^m\left[\zeta R_{mn}^{(i)}(c,\zeta)G_t^{mn}-\frac{\mathrm{d}}{\mathrm{d}\zeta}R_{mn}^{(i)}(c,\zeta)C_t^{mn}\right]$$

$$+\mathrm{i}G_{n,\mathrm{TM}}^m\frac{m}{kf}\left[\frac{1}{(\zeta^2-1)}R_{mn}^{(i)}A_t^{mn}+\frac{1}{(\zeta^2-1)}R_{mn}^{(i)}H_t^{mn}\right.$$

$$\left.+B_t^{mn}\frac{\mathrm{d}}{\mathrm{d}\zeta}\left(\zeta R_{mn}^{(i)}\right)\right]\bigg\}\mathrm{P}_{m-1+t}^{m-1}(\eta) \tag{3.2.52}$$

对散射和椭球内部电场的 φ 分量,也有如式 (3.2.52) 所示的表示式。同理,可定义参数

$$X_{mn}^{(j),t}=\zeta_0 R_{mn}^{(j)}G_t^{mn}-\frac{\mathrm{d}}{\mathrm{d}\zeta}R_{mn}^{(j)}\mid_{\zeta_0}C_t^{mn} \tag{3.2.53}$$

$$Y_{mn}^{(j),t}=\frac{\mathrm{i}m}{c}\left\{(\zeta_0^2-1)^{-1}R_{mn}^{(j)}[A_t^{mn}+H_t^{mn}]+B_t^{mn}[R_{mn}^{(j)}+\zeta_0\frac{\mathrm{d}}{\mathrm{d}\zeta}R_{mn}^{(j)}\mid_{\zeta_0}]\right\} \tag{3.2.54}$$

通过上述步骤的处理,并考虑到连带勒让德函数的正交关系,则对于任意 $m\geqslant 0$ 和 $t\geqslant 0$,式 (3.2.45) 的边界条件可表示为

$$\sum_{n=m}^{\infty}\mathrm{i}^n\left[\varGamma\right]\begin{bmatrix}\alpha'_{mn}\\\beta'_{mn}\\\delta'_{mn}\\\gamma'_{mn}\end{bmatrix}=\sum_{n=m}^{\infty}\mathrm{i}^n\left[G'\right]\begin{bmatrix}U_{mn}^{(1),t}(c)\\V_{mn}^{(1),t}(c)\\X_{mn}^{(1),t}(c)\\Y_{mn}^{(1),t}(c)\end{bmatrix} \tag{3.2.55}$$

其中,矩阵 $[G']$ 和 $[\varGamma]$ 分别为

$$[G']=\begin{bmatrix}-G'^m_{n,\mathrm{TE}} & -G'^m_{n,\mathrm{TM}} & 0 & 0\\-G'^m_{n,\mathrm{TM}} & -G'^m_{n,\mathrm{TE}} & 0 & 0\\0 & 0 & -G'^m_{n,\mathrm{TE}} & -G'^m_{n,\mathrm{TM}}\\0 & 0 & -G'^m_{n,\mathrm{TM}} & -G'^m_{n,\mathrm{TE}}\end{bmatrix} \tag{3.2.56}$$

$$[\varGamma] = \begin{bmatrix} U_{mn}^{(3),t}(c) & V_{mn}^{(3),t}(c) & -U_{mn}^{(1),t}(c') & -V_{mn}^{(1),t}(c') \\[2mm] V_{mn}^{(3),t}(c) & U_{mn}^{(3),t}(c) & -\dfrac{\eta_0}{\eta}V_{mn}^{(1),t}(c') & -\dfrac{\eta_0}{\eta}U_{mn}^{(1),t}(c') \\[2mm] X_{mn}^{(3),t}(c) & Y_{mn}^{(3),t}(c) & -X_{mn}^{(1),t}(c') & -Y_{mn}^{(1),t}(c') \\[2mm] Y_{mn}^{(3),t}(c) & X_{mn}^{(3),t}(c) & -\dfrac{\eta_0}{\eta}Y_{mn}^{(1),t}(c') & -\dfrac{\eta_0}{\eta}X_{mn}^{(1),t}(c') \end{bmatrix} \tag{3.2.57}$$

为了求解方程组 (3.2.55) 得到各个展开系数, 对每一个 $m \geqslant 0$, 取 $t = 0, 1, \cdots,$ $2N-1, n = m, m+1, \cdots, m+2N-1, N$ 为保证一定精度而尝试确定的一个正整数, 通常从 15 开始连续的尝试取值。这样, 式 (3.2.55) 就成了一个 $4 \times 2N \times 2N$ 的方程组, 从中求出各未知展开系数, 进而求出各部分的场。

实际中通常考虑散射远区场, 需要利用 $(\boldsymbol{M} \quad \boldsymbol{N})_{mn}^{r(3)}(c, \zeta, \eta, \varphi)$ 在 c 处不等于零以及在 $c\zeta \to \infty$ 时的渐近表达式, 忽略高于 $1/R$ 的高阶项, 可得第三类椭球矢量波函数的渐近表达式为

$$\begin{cases} (\boldsymbol{M} \quad \boldsymbol{N})_{mn\eta}^{r(3)} \to \left((-\mathrm{i})^{n+1}m\dfrac{S_{mn}(\cos\theta)}{\sin\theta} \quad -(-\mathrm{i})^{n}\dfrac{\mathrm{d}S_{mn}(\cos\theta)}{\mathrm{d}\theta} \right) \dfrac{1}{kR}\mathrm{e}^{\mathrm{i}kR} \\[3mm] (\boldsymbol{M} \quad \boldsymbol{N})_{mn\varphi}^{r(3)} \to \left(-(-\mathrm{i})^{n+1}\dfrac{\mathrm{d}S_{mn}(\cos\theta)}{\mathrm{d}\theta} \quad -(-\mathrm{i})^{n}m\dfrac{S_{mn}(\cos\theta)}{\sin\theta} \right) \dfrac{1}{kR}\mathrm{e}^{\mathrm{i}kR} \end{cases} \tag{3.2.58}$$

把式 (3.2.58) 代入式 (3.2.43), 可得散射的远区电场各分量的渐近表达式, 进而定义如式 (3.1.11) 微分散射截面, 这时参数为

$$\begin{cases} T_1(\theta,\varphi) = \displaystyle\sum_{m=0}^{\infty}\sum_{n=m}^{\infty}\left[\alpha'_{mn}m\dfrac{S_{mn}(c,\cos\theta)}{\sin\theta} + \beta'_{mn}\dfrac{\mathrm{d}S_{mn}(c,\cos\theta)}{\mathrm{d}\theta} \right]\sin m\varphi \\[4mm] T_2(\theta,\varphi) = \displaystyle\sum_{m=0}^{\infty}\sum_{n=m}^{\infty}\left[\alpha'_{mn}\dfrac{\mathrm{d}S_{mn}(c,\cos\theta)}{\mathrm{d}\theta} + \beta'_{mn}m\dfrac{\mathrm{d}S_{mn}(c,\cos\theta)}{\mathrm{d}\theta} \right]\cos m\varphi \end{cases} \tag{3.2.59}$$

3.2.4　积分法

本小节给出不同于 3.3.3 小节的一种方法, 因为该方法需要在椭球表面上求面积分, 所以称之为积分法。同样以 TE 模式的高斯波束入射为例, 入射高斯波束、散射场和椭球粒子内部场有如式 (3.2.42)~ 式 (3.2.44) 的展开式。

在椭球表面定义如下矢量函数:

$$\begin{cases}
\boldsymbol{P}_{emn}(c) = \nabla[S_{mn}(c,\eta)\cos m\varphi] \times f\zeta\hat{\zeta} \\
\boldsymbol{P}_{omn}(c) = \nabla[S_{mn}(c,\eta)\sin m\varphi] \times f\zeta\hat{\zeta} \\
\boldsymbol{Q}_{emn}(c) = f\zeta\nabla[S_{mn}(c,\eta)\cos m\varphi] \\
\boldsymbol{Q}_{omn}(c) = f\zeta\nabla[S_{mn}(c,\eta)\sin m\varphi]
\end{cases} \tag{3.2.60}$$

考虑椭球坐标系中的梯度算子，可求出：

$$\begin{cases}
\boldsymbol{P}_{emn}(c) = \mathrm{P}_{mn\eta}(c)\sin m\varphi\hat{\eta} + \mathrm{P}_{mn\varphi}(c)\cos m\varphi\hat{\varphi} \\
\\
= \dfrac{m\zeta}{(1-\eta^2)^{\frac{1}{2}}(\zeta^2-1)^{\frac{1}{2}}}S_{mn}(c,\eta)\sin m\varphi\hat{\eta} + \dfrac{(1-\eta^2)^{\frac{1}{2}}\zeta}{(\zeta^2-\eta^2)^{\frac{1}{2}}}\dfrac{\mathrm{d}}{\mathrm{d}\eta}S_{mn}(c,\eta)\cos m\varphi\hat{\varphi} \\
\\
\boldsymbol{P}_{omn}(c) = -\mathrm{P}_{mn\eta}(c)\cos m\varphi\hat{\eta} + \mathrm{P}_{mn\varphi}(c)\sin m\varphi\hat{\varphi} \\
\\
= -\dfrac{m\zeta}{(1-\eta^2)^{\frac{1}{2}}(\zeta^2-1)^{\frac{1}{2}}}S_{mn}(c,\eta)\cos m\varphi\hat{\eta} + \dfrac{(1-\eta^2)^{\frac{1}{2}}\zeta}{(\zeta^2-\eta^2)^{\frac{1}{2}}}\dfrac{\mathrm{d}}{\mathrm{d}\eta}S_{mn}(c,\eta)\sin m\varphi\hat{\varphi} \\
\\
\boldsymbol{Q}_{emn}(c) = Q_{mn\eta}(c)\cos m\varphi\hat{\eta} - Q_{mn\varphi}(c)\sin m\varphi\hat{\varphi} \\
\\
= \dfrac{(1-\eta^2)^{\frac{1}{2}}\zeta}{(\zeta^2-\eta^2)^{\frac{1}{2}}}\dfrac{\mathrm{d}}{\mathrm{d}\eta}S_{mn}(c,\eta)\cos m\varphi\hat{\eta} - \dfrac{m\zeta}{(1-\eta^2)^{\frac{1}{2}}(\zeta^2-1)^{\frac{1}{2}}}S_{mn}(c,\eta)\sin m\varphi\hat{\varphi} \\
\\
\boldsymbol{Q}_{omn}(c) = Q_{mn\eta}(c)\sin m\varphi\hat{\eta} + Q_{mn\varphi}(c)\cos m\varphi\hat{\varphi} \\
\\
= \dfrac{(1-\eta^2)^{\frac{1}{2}}\zeta}{(\zeta^2-\eta^2)^{\frac{1}{2}}}\dfrac{\mathrm{d}}{\mathrm{d}\eta}S_{mn}(c,\eta)\sin m\varphi\hat{\eta} + \dfrac{m\zeta}{(1-\eta^2)^{\frac{1}{2}}(\zeta^2-1)^{\frac{1}{2}}}S_{mn}(c,\eta)\cos m\varphi\hat{\varphi}
\end{cases} \tag{3.2.61}$$

容易看出 $P_{mn\eta}(c) = -Q_{mn\varphi}, P_{mn\varphi}(c) = Q_{mn\eta}$。

椭球粒子表面的边界条件也可表示为

$$\hat{\zeta} \times (\boldsymbol{E}^s + \boldsymbol{E}^i) = \hat{\zeta} \times \boldsymbol{E}^w, \hat{\zeta} \times (\boldsymbol{H}^s + \boldsymbol{H}^i) = \hat{\zeta} \times \boldsymbol{H}^w \ \text{当} \ \zeta = \zeta_0\text{时} \tag{3.2.62}$$

把式 (3.2.42)~ 式 (3.2.44) 代入式 (3.2.62)，可得

$$\sum_{m=0}^{\infty}\sum_{n=m}^{\infty}\mathrm{i}^n[G_{n,\mathrm{TE}}'^m\hat{\zeta} \times \boldsymbol{M}_{emn}^{r(1)}(c,\zeta,\eta,\varphi) + \mathrm{i}G_{n,\mathrm{TM}}'^m\hat{\zeta} \times \boldsymbol{N}_{omn}^{r(1)}(c,\zeta,\eta,\varphi)]$$

$$+ \sum_{m=0}^{\infty}\sum_{n=m}^{\infty}\mathrm{i}^n[\alpha'_{mn}\hat{\zeta} \times \boldsymbol{M}_{emn}^{r(3)}(c,\zeta,\eta,\varphi) + \mathrm{i}\beta'_{mn}\hat{\zeta} \times \boldsymbol{N}_{omn}^{r(3)}(c,\zeta,\eta,\varphi)]$$

$$= \sum_{m=0}^{\infty}\sum_{n=m}^{\infty}\mathrm{i}^n[\delta'_{mn}\hat{\zeta} \times \boldsymbol{M}_{emn}^{r(1)}(c',\zeta,\eta,\varphi) + \mathrm{i}\gamma'_{mn}\hat{\zeta} \times \boldsymbol{N}_{omn}^{r(1)}(c',\zeta,\eta,\varphi)] \tag{3.2.63}$$

$$\sum_{m=0}^{\infty}\sum_{n=m}^{\infty}\mathrm{i}^n[G_{n,\mathrm{TE}}'^m\hat{\zeta} \times \boldsymbol{N}_{emn}^{r(1)}(c,\zeta,\eta,\varphi) + \mathrm{i}G_{n,TM}'^m\hat{\zeta} \times \boldsymbol{M}_{omn}^{r(1)}(c,\zeta,\eta,\varphi)]$$

$$+ \sum_{m=0}^{\infty}\sum_{n=m}^{\infty}\mathrm{i}^n[\mathrm{i}\beta'_{mn}\,\hat{\zeta} \times \boldsymbol{M}_{omn}^{r(3)}(c,\zeta,\eta,\varphi) + \alpha'_{mn}\hat{\zeta} \times \boldsymbol{N}_{emn}^{r(3)}(c,\zeta,\eta,\varphi)] \tag{3.2.64}$$

$$=\frac{\eta_0}{\eta'}\sum_{m=0}^{\infty}\sum_{n=m}^{\infty}\mathrm{i}^n[\mathrm{i}\gamma'_{mn}\,\hat{\zeta}\times\boldsymbol{M}_{omn}^{r(1)}(c',\zeta,\eta,\varphi)+\delta'_{mn}\hat{\zeta}\times\boldsymbol{N}_{emn}^{r(1)}(c',\zeta,\eta,\varphi)]$$

在式 (3.2.63) 两边分别点乘 $\boldsymbol{P}_{omn'}(c)$ 和 $\boldsymbol{Q}_{emn'}(c)$，并在椭球表面求积分可得

$$\sum_{n=m}^{\infty}\mathrm{i}^n\Big[G'^m_{n,\mathrm{TE}}\oint_S \boldsymbol{M}_{emn}^{r(1)}(c,\zeta,\eta,\varphi)\times\boldsymbol{P}_{omn'}(c)\cdot\hat{\zeta}\mathrm{d}S$$

$$+\mathrm{i}G'^m_{n,\mathrm{TM}}\oint_S \boldsymbol{N}_{omn}^{r(1)}(c,\zeta,\eta,\varphi)\times\boldsymbol{P}_{omn'}(c)\cdot\hat{\zeta}\mathrm{d}S\Big]$$

$$+\sum_{n=m}^{\infty}\mathrm{i}^n\Big[\alpha'_{mn}\oint_S \boldsymbol{M}_{emn}^{r(3)}(c,\zeta,\eta,\varphi)\times\boldsymbol{P}_{omn'}(c)\cdot\hat{\zeta}\mathrm{d}S$$

$$+\mathrm{i}\beta'_{mn}\oint_S \boldsymbol{N}_{omn}^{r(3)}(c,\zeta,\eta,\varphi)\times\boldsymbol{P}_{omn'}(c)\cdot\hat{\zeta}\mathrm{d}S\Big] \tag{3.2.65}$$

$$=\sum_{n=m}^{\infty}\mathrm{i}^n\Big[\delta'_{mn}\oint_S \boldsymbol{M}_{emn}^{r(1)}(c,\zeta,\eta,\varphi)\times\boldsymbol{P}_{omn'}(c)\cdot\hat{\zeta}\mathrm{d}S$$

$$+\mathrm{i}\gamma'_{mn}\oint_S \boldsymbol{N}_{omn}^{r(3)}(c',\zeta,\eta,\varphi)\times\boldsymbol{P}_{omn'}(c)\cdot\hat{\zeta}\mathrm{d}S\Big]$$

$$\sum_{n=m}^{\infty}\mathrm{i}^n\Big[G'^m_{n,\mathrm{TE}}\oint_S \boldsymbol{M}_{emn}^{r(1)}(c,\zeta,\eta,\varphi)\times\boldsymbol{Q}_{emn'}(c)\cdot\hat{\zeta}\mathrm{d}S$$

$$+\mathrm{i}G'^m_{n,\mathrm{TM}}\oint_S \boldsymbol{N}_{omn}^{r(1)}(c,\zeta,\eta,\varphi)\times\boldsymbol{Q}_{emn'}(c)\cdot\hat{\zeta}\mathrm{d}S\Big]$$

$$+\sum_{n=m}^{\infty}\mathrm{i}^n\Big[\alpha'_{mn}\oint_S \boldsymbol{M}_{emn}^{r(3)}(c,\zeta,\eta,\varphi)\times\boldsymbol{Q}_{emn'}(c)\cdot\hat{\zeta}\mathrm{d}S$$

$$+\mathrm{i}\beta'_{mn}\oint_S \boldsymbol{N}_{omn}^{r(3)}(c,\zeta,\eta,\varphi)\times\boldsymbol{Q}_{emn'}(c)\cdot\hat{\zeta}\mathrm{d}S\Big] \tag{3.2.66}$$

$$=\sum_{n=m}^{\infty}\mathrm{i}^n\Big[\delta'_{mn}\oint_S \boldsymbol{M}_{emn}^{r(1)}(c,\zeta,\eta,\varphi)\times\boldsymbol{Q}_{emn'}(c)\cdot\hat{\zeta}\mathrm{d}S$$

$$+\mathrm{i}\gamma'_{mn}\oint_S \boldsymbol{N}_{omn}^{r(3)}(c',\zeta,\eta,\varphi)\times\boldsymbol{Q}_{emn'}(c)\cdot\hat{\zeta}\mathrm{d}S\Big]$$

其中，面积元 $\hat{\zeta}\mathrm{d}S=\frac{\partial\boldsymbol{R}}{\partial\varphi}\times\frac{\partial\boldsymbol{R}}{\partial\eta}\mathrm{d}\eta\mathrm{d}\varphi=\hat{\zeta}f^2(\zeta^2-1)^{\frac12}(\zeta^2-\eta^2)^{\frac12}\hat{\zeta}\mathrm{d}\eta\mathrm{d}\varphi$。

同理，在式 (3.2.64) 两边分别点乘 $\boldsymbol{P}_{emn'}(c)$ 和 $\boldsymbol{Q}_{omn'}(c)$，并在椭球表面求积分可得

$$\sum_{n=m}^{\infty}\mathrm{i}^n\Big[G'^m_{n,\mathrm{TE}}\oint_S \boldsymbol{N}_{emn}^{r(1)}(c,\zeta,\eta,\varphi)\times\boldsymbol{P}_{emn'}(c)\cdot\hat{\zeta}\mathrm{d}S$$

$$+ \mathrm{i}G'^{m}_{n,\mathrm{TM}} \oint_{S} \boldsymbol{M}^{r(1)}_{omn}(c,\zeta,\eta,\varphi) \times \boldsymbol{P}_{emn'}(c) \cdot \hat{\zeta}\mathrm{d}S \Big]$$

$$+ \sum_{n=m}^{\infty} \mathrm{i}^{n} \Big[\alpha'_{mn} \oint_{S} \boldsymbol{N}^{r(3)}_{emn}(c,\zeta,\eta,\varphi) \times \boldsymbol{P}_{emn'}(c) \cdot \hat{\zeta}\mathrm{d}S$$

$$+ \mathrm{i}\beta'_{mn} \oint_{S} \boldsymbol{M}^{r(3)}_{omn}(c,\zeta,\eta,\varphi) \times \boldsymbol{P}_{emn'}(c) \cdot \hat{\zeta}\mathrm{d}S \Big] \tag{3.2.67}$$

$$= \frac{\eta_0}{\eta'} \sum_{n=m}^{\infty} \mathrm{i}^{n} \Big[\delta'_{mn} \oint_{S} \boldsymbol{N}^{r(1)}_{emn}(c,\zeta,\eta,\varphi) \times \boldsymbol{P}_{emn'}(c) \cdot \hat{\zeta}\mathrm{d}S$$

$$+ \mathrm{i}\gamma'_{mn} \oint_{S} \boldsymbol{M}^{r(3)}_{omn}(c',\zeta,\eta,\varphi) \times \boldsymbol{P}_{emn'}(c) \cdot \hat{\zeta}\mathrm{d}S \Big]$$

$$\sum_{n=m}^{\infty} \mathrm{i}^{n} \Big[G'^{m}_{n,\mathrm{TE}} \oint_{S} \boldsymbol{N}^{r(1)}_{emn}(c,\zeta,\eta,\varphi) \times \boldsymbol{Q}_{omn'}(c) \cdot \hat{\zeta}\mathrm{d}S$$

$$+ \mathrm{i}G'^{m}_{n,\mathrm{TM}} \oint_{S} \boldsymbol{M}^{r(1)}_{omn}(c,\zeta,\eta,\varphi) \times \boldsymbol{Q}_{omn'}(c) \cdot \hat{\zeta}\mathrm{d}S \Big]$$

$$+ \sum_{n=m}^{\infty} \mathrm{i}^{n} \Big[\alpha'_{mn} \oint_{S} \boldsymbol{N}^{r(3)}_{emn}(c,\zeta,\eta,\varphi) \times \boldsymbol{Q}_{omn'}(c) \cdot \hat{\zeta}\mathrm{d}S$$

$$+ \mathrm{i}\beta'_{mn} \oint_{S} \boldsymbol{M}^{r(3)}_{omn}(c,\zeta,\eta,\varphi) \times \boldsymbol{Q}_{omn'}(c) \cdot \hat{\zeta}\mathrm{d}S \Big] \tag{3.2.68}$$

$$= \frac{\eta_0}{\eta'} \sum_{n=m}^{\infty} \mathrm{i}^{n} \Big[\delta'_{mn} \oint_{S} \boldsymbol{N}^{r(1)}_{emn}(c,\zeta,\eta,\varphi) \times \boldsymbol{Q}_{omn'}(c) \cdot \hat{\zeta}\mathrm{d}S$$

$$+ \mathrm{i}\gamma'_{mn} \oint_{S} \boldsymbol{M}^{r(3)}_{omn}(c',\zeta,\eta,\varphi) \times \boldsymbol{Q}_{omn'}(c) \cdot \hat{\zeta}\mathrm{d}S \Big]$$

在式 (3.2.65)~ 式 (3.2.68) 中, 对每一个 $m \geqslant 0, n$ 和 n' 均从 m 连续取到 $m+2N-1$, 其中 N 是为保证一定精度而尝试确定的一个正整数, 在计算中从 15 开始连续的取值. 这样, 式 (3.2.65)~ 式 (3.2.68) 就组成了一个 $4 \times 2N \times 2N$ 的方程组, 用求解方程组的一般方法. 例如, 利用高斯消去法可求出各未知展开系数, 进而求出各部分的场.

式 (3.2.65)~ 式 (3.2.68) 中, 面积分的计算可以把 $(\boldsymbol{M} \quad \boldsymbol{N})^{r(3)}_{{}^{e}_{o}mn}(c,\zeta,\eta,\varphi)$ 和 $(\boldsymbol{P} \quad \boldsymbol{Q})_{{}^{e}_{o}mn}(c)$ 代入, 进而求解, 下面给出两个例子:

$$\oint_{S} \boldsymbol{M}^{r(1)}_{emn}(c,\zeta,\eta,\varphi) \times \boldsymbol{P}_{omn'}(c) \cdot \hat{\zeta}\mathrm{d}S$$

$$= -\pi \int_{-1}^{1} \Big[(1-\delta_{m0}) M^{r(1)}_{mn\eta}(c) P_{mn'\varphi}(c)$$

$$+ (1+\delta_{m0}) M^{r(j)}_{mn\varphi}(c) P'_{mn\eta}(c) f^2 (\zeta^2-1)^{\frac{1}{2}} (\zeta^2-\eta^2)^{\frac{1}{2}} \Big] \mathrm{d}\eta \tag{3.2.69}$$

$$\oint_S \boldsymbol{M}_{emn}^{r(1)}(c,\zeta,\eta,\varphi) \times \boldsymbol{Q}_{emn'}(c) \cdot \hat{n}\mathrm{d}S$$

$$=\pi \int_{-1}^{1} \left[(1-\delta_{m0})M_{mn\eta}^{r(1)}(c)Q_{mn'\varphi}(c) \right.$$

$$\left. + (1+\delta_{m0})M_{mn\varphi}^{r(j)}(c)Q_{mn'\eta}(c)f^2(\zeta^2-1)^{\frac{1}{2}}(\zeta^2-\eta^2)^{\frac{1}{2}} \right]\mathrm{d}\eta \qquad (3.2.70)$$

式 (3.2.69) 和式 (3.2.70) 的面积分可以用数值方法来进行计算。各面积分计算之后，式 (3.2.65)～式 (3.2.68) 组成的方程组即可确定，进而可对其求解。

由分离变量法和积分法均可求出散射场和椭球内部场的展开系数，然后求出如式 (3.2.59) 所定义的微分散射截面，计算结果能很好吻合，现不再进行比较讨论。下面给出一个算例的数值结果。

图 3.6 为 TE 极化高斯波束入射椭球形粒子的归一化微分散射截面，其中，参数 $a=1.5\lambda, a/b=2, \tilde{n}=1.33, \mu'=\mu_0, z_0=0, \beta=60°$ 和 $w_0=5\lambda$。

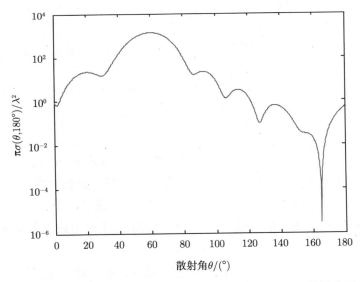

图 3.6　TE 极化高斯波束入射椭球形粒子的归一化微分散射截面

3.3　圆柱形粒子对高斯波束的散射

本节首先给出高斯波束用圆柱矢量波函数展开的表达式，然后在此基础上研究无限长圆柱对高斯波束的散射，并给出归一化场强分布的数值结果。

3.3.1 高斯波束用圆柱矢量波函数展开

标量波动方程 $\nabla^2\psi + k^2\psi = 0$ 在圆柱坐标系中可以写为

$$\frac{1}{r}\frac{\partial}{\partial r}\left(r\frac{\partial\psi}{\partial r}\right) + \frac{1}{r^2}\frac{\partial^2\psi}{\partial\theta^2} + \frac{\partial^2\psi}{\partial z^2} + k^2\psi = 0 \tag{3.3.1}$$

采用分离变量法求解，ψ 的本征解的通解形式一般可写为

$$\psi_{m\lambda}^{(j)} = Z_m^{(j)}(\lambda r)\exp(\mathrm{i}m\varphi)\exp(\mathrm{i}hz) \tag{3.3.2}$$

其中，$j = 1, 2, 3, 4$ 分别对应 $Z_n^{(j)}(\lambda r)$ 取第一至第四类贝塞尔函数 $\mathrm{J}_n(\lambda r), \mathrm{N}_n(\lambda r),$ $\mathrm{H}_n^{(1)}(\lambda r), \mathrm{H}_n^{(2)}(\lambda r)$ 中的一个。

由式 (2.2.4)，常矢量 $\boldsymbol{a}$ 取 z 轴正方向单位矢量 $\hat{\boldsymbol{z}}$，ψ 取本征解 $\psi_{m\lambda}^{(j)}$，Stratton[86] 定义并给出了圆柱矢量波函数如下：

$$\boldsymbol{m}_{m\lambda}^{(1)}\mathrm{e}^{\mathrm{i}hz} = \overline{\boldsymbol{m}_{m\lambda}}\mathrm{e}^{\mathrm{i}hz}\mathrm{e}^{\mathrm{i}m\varphi} = \left[\mathrm{i}\frac{m}{r}\mathrm{J}_m(\lambda r)\hat{r} - \frac{\partial}{\partial r}\mathrm{J}_m(\lambda r)\hat{\varphi}\right]\mathrm{e}^{\mathrm{i}hz}\mathrm{e}^{\mathrm{i}m\varphi}$$

$$\boldsymbol{n}_{m\lambda}^{(1)}\mathrm{e}^{\mathrm{i}hz} = \overline{\boldsymbol{n}_{m\lambda}}\mathrm{e}^{\mathrm{i}hz}\mathrm{e}^{\mathrm{i}m\varphi} = \left[\frac{\mathrm{i}h}{k}\frac{\partial}{\partial r}\mathrm{J}_m(\lambda r)\hat{r} - \frac{hm}{kr}\mathrm{J}_m(\lambda r)\hat{\varphi} + \frac{\lambda^2}{k}\mathrm{J}_m(\lambda r)\hat{z}\right]\mathrm{e}^{\mathrm{i}hz}\mathrm{e}^{\mathrm{i}m\varphi}$$
$$\tag{3.3.3}$$

其中，$\lambda^2 + h^2 = k^2$，通常表示为 $\lambda = k\sin\zeta, h = k\cos\zeta$。可推导出圆柱矢量波函数有如下的正交关系：

$$\int_0^{2\pi}\overline{\boldsymbol{m}_{m\lambda}}\mathrm{e}^{\mathrm{i}hz}\mathrm{e}^{\mathrm{i}m\varphi}\cdot\overline{\boldsymbol{n}_{m'\lambda}}\mathrm{e}^{-\mathrm{i}hz}\mathrm{e}^{-\mathrm{i}m'\varphi}\mathrm{d}\varphi = 0$$

$$\int_0^{2\pi}\overline{\boldsymbol{m}_{m\lambda}}\mathrm{e}^{\mathrm{i}hz}\mathrm{e}^{\mathrm{i}m\varphi}\cdot\overline{\boldsymbol{m}_{m'\lambda}}\mathrm{e}^{-\mathrm{i}hz}\mathrm{e}^{-\mathrm{i}m'\varphi}\mathrm{d}\varphi$$

$$= \int_0^{2\pi}\overline{\boldsymbol{n}_{m\lambda}}\mathrm{e}^{\mathrm{i}hz}\mathrm{e}^{\mathrm{i}m\varphi}\cdot\overline{\boldsymbol{n}_{m'\lambda}}\mathrm{e}^{-\mathrm{i}hz}\mathrm{e}^{-\mathrm{i}m'\varphi}\mathrm{d}\varphi = 0 \quad (m \neq m')$$

$$\int_0^{2\pi}\overline{\boldsymbol{m}_{m\lambda}}\mathrm{e}^{\mathrm{i}hz}\mathrm{e}^{\mathrm{i}m\varphi}\cdot\overline{\boldsymbol{m}_{m\lambda}}\mathrm{e}^{-\mathrm{i}hz}\mathrm{e}^{-\mathrm{i}m\varphi}\mathrm{d}\varphi = -2\pi\lambda^2\mathrm{J}_{m+1}(\lambda r)\mathrm{J}_{m-1}(\lambda r)$$

$$\int_0^{2\pi}\overline{\boldsymbol{n}_{m\lambda}}\mathrm{e}^{\mathrm{i}hz}\mathrm{e}^{\mathrm{i}m\varphi}\cdot\overline{\boldsymbol{n}_{m\lambda}}\mathrm{e}^{-\mathrm{i}hz}\mathrm{e}^{-\mathrm{i}m\varphi}\mathrm{d}\varphi$$

$$= 2\pi\left\{\frac{h^2}{k^2}\lambda^2\mathrm{J}_{m+1}(\lambda r)\mathrm{J}_{m-1}(\lambda r) + \frac{\lambda^2}{k^2}\lambda^2[\mathrm{J}_m(\lambda r)]^2\right\} \tag{3.3.4}$$

球和圆柱波函数的关系比较复杂，在不同的条件下往往不同，其中常用关系为

$$\mathrm{j}_n(kR)\mathrm{P}_n^m(\cos\theta) = \frac{\mathrm{i}^{m-n}}{2}\int_0^\pi\mathrm{e}^{\mathrm{i}kz\cos\alpha}\mathrm{J}_m(kr\sin\alpha)\mathrm{P}_n^m(\cos\alpha)\sin\alpha\mathrm{d}\alpha \tag{3.3.5}$$

在式 (3.3.5) 的基础上, 推导得相应的球和圆柱矢量波函数之间的关系 [95]:

$$\boldsymbol{m}_{mn}^{r(1)}(kR,\theta,\varphi) = \int_0^\pi [c_{mn}(\zeta)\boldsymbol{m}_{m\lambda}^{(1)} + a_{mn}(\zeta)\boldsymbol{n}_{m\lambda}^{(1)}]\mathrm{e}^{\mathrm{i}hz}\mathrm{d}\zeta$$

$$\boldsymbol{n}_{mn}^{r(1)}(kR,\theta,\varphi) = \int_0^\pi [c_{mn}(\zeta)\boldsymbol{n}_{m\lambda}^{(1)} + a_{mn}(\zeta)\boldsymbol{m}_{m\lambda}^{(1)}]\mathrm{e}^{\mathrm{i}hz}\mathrm{d}\zeta \tag{3.3.6}$$

其中, 展开系数为

$$c_{mn}(\zeta) = \frac{\mathrm{i}^{m-n-1}}{2k}\frac{\mathrm{d}\mathrm{P}_n^m(\cos\zeta)}{\mathrm{d}\zeta}$$

$$a_{mn}(\zeta) = \frac{\mathrm{i}^{m-n-1}}{2k}m\frac{\mathrm{P}_n^m(\cos\zeta)}{\sin\zeta} \tag{3.3.7}$$

下面研究如图 3.7 所示在轴高斯波束入射无限长圆柱的散射问题。高斯波束属于坐标系 $O'x'y'z'$, 辅助坐标系 $Ox''y''z''$ 与 $O'x'y'z'$ 平行, 坐标系 $Oxyz$ 由 $Ox''y''z''$ 旋转一个欧拉角 β 而得到, 无限长圆柱的对称轴与 z 轴重合。考虑在轴入射的情况, 即原点 O 在圆柱对称轴上, O 在 $O'x'y'z'$ 中的坐标为 $(0,0,z_0)$。

在研究如图 3.7 所示的散射问题时, 需要把高斯波束用属于 $Oxyz$ 的圆柱矢量波函数展开, 可以用间接的方法来求出展开式。

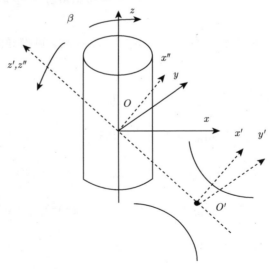

图 3.7　在轴高斯波束入射无限长圆柱示意图

在推导中规定空间一点相对于坐标系 $Oxyz$ 的球、圆柱坐标分别用 (R,θ,φ) 和 (r,φ,z) 表示, 相对于 $Ox''y''z''$ 的分别用 (R,θ'',φ'') 和 (r'',φ'',z'') 表示, 相对于 $O'x'y'z'$ 的分别用 (R',θ',φ') 和 (r',φ',z') 表示。

由式 (2.3.1) 可得入射在轴高斯波束采用属于 $Ox''y''z''$ 的球矢量波函数展开为

$$\boldsymbol{E}^i = E_0 \sum_{n=1}^{\infty} \sum_{m=\pm 1} C_{nm} \left[g_{n,\mathrm{TE}}^m \boldsymbol{m}_{mn}^{r(1)}(kR, \theta'', \varphi'') + g_{n,\mathrm{TM}}^m \boldsymbol{n}_{mn}^{r(1)}(kR, \theta'', \varphi'') \right] \quad (3.3.8)$$

考虑式 (2.2.4)，可得

$$\begin{aligned}
\boldsymbol{E}^i = E_0 \sum_{n=1}^{\infty} \sum_{s=-n}^{n} \Bigg[&\sum_{m=\pm 1} C_{nm} g_{n,\mathrm{TE}}^m \rho(m,s,n) \boldsymbol{m}_{sn}^{r(1)}(kR, \theta, \varphi) \\
&+ \sum_{m=\pm 1} C_{nm} g_{n,\mathrm{TE}}^m \rho(m,s,n) \boldsymbol{n}_{sn}^{r(1)}(kR, \theta, \varphi) \Bigg]
\end{aligned} \quad (3.3.9)$$

为了表示形式一致，在式 (3.3.9) 中把符号 n 和 s 互换 (只是表示符号的变化，公式本身并没有变)，则可得

$$\boldsymbol{E}^i = E_0 \sum_{n=1}^{\infty} \sum_{m=-n}^{n} \left[G_{n,\mathrm{TE}}^m \boldsymbol{m}_{mn}^{r(1)}(kR, \theta, \varphi) + G_{n,\mathrm{TM}}^m \boldsymbol{n}_{mn}^{r(1)}(kR, \theta, \varphi) \right] \quad (3.3.10)$$

其中，

$$\begin{aligned}
G_{n,\mathrm{TE}}^m &= \sum_{s=\pm 1} C_{ns} g_{n,\mathrm{TE}}^s \rho(s,m,n) \\
G_{n,\mathrm{TM}}^m &= \sum_{s=\pm 1} C_{ns} g_{n,\mathrm{TM}}^s \rho(s,m,n)
\end{aligned} \quad (3.3.11)$$

对于 TM 极化的高斯波束，式 (3.3.11) 还可进一步化简为

$$\begin{aligned}
G_{n,\mathrm{TE}}^m &= i^{n-1} \frac{2n+1}{n(n+1)} (-1)^{m-1} \frac{(n-m)!}{(n+m)!} g_n m \frac{\mathrm{P}_n^m(\cos\beta)}{\sin\beta} \\
G_{n,\mathrm{TM}}^m &= i^{n-1} \frac{2n+1}{n(n+1)} (-1)^{m-1} \frac{(n-m)!}{(n+m)!} g_n \frac{\mathrm{d}\mathrm{P}_n^m(\cos\beta)}{\mathrm{d}\beta}
\end{aligned} \quad (3.3.12)$$

式 (3.3.10) 中，关于 m、n 的求和顺序交换后可得

$$\boldsymbol{E}^i = E_0 \sum_{m=-\infty}^{\infty} \sum_{n=|m|}^{\infty} \left[G_{n,\mathrm{TE}}^m \boldsymbol{m}_{mn}^{r(1)}(kR, \theta, \varphi) + G_{n,\mathrm{TM}}^m \boldsymbol{n}_{mn}^{r(1)}(kR, \theta, \varphi) \right] \quad (3.3.13)$$

其中，需要注意的是，$m = 0$ 时，n 的求和应当从 1 开始。

把式 (3.3.6) 代入式 (3.3.10)，可得高斯波束用圆柱矢量波函数展开的关系式为

$$\boldsymbol{E}^i = E_0 \sum_{m=-\infty}^{\infty} \int_0^\pi [I_{m,\mathrm{TE}}(\zeta)\boldsymbol{m}_{m\lambda} + I_{m,\mathrm{TM}}(\zeta)\boldsymbol{n}_{m\lambda}]\mathrm{e}^{\mathrm{i}hz}\mathrm{d}\zeta \tag{3.3.14}$$

其中,

$$\begin{aligned}
I_{m,\mathrm{TE}} =& \frac{(-\mathrm{i})^m}{2k} \sum_{n=|m|}^{\infty} \frac{2n+1}{n(n+1)} \frac{(n-m)!}{(n+m)!} g_n \left[m\frac{\mathrm{P}_n^m(\cos\beta)}{\sin\beta} \frac{\mathrm{dP}_n^m(\cos\zeta)}{\mathrm{d}\zeta} \right. \\
& \left. + \frac{\mathrm{dP}_n^m(\cos\beta)}{\mathrm{d}\beta} m\frac{\mathrm{P}_n^m(\cos\zeta)}{\sin\zeta} \right]
\end{aligned}$$

$$\begin{aligned}
I_{m,\mathrm{TM}} =& \frac{(-\mathrm{i})^m}{2k} \sum_{n=|m|}^{\infty} \frac{2n+1}{n(n+1)} \frac{(n-m)!}{(n+m)!} g_n \left[m\frac{\mathrm{P}_n^m(\cos\beta)}{\sin\beta} m\frac{\mathrm{P}_n^m(\cos\zeta)}{\sin\zeta} \right. \\
& \left. + \frac{\mathrm{dP}_n^m(\cos\beta)}{\mathrm{d}\beta} \frac{\mathrm{dP}_n^m(\cos\zeta)}{\mathrm{d}\zeta} \right]
\end{aligned} \tag{3.3.15}$$

式 (3.3.14) 是对于 TM 极化的高斯波束来说的, 对于 TE 极化的高斯波束的圆柱矢量波函数展开式, 只需在式 (3.3.14) 中把 $I_{m,\mathrm{TE}}$ 用 $-\mathrm{i}I_{m,\mathrm{TM}}$ 代替, 把 $I_{m,\mathrm{TM}}$ 用 $-\mathrm{i}I_{m,\mathrm{TE}}$ 代替。

对于平面波可看作高斯波束在 $w_0 \to \infty$ 的极限情况, 此时 $g_n = 1$, 考虑如下关系式[95]:

$$\begin{aligned}
\sum_{n=|m|}^{\infty} \frac{2n+1}{n(n+1)} \frac{(n-m)!}{(n+m)!} &\left[m\frac{\mathrm{P}_n^m(\cos\beta)}{\sin\beta} m\frac{\mathrm{P}_n^m(\cos\zeta)}{\sin\zeta} \right. \\
& \left. + \frac{\mathrm{dP}_n^m(\cos\beta)}{\mathrm{d}\beta} \frac{\mathrm{dP}_n^m(\cos\zeta)}{\mathrm{d}\zeta} \right] = \frac{2\delta(\zeta-\beta)}{\sin\zeta} \\
\sum_{n=|m|}^{\infty} \frac{2n+1}{n(n+1)} \frac{(n-m)!}{(n+m)!} &\left[m\frac{\mathrm{P}_n^m(\cos\beta)}{\sin\beta} \frac{\mathrm{dP}_n^m(\cos\zeta)}{\mathrm{d}\zeta} \right. \\
& \left. + \frac{\mathrm{dP}_n^m(\cos\beta)}{\mathrm{d}\beta} m\frac{\mathrm{P}_n^m(\cos\zeta)}{\sin\zeta} \right] = 0
\end{aligned} \tag{3.3.16}$$

则 TE 极化的高斯波束可退化为如下平面波用圆柱矢量波函数展开的关系式:

$$\hat{y}\exp[\mathrm{i}k(-x\sin\zeta + z\cos\zeta)] = \sum_{m=-\infty}^{\infty} \frac{(-\mathrm{i})^{m+1}}{k\sin\zeta}\boldsymbol{m}_{m\lambda}\mathrm{e}^{\mathrm{i}hz} \tag{3.3.17}$$

3.3.2　散射场的计算

为了计算高斯波束入射无限长圆柱时的散射场, 除了需要 3.3.1 小节所讨论的入射高斯波束用圆柱矢量波函数展开的关系式外, 还需把散射场以及圆柱内部的场用适当的圆柱矢量波函数做如下展开。

以 TM 极化的高斯波束入射为例, 其圆柱矢量波函数展开式为

$$\boldsymbol{E}^i = E_0 \sum_{m=-\infty}^{\infty} \int_0^\pi [I_{m,\mathrm{TE}}(\zeta)\boldsymbol{m}_{m\lambda} + I_{m,\mathrm{TM}}(\zeta)\boldsymbol{n}_{m\lambda}]\mathrm{e}^{\mathrm{i}hz}\mathrm{d}\zeta$$

$$\boldsymbol{H}^i = -\mathrm{i}E_0\frac{1}{\eta_0} \sum_{m=-\infty}^{\infty} \int_0^\pi [I_{m,\mathrm{TE}}(\zeta)\boldsymbol{n}_{m\lambda}^{(3)} + I_{m,\mathrm{TM}}(\zeta)\boldsymbol{m}_{m\lambda}^{(3)}]\mathrm{e}^{\mathrm{i}hz}\mathrm{d}\zeta \quad (3.3.18)$$

散射场用第三类圆柱矢量波函数展开为

$$\boldsymbol{E}^s = E_0 \sum_{m=-\infty}^{\infty} \int_0^\pi [\alpha_m(\zeta)\boldsymbol{m}_{m\lambda}^{(3)} + \beta_m(\zeta)\boldsymbol{n}_{m\lambda}^{(3)}]\mathrm{e}^{\mathrm{i}hz}\mathrm{d}\zeta$$

$$\boldsymbol{H}^s = -\mathrm{i}E_0\frac{1}{\eta_0} \sum_{m=-\infty}^{\infty} \int_0^\pi [\alpha_m(\zeta)\boldsymbol{n}_{m\lambda}^{(3)} + \beta_m(\zeta)\boldsymbol{m}_{m\lambda}^{(3)}]\mathrm{e}^{\mathrm{i}hz}\mathrm{d}\zeta \quad (3.3.19)$$

圆柱内部的场用第一类圆柱矢量波函数展开:

$$\boldsymbol{E}^w = E_0 \sum_{m=-\infty}^{\infty} \int_0^\pi [\chi_m(\zeta)\boldsymbol{m}_{m\lambda'}^{(1)} + \tau_m(\zeta)\boldsymbol{n}_{m\lambda'}^{(1)}]\mathrm{e}^{\mathrm{i}hz}\mathrm{d}\zeta$$

$$\boldsymbol{H}^w = -\mathrm{i}E_0\frac{1}{\eta'} \sum_{m=-\infty}^{\infty} \int_0^\pi [\chi_m(\zeta)\boldsymbol{n}_{m\lambda'}^{(1)} + \tau_m(\zeta)\boldsymbol{m}_{m\lambda'}^{(1)}]\mathrm{e}^{\mathrm{i}hz}\mathrm{d}\zeta \quad (3.3.20)$$

把圆柱内部的场用形如 $\left(\boldsymbol{m}_{m\lambda'}^{(1)} \quad \boldsymbol{n}_{m\lambda'}^{(1)}\right)\mathrm{e}^{\mathrm{i}hz}$ 的圆柱矢量波函数展开时, 包括 $k' = k\tilde{n}, \lambda' = \sqrt{\tilde{n}^2 - \cos^2\zeta}$, 需要考虑在下面应用边界条件时需要满足的相位匹配条件。

电磁场边界条件要求电场和磁场的切向分量在圆柱粒子表面连续, 可表示为

$$\begin{cases} E_\varphi^i + E_\varphi^s = E_\varphi^w, & E_z^i + E_z^s = E_z^w \\ H_\varphi^i + H_\varphi^s = H_\varphi^w, & H_z^i + H_z^s = H_z^w \end{cases} \quad (3.3.21)$$

其中, $r = r_0, r_0$ 为圆柱横截面的半径; 下标 φ、z 分别表示电场和磁场的相应切向分量。

把式 (3.3.18)~ 式 (3.3.20) 的具体表达式代入式 (3.3.21), 考虑到指数函数 $\mathrm{e}^{\mathrm{i}m\varphi}$ 的正交性以及相位项 $\mathrm{e}^{\mathrm{i}hz}$ 匹配的要求, 则边界条件可表示为

$$\xi\frac{\mathrm{d}}{\mathrm{d}\xi}\mathrm{J}_m(\xi)I_{m,\mathrm{TE}} + \frac{hm}{k}\mathrm{J}_m(\xi)I_{m,\mathrm{TM}} + \xi\frac{\mathrm{d}}{\mathrm{d}\xi}\mathrm{H}_m^{(1)}(\xi)\alpha_m(\zeta) + \frac{hm}{k}\mathrm{H}_m^{(1)}(\xi)\beta_m(\zeta)$$

$$=\xi_1\frac{\mathrm{d}}{\mathrm{d}\xi_1}\mathrm{J}_m(\xi_1)\chi_m(\zeta) + \frac{hm}{k'}\mathrm{J}_m(\xi_1)\tau_m(\zeta) \quad (3.3.22)$$

$$\xi^2[\mathrm{J}_m(\xi)I_{m,\mathrm{TM}} + \mathrm{H}_m^{(1)}(\xi)\beta_m(\zeta)] = \xi_1^2\frac{1}{\tilde{n}}\mathrm{J}_m(\xi_1)\tau_m(\zeta) \quad (3.3.23)$$

$$\xi\frac{\mathrm{d}}{\mathrm{d}\xi}\mathrm{J}_m(\xi)I_{m,\mathrm{TM}} + \frac{hm}{k}\mathrm{J}_m(\xi)I_{m,\mathrm{TE}} + \xi\frac{\mathrm{d}}{\mathrm{d}\xi}\mathrm{H}_m^{(1)}(\xi)\beta_m(\zeta) + \frac{hm}{k}\mathrm{H}_m^{(1)}(\xi)\alpha_m(\zeta)$$

$$=\frac{\eta_0}{\eta'}\left[\xi_1\frac{\mathrm{d}}{\mathrm{d}\xi_1}\mathrm{J}_m(\xi_1)\tau_m(\zeta)+\frac{hm}{k'}\mathrm{J}_m(\xi_1)\chi_m(\zeta)\right] \tag{3.3.24}$$

$$\xi^2\mathrm{J}_m(\xi)I_{m,\mathrm{TE}}+\xi^2\mathrm{H}_m^{(1)}(\xi)\alpha_m(\zeta)=\frac{1}{\tilde{n}}\frac{\eta_0}{\eta'}\xi_1^2\mathrm{J}_m(\xi_1)\chi_m(\zeta) \tag{3.3.25}$$

其中，$\xi=\lambda r_0$; $\xi_1=\lambda' r_0$。

从式 (3.3.22)~ 式 (3.3.25) 组成的方程组可求出待定的展开系数 $\alpha_m(\zeta)$、$\beta_m(\zeta)$、$\chi_m(\zeta)$ 和 $\tau_m(\zeta)$，进而求出散射场和内场。

下面的算例用来计算圆柱粒子内部以及表面附近的归一化场强分布。

在圆柱粒子内部：

$$\left|\boldsymbol{E}^w/E_0\right|^2=\left|E_r^w\right|^2+\left|E_\varphi^w\right|^2+\left|E_z^w\right|^2 \tag{3.3.26}$$

在圆柱粒子外部：

$$\left|(\boldsymbol{E}^i+\boldsymbol{E}^s)/E_0\right|^2=\left|E_r^i+E_r^s\right|^2+\left|E_\varphi^i+E_\varphi^s\right|^2+\left|E_z^i+E_z^s\right|^2 \tag{3.3.27}$$

图 3.8 和图 3.9 分别为 TM 和 TE 极化的高斯波束入射无限长圆柱的归一化场强分布。其中，共同的参数为圆柱横截面半径 $r_0=5\lambda,\tilde{n}=1.414,\mu'=\mu_0,\beta=\pi/4$, $w_0=3\lambda,\ z_0=0$。

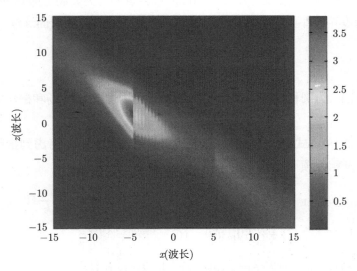

图 3.8   TM 极化高斯波束入射无限长圆柱的归一化场强分布

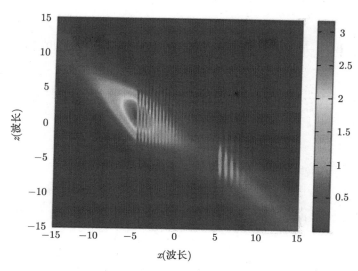

图 3.9 TE 极化高斯波束入射无限长圆柱的归一化场强分布

从图 3.8 和图 3.9 可以看出，圆柱对高斯波束具有汇聚作用。相对于 TM 极化的高斯波束，圆柱对 TE 极化的高斯波束有更多的反射，无论在圆柱外部还是内部，入射和反射的波束叠加之后都形成明显的驻波。

3.4 高斯波束通过介质平板的传输特性

本节应用高斯波束的圆柱矢量波函数展开式，研究无限大介质平板对高斯波束的反射和传输，并给出了归一化场强分布的数值结果。

图 3.10 为入射高斯波束通过厚度为 d 的介质平板传输的示意图。高斯波束在坐标系 $O'x'y'z'$ 中描述，且沿 $O'z'$ 轴传输，坐标系 $Oxyz$ 的两个平面 $z=0$ 和 $z=d$ 为平板与自由空间的两个分界面。传输方向 $O'z'$ 轴与 Oz 轴的夹角为 β，原点 O 在 $O'x'y'z'$ 中的坐标为 $(0,0,z_0)$，时间因子为 $\exp(-\mathrm{i}\omega t)$。

高斯波束通过介质平板的传输是一个复杂的过程，包括高斯波束在平面 $z=0$ 的反射和透射以及在平板内部的多次反射和透射。但是总体来说，各部分的场可用圆柱矢量波函数做相应展开。

入射高斯波束有如式 (3.3.14) 的展开式。对于图 3.10 来说，需要把入射高斯波束的电磁场做如下分解：

$$E^i = E^i_1 + E^i_2, H^i = H^i_1 + H^i_2$$

其中,

$$\boldsymbol{E}_1^i = E_0 \sum_{m=-\infty}^{\infty} \int_0^{\frac{\pi}{2}} [I_{m,\mathrm{TE}}(\zeta)\boldsymbol{m}_{m\lambda} + I_{m,\mathrm{TM}}(\zeta)\boldsymbol{n}_{m\lambda}]\mathrm{e}^{\mathrm{i}hz}\mathrm{d}\zeta \tag{3.4.1}$$

$$\boldsymbol{H}_2^i = -\mathrm{i}\frac{E_0}{\eta_0} \sum_{m=-\infty}^{\infty} \int_0^{\frac{\pi}{2}} [I_{m,\mathrm{TE}}(\zeta)\boldsymbol{n}_{m\lambda} + I_{m,\mathrm{TM}}(\zeta)\boldsymbol{m}_{m\lambda}]\mathrm{e}^{\mathrm{i}hz}\mathrm{d}\zeta \tag{3.4.2}$$

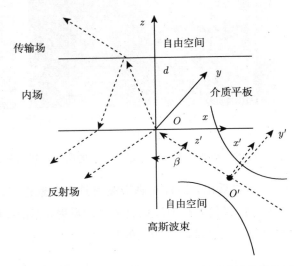

图 3.10   入射高斯波束通过厚度为 d 的介质平板传输的示意图

入射电磁场做上述分解可做如下解释: 把入射高斯波束用圆柱矢量波函数, 如式 (3.3.14) 展开, 相当于把高斯波束表示为柱面波的叠加, 柱面波的入射角度为 ζ。由图 3.10 可以看出, 只有入射角度在 $0 \to \frac{\pi}{2}$ 内的柱面波才能入射到平板的平面 $z = 0$ 上, 才能通过平板传输, 而在 $\frac{\pi}{2} \to \pi$ 内的柱面波不能入射到平板上, 只能向自由空间传输。

在 $z < 0$ 区域内的传输场包括高斯波束的反射场以及多次的透射场, 考虑到其传输方向, 则电磁场可展开为

$$\boldsymbol{E}^r = E_0 \sum_{m=-\infty}^{\infty} \int_0^{\frac{\pi}{2}} [A_m(\zeta)\boldsymbol{m}_{m\lambda}^{(1)}(-h) + B_m(\zeta)\boldsymbol{n}_{m\lambda}^{(1)}(-h)]\mathrm{e}^{-\mathrm{i}hz}\mathrm{d}\zeta \tag{3.4.3}$$

$$\boldsymbol{H}^r = -\mathrm{i}\frac{E_0}{\eta_0} \sum_{m=-\infty}^{\infty} \int_0^{\frac{\pi}{2}} [A_m(\zeta)\boldsymbol{n}_{m\lambda}^{(1)}(-h) + B_m(\zeta)\boldsymbol{m}_{m\lambda}^{(1)}(-h)]\mathrm{e}^{-\mathrm{i}hz}\mathrm{d}\zeta \tag{3.4.4}$$

在介质平板内, 即在 $0 < z < d$ 的区域内, 既有向 $z = d$ 平面, 又有向 $z = 0$

平面传输的场。其中, 向 $z = d$ 平面传输的场可展开为

$$\boldsymbol{E}_1^w = E_0 \sum_{m=-\infty}^{\infty} \int_0^{\frac{\pi}{2}} [E_{m1}(\zeta)\boldsymbol{m}_{m\lambda}^{(1)}(h_1) + F_{m1}(\zeta)\boldsymbol{n}_{m\lambda}^{(1)}(h_1)]\mathrm{e}^{\mathrm{i}h_1 z}\mathrm{d}\zeta \tag{3.4.5}$$

$$\boldsymbol{H}_1^w = -\mathrm{i}\frac{E_0}{\eta'} \sum_{m=-\infty}^{\infty} \int_0^{\frac{\pi}{2}} [E_{m1}(\zeta)\boldsymbol{n}_{m\lambda}^{(1)}(h_1) + F_{m1}(\zeta)\boldsymbol{m}_{m\lambda}^{(1)}(h_1)]\mathrm{e}^{\mathrm{i}h_1 z}\mathrm{d}\zeta \tag{3.4.6}$$

向 $z = 0$ 平面传输的场可展开为

$$\boldsymbol{E}_2^w = E_0 \sum_{m=-\infty}^{\infty} \int_0^{\frac{\pi}{2}} [E_{m2}(\zeta)\boldsymbol{m}_{m\lambda}^{(1)}(-h_1) + F_{m2}(\zeta)\boldsymbol{n}_{m\lambda}^{(1)}(-h_1)]\mathrm{e}^{-\mathrm{i}h_1 z}\mathrm{d}\zeta \tag{3.4.7}$$

$$\boldsymbol{H}_2^w = -\mathrm{i}\frac{E_0}{\eta'} \sum_{m=-\infty}^{\infty} \int_0^{\frac{\pi}{2}} [E_{m2}(\zeta)\boldsymbol{n}_{m\lambda}^{(1)}(-h_1) + F_{m2}(\zeta)\boldsymbol{m}_{m\lambda}^{(1)}(-h_1)]\mathrm{e}^{-\mathrm{i}h_1 z}\mathrm{d}\zeta \tag{3.4.8}$$

其中, $\lambda = k\sin\zeta$; $h_1 = \sqrt{k_1^2 - \lambda^2}$, $k_1 = \tilde{n}k$; $\eta' = \dfrac{k'}{\omega\mu'}$。

在 $z > d$ 区域内的传输的场为透射场, 可展开为

$$\boldsymbol{E}^t = E_0 \sum_{m=-\infty}^{\infty} \int_0^{\frac{\pi}{2}} [C_m(\zeta)\boldsymbol{m}_{m\lambda}^{(1)}(h) + D_m(\zeta)\boldsymbol{n}_{m\lambda}^{(1)}(h)]\mathrm{e}^{\mathrm{i}hz}\mathrm{d}\zeta \tag{3.4.9}$$

$$\boldsymbol{H}^t = -\mathrm{i}\frac{E_0}{\eta_0} \sum_{m=-\infty}^{\infty} \int_0^{\frac{\pi}{2}} [C_m(\zeta)\boldsymbol{n}_{m\lambda}^{(1)}(h) + D_m(\zeta)\boldsymbol{m}_{m\lambda}^{(1)}(h)]\mathrm{e}^{\mathrm{i}hz}\mathrm{d}\zeta \tag{3.4.10}$$

式 (3.4.3)∼ 式 (3.4.10) 中的展开系数可由电磁场在分界面 $z = 0$ 和 $z = d$ 上的边界条件来确定。

分界面 $z = 0$ 时, 边界条件为

$$\begin{cases} E_{1r}^i + E_r^r = E_{1r}^w + E_{2r}^w, & E_{1\varphi}^i + E_\varphi^r = E_{1\varphi}^w + E_{2\varphi}^w \\ H_{1r}^i + H_r^r = H_{1r}^w + H_{2r}^w, & H_{1\varphi}^i + H_\varphi^r = H_{1\varphi}^w + H_{2\varphi}^w \end{cases} \tag{3.4.11}$$

分界面 $z = d$ 时, 边界条件为

$$\begin{cases} E_{1r}^w + E_{2r}^w = E_r^t, & E_{1\varphi}^w + E_{2\varphi}^w = E_\varphi^t \\ H_{1r}^w + H_{2r}^w = H_r^t, & H_{1\varphi}^w + H_{2\varphi}^w = H_\varphi^t \end{cases} \tag{3.4.12}$$

其中, 下标 r 和 φ 分别表示电磁场相应的分量。

边界条件对每一个 m 和 ζ 均满足, 则由式 (3.4.11) 可得

$$\frac{h}{k}B_m(\zeta) + [F_{m1}(\zeta) - F_{m2}(\zeta)]\frac{h_1}{k_1} = I_{m,\mathrm{TM}}(\zeta)\frac{h}{k} \tag{3.4.13}$$

$$-A_m(\zeta) + E_{m1}(\zeta) + E_{m2}(\zeta) = I_{m,\mathrm{TE}}(\zeta) \tag{3.4.14}$$

$$\frac{h}{k} A_m(\zeta) + [E_{m1}(\zeta) - E_{m2}(\zeta)]\frac{h_1}{k_1}\frac{\eta_0}{\eta'} = I_{m,\mathrm{TE}}(\zeta)\frac{h}{k} \tag{3.4.15}$$

$$-B_m(\zeta) + [F_{m1}(\zeta) + F_{m2}(\zeta)]\frac{\eta_0}{\eta'} = I_{m,\mathrm{TM}}(\zeta) \tag{3.4.16}$$

由式 (3.4.12) 可得

$$E_{m1}(\zeta)\mathrm{e}^{\mathrm{i}h_1 d} + E_{m2}(\zeta)\mathrm{e}^{-\mathrm{i}h_1 d} = C_m(\zeta)\mathrm{e}^{\mathrm{i}hd} \tag{3.4.17}$$

$$F_{m1}(\zeta)\frac{h_1}{k_1}\mathrm{e}^{\mathrm{i}h_1 d} - F_{m2}(\zeta)\frac{h_1}{k_1}\mathrm{e}^{-\mathrm{i}h_1 d} = D_m(\zeta)\frac{h}{k}\mathrm{e}^{\mathrm{i}hd} \tag{3.4.18}$$

$$E_{m1}(\zeta)\frac{h_1}{k_1}\mathrm{e}^{\mathrm{i}h_1 d} - E_{m2}(\zeta)\frac{h_1}{k_1}\mathrm{e}^{-\mathrm{i}h_1 d} = C_m(\zeta)\frac{\eta'}{\eta_0}\frac{h}{k}\mathrm{e}^{\mathrm{i}hd} \tag{3.4.19}$$

$$F_{m1}(\zeta)\mathrm{e}^{\mathrm{i}h_1 d} + F_{m2}(\zeta)\mathrm{e}^{-\mathrm{i}h_1 d} = D_m(\zeta)\frac{\eta'}{\eta_0}\mathrm{e}^{\mathrm{i}hd} \tag{3.4.20}$$

由式 (3.4.14)、式 (3.4.15)、式 (3.4.17) 和式 (3.4.19) 组成的方程组可求出展开系数 $A_m(\zeta)$、$E_{m1}(\zeta)$、$E_{m2}(\zeta)$ 和 $C_m(\zeta)$，由式 (3.4.13)、式 (3.4.16)、式 (3.4.18) 和式 (3.4.20) 可求得 $B_m(\zeta)$、$F_{m1}(\zeta)$、$F_{m2}(\zeta)$ 和 $D_m(\zeta)$，把所求出的展开系数代入相应场的展开式则可得各部分的场。

在下面的算例中，计算归一化的场强分布。

在 $z < 0$ 区域：

$$\left|(\boldsymbol{E}^i + \boldsymbol{E}^r)/E_0\right|^2 = (\left|E_r^i + E_r^r\right|^2 + \left|E_\varphi^i + E_\varphi^r\right|^2 + \left|E_z^i + E_z^r\right|^2)/|E_0|^2 \tag{3.4.21}$$

在 $0 < z < d$ 区域：

$$\left|(\boldsymbol{E}_1^w + \boldsymbol{E}_2^w)/E_0\right|^2 = (\left|E_{1r}^w + E_{2r}^w\right|^2 + \left|E_{1\varphi}^w + E_{2\varphi}^w\right|^2 + \left|E_{1z}^w + E_{2z}^w\right|^2)/|E_0|^2 \tag{3.4.22}$$

在 $z > d$ 区域：

$$\left|\boldsymbol{E}^t/E_0\right|^2 = (\left|E_r^t\right|^2 + \left|E_\varphi^t\right|^2 + \left|E_z^t\right|^2)/|E_0|^2 \tag{3.4.23}$$

图 3.11 和图 3.12 分别为 TM 和 TE 极化的高斯波束入射无限大平板的归一化场强分布。其中，共同的参数为：平板厚度 $d = 10\lambda$，$\tilde{n} = 1.414$，$\mu' = \mu_0$，$\beta = \pi/3$，$w_0 = 3\lambda$ 和 $z_0 = 0$。

从图 3.11 和图 3.12 可以看出，由于布儒斯特角现象，TM 极化的高斯波束经历较小的反射，而 TE 极化的高斯波束在分界面 $z=0$ 和 $z=d$ 均有较大的反射，并且入射和反射的波束叠加形成了明显的驻波。

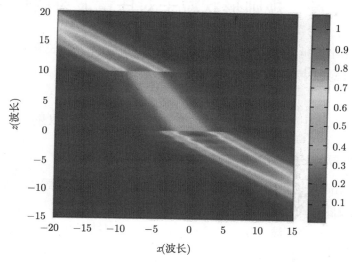

图 3.11　TM 极化高斯波束入射无限大平板的归一化场强分布

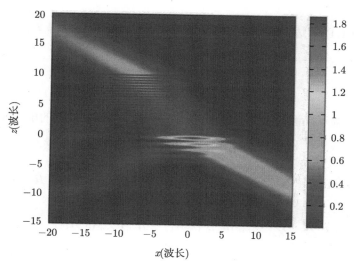

图 3.12　TE 极化高斯波束入射无限大平板的归一化场强分布

第4章　规则形状粒子对任意波束的散射

本章给出半解析方法，研究球形粒子、椭球形粒子、无限长介质圆柱和无限大介质平板对任意波束的散射。

4.1　介质球形粒子对任意波束的散射

4.1.1　介质球形粒子对任意波束的散射理论

与广义 Mie 理论相比，球形粒子对任意波束的散射并不要求必须知道波束的球矢量波函数展开式，因此具有更广泛的应用价值。

在图 3.1 中把高斯波束换为任意沿 z' 轴正方向传输的波束，则为球形粒子对任意波束散射的示意图。

把散射场和球形粒子内部的场用球矢量波函数展开，分别如式 (3.1.2) 和式 (3.1.3)。

与式 (3.1.4) 的边界条件相对应，球粒子表面的电磁场边界条件也可等价的表示为

$$\begin{cases} \hat{\boldsymbol{R}} \times (\boldsymbol{E}^s + \boldsymbol{E}^i) = \hat{\boldsymbol{R}} \times \boldsymbol{E}^w \\ \hat{\boldsymbol{R}} \times (\boldsymbol{H}^s + \boldsymbol{H}^i) = \hat{\boldsymbol{R}} \times \boldsymbol{H}^w \end{cases} \tag{4.1.1}$$

其中，$\hat{R}$ 为球粒子表面的法向单位矢量；$\boldsymbol{E}^i$ 和 $\boldsymbol{H}^i$ 为入射波束的电场和磁场强度。

把散射场、粒子内场和入射场代入边界条件式 (4.1.1) 可得

$$\hat{\boldsymbol{R}} \times E_0 \sum_{n=1}^{\infty} \sum_{m=-n}^{n} \left[c_{mn} \boldsymbol{m}_{mn}^{r(3)}(kR_1) + d_{mn} \boldsymbol{n}_{mn}^{r(3)}(kR_1) \right] + \hat{\boldsymbol{R}} \times \boldsymbol{E}^i \Big|_{R=R_1}$$

$$= \hat{\boldsymbol{R}} \times E_0 \sum_{n=1}^{\infty} \sum_{m=-n}^{n} \left[e_{mn} \boldsymbol{m}_{mn}^{r(1)}(k'R_1) + f_{mn} \boldsymbol{n}_{mn}^{r(1)}(k'R_1) \right] \tag{4.1.2}$$

$$\hat{\boldsymbol{R}} \times E_0 \sum_{n=1}^{\infty} \sum_{m=-n}^{n} \left[c_{mn} \boldsymbol{n}_{mn}^{r(3)}(kR_1) + d_{mn} \boldsymbol{m}_{mn}^{r(3)}(kR_1) \right] + \hat{\boldsymbol{R}} \times \mathrm{i}\eta_0 \boldsymbol{H}^i \Big|_{R=R_1}$$

$$= \hat{\boldsymbol{R}} \times E_0 \frac{\eta_0}{\eta'} \sum_{n=1}^{\infty} \sum_{m=-n}^{n} \left[e_{mn} \boldsymbol{n}_{mn}^{r(1)}(k'R_1) + f_{mn} \boldsymbol{m}_{mn}^{r(1)}(k'R_1) \right] \tag{4.1.3}$$

已知球面函数 $Y_{mn} = \mathrm{P}_n^m(\cos\theta)\mathrm{e}^{\mathrm{i}m\varphi}$，在此基础上可以定义球面矢量函数：

$$\boldsymbol{m}_{mn} = \nabla \times (\boldsymbol{R}Y_{mn}) = \left[\mathrm{i}m\frac{\mathrm{P}_n^m(\cos\theta)}{\sin\theta}\hat{\theta} - \frac{\mathrm{dP}_n^m(\cos\theta)}{\mathrm{d}\theta}\hat{\varphi}\right]\mathrm{e}^{\mathrm{i}m\varphi} \tag{4.1.4}$$

$$\boldsymbol{n}_{mn} = R\nabla Y_{mn} = \left[\frac{\mathrm{dP}_n^m(\cos\theta)}{\mathrm{d}\theta}\hat{\theta} + \mathrm{i}m\frac{\mathrm{P}_n^m(\cos\theta)}{\sin\theta}\hat{\varphi}\right]\mathrm{e}^{\mathrm{i}m\varphi} \tag{4.1.5}$$

在式 (4.1.2) 和式 (4.1.3) 两边分别点乘球面矢量函数 $\boldsymbol{n}_{-mn'}$ 和 $\boldsymbol{m}_{-mn'}$，并在球粒子表面求面积分，可得关系式：

$$c_{mn}\mathrm{h}_n^{(1)}(kR_1) - e_{mn}\mathrm{j}_n(k'R_1)$$
$$= -\frac{1}{2\pi E_0(-1)^m n(n+1)\dfrac{2}{2n+1}}\int_0^\pi\int_0^{2\pi}\boldsymbol{E}^i\Big|_{R=R_1}\times\boldsymbol{n}_{-mn}\cdot\hat{R}\sin\theta\mathrm{d}\theta\mathrm{d}\varphi \tag{4.1.6}$$

$$d_{mn}\frac{1}{kR_1}\frac{\mathrm{d}}{\mathrm{d}(kR_1)}[kR_1\mathrm{h}_n^{(1)}(kR_1)] - f_{mn}\frac{1}{k'R_1}\frac{\mathrm{d}}{\mathrm{d}(k'R_1)}[k'R_1\mathrm{j}_n(k'R_1)]$$
$$= -\frac{1}{2\pi E_0(-1)^{m+1} n(n+1)\dfrac{2}{2n+1}}\int_0^\pi\int_0^{2\pi}\boldsymbol{E}^i\Big|_{R=R_1}\times\boldsymbol{m}_{-mn}\cdot\hat{R}\sin\theta\mathrm{d}\theta\mathrm{d}\varphi \tag{4.1.7}$$

$$c_{mn}\frac{1}{kR_1}\frac{\mathrm{d}}{\mathrm{d}(kR_1)}[kR_1\mathrm{h}_n^{(1)}(kR_1)] - e_{mn}\frac{\eta_0}{\eta'}\frac{1}{k'R_1}\frac{\mathrm{d}}{\mathrm{d}(k'R_1)}[k'R_1\mathrm{j}_n(k'R_1)]$$
$$= \frac{-\mathrm{i}}{2\pi E_0(-1)^{m+1} n(n+1)\dfrac{2}{2n+1}}\int_0^\pi\int_0^{2\pi}\eta_0\boldsymbol{H}^i\Big|_{R=R_1}\times\boldsymbol{m}_{-mn}\cdot\hat{R}\sin\theta\mathrm{d}\theta\mathrm{d}\varphi \tag{4.1.8}$$

$$d_{mn}\mathrm{h}_n^{(1)}(kR_1) - f_{mn}\frac{\eta_0}{\eta'}\mathrm{j}_n(k'R_1)$$
$$= \frac{-\mathrm{i}}{2\pi E_0(-1)^m n(n+1)\dfrac{2}{2n+1}}\int_0^\pi\int_0^{2\pi}\eta_0\boldsymbol{H}^i\Big|_{R=R_1}\times\boldsymbol{n}_{-mn}\cdot\hat{R}\sin\theta\mathrm{d}\theta\mathrm{d}\varphi \tag{4.1.9}$$

在推导式 (4.1.6)～式 (4.1.9) 时，用到了如下关系式：

$$\int_0^\pi\left[\frac{\mathrm{dP}_n^{-m}(\cos\theta)}{\mathrm{d}\theta}\frac{\mathrm{dP}_{n'}^m(\cos\theta)}{\mathrm{d}\theta} + m^2\frac{\mathrm{P}_n^{-m}(\cos\theta)}{\sin\theta}\frac{\mathrm{P}_{n'}^m(\cos\theta)}{\sin\theta}\right]\sin\theta\mathrm{d}\theta$$
$$= \begin{cases} 0, & n'\neq n \\ (-1)^m n(n+1)\dfrac{2}{2n+1}, & n'=n \end{cases} \tag{4.1.10}$$

$$\int_0^\pi m\left[\frac{\mathrm{dP}_n^{-m}(\cos\theta)}{\mathrm{d}\theta}\frac{\mathrm{P}_{n'}^m(\cos\theta)}{\sin\theta} + \frac{\mathrm{P}_n^{-m}(\cos\theta)}{\sin\theta}\frac{\mathrm{dP}_{n'}^m(\cos\theta)}{\mathrm{d}\theta}\right]\sin\theta\mathrm{d}\theta = 0 \tag{4.1.11}$$

上述方法可证明如下：

如果入射波束有如式 (3.1.1) 的球矢量波函数展开式，把展开式代入式 (4.1.6)~式 (4.1.9)，考虑式 (4.1.10) 和式 (4.1.11)，则可方便地得到式 (3.1.5)，与广义 Mie 理论的结果一致。

如果入射波束的球矢量波函数展开式没有得到，式 (4.1.6)~式 (4.1.9) 右边的球面积分可用数值积分来进行计算。以电场强度为例，球面积分的表达式为

$$\int_0^\pi \int_0^{2\pi} \boldsymbol{E}^i \times \boldsymbol{m}_{-mn} \cdot \hat{R} \sin\theta \mathrm{d}\theta \mathrm{d}\varphi$$
$$= -\int_0^\pi \int_0^{2\pi} \left[E_\theta^i \frac{\mathrm{d}\mathrm{P}_n^{-m}(\cos\theta)}{\mathrm{d}\theta} + E_\varphi^i \mathrm{i}(-m) \frac{\mathrm{P}_n^{-m}(\cos\theta)}{\sin\theta} \right] \mathrm{e}^{-\mathrm{i}m\varphi} \sin\theta \mathrm{d}\theta \mathrm{d}\varphi \quad (4.1.12)$$

$$\int_0^\pi \int_0^{2\pi} \boldsymbol{E}^i \times \boldsymbol{n}_{-mn} \cdot \hat{R} \sin\theta \mathrm{d}\theta \mathrm{d}\varphi$$
$$= \int_0^\pi \int_0^{2\pi} \left[E_\theta^i \mathrm{i}(-m) \frac{\mathrm{P}_n^{-m}(\cos\theta)}{\sin\theta} - E_\varphi^i \frac{\mathrm{d}\mathrm{P}_n^{-m}(\cos\theta)}{\mathrm{d}\theta} \right] \mathrm{e}^{-\mathrm{i}m\varphi} \sin\theta \mathrm{d}\theta \mathrm{d}\varphi \quad (4.1.13)$$

由式 (4.1.6)~式 (4.1.9) 组成的方程组可求出散射场和粒子内场的展开系数，进而求出相应的场，以及如式 (3.1.11) 定义的微分散射截面。

4.1.2　计算程序和算例

下面以三阶近似描述的 TE 极化高斯波束为例，给出计算介质球形粒子微分散射截面的 Matlab 程序。

程序说明如下。

程序包括四个子程序和一个计算如式 (3.1.11) 定义的微分散射截面的主程序。四个子程序分别计算了 $\pi_{mn} = m\frac{\mathrm{P}_n^m(\cos\theta)}{\sin\theta}$ 和 $\tau_{mn} = \frac{\mathrm{d}\mathrm{P}_n^m(\cos\theta)}{\mathrm{d}\theta}$，具体为 function y=pai0(theta,N) 计算 π_{0n}，function y=tao0(theta,N) 计算 τ_{0n}，此时输出 $n = 1,2,\cdots,N+1$（N 为 n 的截断数）的值；function y=mpai(theta,m,N) 和 function y=mtao(theta,m,N) 计算 $m \neq 0$ 时的和 τ_{mn}，此时输出 $n = |m|, |m|+1, \cdots, |M|+N$ 的值。把 $m=0$ 和 $m \neq 0$ 的情况分别来编程的原因：$m=0$ 时，n 从 1 开始求和；$m \neq 0$ 时，n 从 $|m|$ 开始求和。编程时使用了级数求和 $\sum_{n=1}^{\infty}\sum_{m=-n}^{n}$ 的等价形式 $\sum_{m=-\infty}^{\infty}\sum_{n=|m|}^{\infty}$，连带勒让德函数采用 Stratton 给出的表达式：

$$\mathrm{P}_n^m(x) = \frac{(1-x^2)^{\frac{m}{2}}}{2^n n!} \frac{\mathrm{d}^{n+m}}{\mathrm{d}x^{n+m}}(x^2-1)^n$$

$$P_n^{-m} = (-1)^m \frac{(n-m)!}{(n+m)!} P_n^m, \quad m \geqslant 0 \tag{4.1.14}$$

编程时 π_{mn} 和 τ_{mn} 的具体公式为

$$\pi_{mn} = m\frac{P_n^m(\cos\theta)}{\sin\theta} = m\frac{\sin^{m-1}\theta}{2^n} \sum_{l=0}^{\left[\frac{n-m}{2}\right]} \frac{1}{l!(n-l)!}(-1)^l \frac{(2n-2l)!}{(n-m-2l)!}(\cos\theta)^{n-m-2l}$$

$$\tau_{mn} = \frac{\mathrm{d}P_n^m(\cos\theta)}{\mathrm{d}\theta} = m\frac{\sin^{m-1}\theta}{2^n}\cos\theta \sum_{l=0}^{\left[\frac{n-m}{2}\right]} \frac{1}{l!(n-l)!}(-1)^l \frac{(2n-2l)!}{(n-m-2l)!}(\cos\theta)^{n-m-2l}$$

$$- \frac{\sin^{m+1}\theta}{2^n} \sum_{l=0}^{\left[\frac{n-m-1}{2}\right]} \frac{1}{l!(n-l)!}(-1)^l \frac{(2n-2l)!}{(n-m-2l-1)!}(\cos\theta)^{n-m-2l-1} \tag{4.1.15}$$

下面给出子程序和主程序。

子程序 1:

```
function y=pai0(theta,N)
le=length(theta);
y=zeros(le,N+1);
```

子程序 2:

```
function y=tao0(theta,N)
y=-sin(theta);
for n=2:N+1
    y1=0;
    for k=0:fix((n-1)/2)
      y1=y1+(-1)^k/(prod(1:k)*prod(1:n-k))*prod(1:2*n-2*k)/prod
          (1:n-2*k-1)*cos(theta).^(n-2*k-1);
    end
    y=[y,-sin(theta)/2^n.*y1];
end
```

子程序 3:

```
function y=mpai(theta,m,N)
mm=abs(m);
if m==0
  y=zeros(size(theta));
```

```
elseif m>0
    y=m*sin(theta).^(m-1)/2^m*prod(1:2*m)/prod(1:m);
else
    y=(-1)*(-1)^mm/prod(1:2*mm)*mm*sin(theta).^(mm-1)/2^mm*prod
        (1:2*mm)/prod(1:mm);
end
for n=mm+1:mm+N
    y1=0;
    for k=0:fix((n-mm)/2);
        y1=y1+(-1)^k/(prod(1:k)*prod(1:n-k))*prod(1:2*n-2*k)/prod
            (1:n-mm-2*k)*cos(theta).^(n-mm-2*k);
    end
    if m==0
        mpai1=zeros(size(theta));
    elseif m>0
        mpai1=m*y1.*sin(theta).^(m-1)/2^n;
    else
        mpai1=(-1)*(-1)^mm*prod(1:n-mm)/prod(1:n+mm)*mm*y1.*sin
            (theta).^(mm-1)/2^n;
    end
    y=[y,mpai1];
end
```

子程序 4:

```
function y=mtao(theta,m,N)
mm=abs(m);
if m==0
    y=zeros(size(theta));;
elseif m>0
    y=m*cos(theta).*sin(theta).^(m-1)/2^m*prod(1:2*m)/prod(1:m);
else
    y=(-1)^mm/prod(1:2*mm)*mm*cos(theta).*sin(theta).^(mm-1)/2^mm*
        prod(1:2*mm)/prod(1:mm);
end
```

```
for n=mm+1:mm+N
    y1=0;y2=0;
    for k=0:fix((n-mm)/2);
        y1=y1+(-1)^k/(prod(1:k)*prod(1:n-k))*prod(1:2*n-2*k)/prod
            (1:n-mm-2*k)*cos(theta).^(n-mm-2*k);
    end
    for k=0:fix((n-mm-1)/2)
        y2=y2+(-1)^k/(prod(1:k)*prod(1:n-k))*prod(1:2*n-2*k)/prod
            (1:n-mm-2*k-1)*cos(theta).^(n-mm-2*k-1);
    end
    if m==0
        mtao1=zeros(size(theta))-y2.*sin(theta)/2^n;
    elseif m>0
        mtao1=m*y1.*cos(theta).*sin(theta).^(m-1)/2^n-y2.*sin
            (theta).^(m+1)/2^n;
    else
        mtao1=(-1)^mm*prod(1:n-mm)/prod(1:n+mm)*(mm*y1.*cos
            (theta).*sin(theta).^(mm-1)/2^n-y2.*sin(theta).
            ^(mm+1)/2^n);
    end
    y=[y,mtao1];
end
```

计算微分散射截面的主程序:

```
%入射高斯波束波长
lamda=0.6328e-6;
%自由空间波数和特征阻抗
k0=2*pi/lamda;
yita0=377;
%作图用的方位角
fai=pi/2;
xita=(0:0.001*pi:pi).';
%n的截断数
N=20;
```

```
%梯形法求球面积分使用
step1=0.002*pi;
cita=0:step1:pi;lc=length(cita);
cita1=cita.';
juc=diag(step1/2*([0,ones(1,lc-1)]+[ones(1,lc-1),0]));
yju=ones(lc,1);
step2=0.005*pi;
phai=0:step2:2*pi;
lc1=length(phai);
phai1=phai.';
juf=diag(step2/2*([0,ones(1,lc1-1)]+[ones(1,lc1-1),0]));
yju1=ones(1,lc1);
scita=repmat(sin(cita),N+1,1);
%介质球相对折射率
ref=1.33;
yita1=yita0/ref;
k1=k0*ref;
%介质球半径
r0=1.5*lamda;
sp=k0*r0;
sp1=k1*r0;
%球粒子中心在波束坐标系中的坐标
x0=1*lamda;y0=1*lamda;z0=1*lamda;
x=r0*sin(cita1)*cos(phai);y=r0*sin(cita1)*sin(phai);z=r0*cos
    (cita1)*yju1;
x1=x0+x;y1=y0+y;z1=z0+z;
%高斯波束参数
%束腰半径
w0=5*lamda;
expz=exp(i*k0*z1);
L=k0*w0^2;s=w0/L;ksaiz=z1/L;Q=1./(i-2*ksaiz);
zetax=x1/w0;yitay=y1/w0;srou=zetax.^2+yitay.^2;
zfai0=i*Q.*exp(-i*Q.*srou).*expz;
Ex1=-s^2*2*Q.^2.*zetax.*yitay.*zfai0;
```

```
Ey1=(1+s^2*(i*Q.^3.*srou.^2-Q.^2.*srou-2*Q.^2.*yitay.^2)).*zfai0;
Ez1=(s*2*Q.*yitay+s^3*(-6*Q.^3.*srou.*yitay+2*i*Q.^4.*srou.^2.*
    yitay)).*zfai0;
Hx1=-(1+s^2*(i*Q.^3.*srou.^2-Q.^2.*srou-2*Q.^2.*zetax.^2)).*
    zfai0;
Hy1=-Ex1;Hz1=-(s*2*Q.*zetax+s^3*(-6*Q.^3.*srou.*zetax+2*i*Q.^4.*
    srou.^2.*zetax)).*zfai0;
%
Ecita=Ex1.*(cos(cita1)*cos(phai))+Ey1.*(cos(cita1)*sin(phai))-Ez1
    .*(sin(cita1)*yju1);
Efai=-Ex1.*(yju*sin(phai))+Ey1.*(yju*cos(phai));
Hcita=Hx1.*(cos(cita1)*cos(phai))+Hy1.*(cos(cita1)*sin(phai))-Hz1
    .*(sin(cita1)*yju1);
Hfai=-Hx1.*(yju*sin(phai))+Hy1.*(yju*cos(phai));
%
Tm1=0;Tm2=0;
%m从-9到9
for m=-9:9
    mm=abs(m)
    if m==0
        nt=(1:N+1).';
        tao=tao0(cita1,N).';pai=pai0(cita1,N).';
        xtao=tao0(xita,N);xpai=pai0(xita,N);
    else
        nt=(mm:N+mm).';
        tao=mtao(cita1,-m,N).';pai=mpai(cita1,-m,N).';
        xtao=mtao(xita,m,N);xpai=mpai(xita,m,N);
    end
    yz=1./((-1)^m*2*nt.*(nt+1)./(2*nt+1));
    %球贝塞尔函数
    yuans1=sqrt(pi/(2*sp1))*besselj(nt+1/2,sp1);
    yuans3=sqrt(pi/(2*sp))*besselh(nt+1/2,sp);
    %用递推关系式求球贝塞尔函数乘其宗量的导数再除以其宗量
    zn1=sqrt(pi/(2*sp1))./(2*nt+1).*((nt+1).*besselj(nt-1/2,sp1)-
```

```
        nt.*besselj(nt+3/2,sp1));
    zn3=sqrt(pi/(2*sp))./(2*nt+1).*((nt+1).*besselh(nt-1/2,sp)-nt
        .*besselh(nt+3/2,sp));
    %
    Cd=yita0/yita1*yuans3.*zn1-yuans1.*zn3;
    Dd=yita0/yita1*yuans1.*zn3-yuans3.*zn1;
    %
    Em=-tao.*scita*juc*Ecita-i*pai.*scita*juc*Efai;
    Em=Em*juf*exp(-i*m*phai1);
    %
    En=i*pai.*scita*juc*Ecita-tao.*scita*juc*Efai;
    En=En*juf*exp(-i*m*phai1);
    %
    Hm=-tao.*scita*juc*Hcita-i*pai.*scita*juc*Hfai;
    Hm=Hm*juf*exp(-i*m*phai1);
    %
    Hn=i*pai.*scita*juc*Hcita-tao.*scita*juc*Hfai;
    Hn=Hn*juf*exp(-i*m*phai1);
    %
    cmn=-(yita0/yita1*zn1.*En+i*yuans1.*Hm).*yz/(2*pi)./Cd;
    dmn=(yita0/yita1*yuans1.*Em+i*zn1.*Hn).*yz/(2*pi)./Dd;
    %
    cmn=(-i).^nt.*cmn;dmn=(-i).^nt.*dmn;
    %
    dstheta=exp(i*m*fai)*(xpai*cmn+xtao*dmn);
    dsfai=exp(i*m*fai)*i*(xtao*cmn+xpai*dmn);
    Tm1=Tm1+dstheta;
    Tm2=Tm2+dsfai;
end
Tm=abs(Tm1).^2+abs(Tm2).^2;
plot(xita/pi*180,Tm);
```

图 4.1 为用上述程序计算的 TE 模式的高斯波束入射介质球形粒子的归一化
微分散射截面的数值结果。其中，球形粒子参数为：半径 $R_1 = 1.5\lambda$，$\tilde{n} = 1.33$，$\mu' =$

μ_0，$x_0 = y_0 = z_0 = 1\lambda$，$w_0 = 5\lambda$。

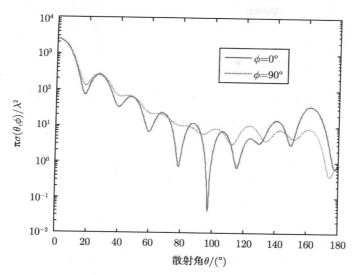

图 4.1 TE 模式的高斯波束入射介质球形粒子的归一化微分散射截面

对于其他波束，如高阶厄米–高斯波束、拉盖尔–高斯波束、零阶贝塞尔波束等，计算它们入射介质球粒子的微分散射截面，只需在程序中把高斯波束的描述换成相应波束即可。下面给出它们的算例。

高阶厄米–高斯波束在波束坐标系 $O'x'y'z'$ 中的描述可由

$$\text{TEM}_{mn}^{(x',y')} = \frac{\partial^m \partial^n \text{TEM}_{00}^{(x',y')}}{\partial \xi^m \partial \eta^n}$$

求出 [40]，其中式 (2.1.24) 和式 (2.1.25) 给出了 $\text{TEM}_{00}^{(x',y')}$ 各分量的表达式。以 $\text{TEM}_{10}^{(x')}$ 为例，各电磁场分量三阶近似描述为

$$E_{x'} = E_0\{-2\mathrm{i}Q + s^2[2\mathrm{i}Q^3(5\xi^2 + 3\eta^2) - 6Q^2 + 2Q^4\rho^4]\}\xi\psi_0\mathrm{e}^{\mathrm{i}\zeta/s^2}$$

$$E_{y'} = -E_0 s^2 2Q^2\eta(1 - 2\mathrm{i}Q\xi^2)\psi_0\mathrm{e}^{\mathrm{i}\zeta/s^2}$$

$$E_{z''} = E_0[s(2Q - 4\mathrm{i}Q^2\xi^2)$$
$$+ s^3(-6Q^3\eta^2 - 18Q^3\xi^2 + 22\mathrm{i}Q^4\rho^2\xi^2 + 2\mathrm{i}Q^4\rho^2\eta^2 + 4Q^5\rho^4\xi^2)]\psi_0\mathrm{e}^{\mathrm{i}\zeta/s^2}$$

$$H_{x'} = \frac{E_0}{\eta_0}s^2(-2Q^2\eta)(1 - 2\mathrm{i}Q\xi^2)\psi_0\mathrm{e}^{\mathrm{i}\zeta/s^2}$$

$$H_{y'} = \frac{E_0}{\eta_0}[-2\mathrm{i}Q + s^2(-2Q^2 + 6\mathrm{i}Q^3\rho^2 + 4\mathrm{i}Q^3\eta^2 + 2Q^4\rho^4)]\xi\psi_0\mathrm{e}^{\mathrm{i}\zeta/s^2}$$

$$H_{z'} = \frac{E_0}{\eta_0}[-s4\mathrm{i}Q^2 + s^3(-12Q^3 + 20\mathrm{i}Q^4\rho^2 + 4Q^5\rho^4)]\xi\eta\psi_0\mathrm{e}^{\mathrm{i}\zeta/s^2} \tag{4.1.16}$$

计算介质球粒子对高阶厄米–高斯波束散射的微分散射截面, 只需在主程序中把高斯波束的部分做如下改变:

```
Ex1=(-2*i*Q+s^2*(2*i*Q.^3.*(5*zetax.^2+3*yitay.^2)-6*Q.^2+2*Q.^4.
    *srou.^2)).*zetax.*zfai0;
Ey1=-s^2*2*Q.^2.*yitay.*(1-2*i*Q.*zetax.^2).*zfai0;
Ez1=(s*(2*Q-4*i*Q.^2.*zetax.^2)+s^3*(-6*Q.^3.*yitay.^2-18*Q.^3.*
    zetax.^2+22*i*Q.^4.*srou.*zetax.^2+2*i*Q.^4.*srou.*yitay.^2+4
    *Q.^5.*srou.^2.*zetax.^2)).*zfai0;
Hx1=Ey1;
Hy1=(-2*i*Q+s^2*(-2*Q.^2+6*i*Q.^3.*srou+4*i*Q.^3.*yitay.^2+2*Q
    .^4.*srou.^2)).*zetax.*zfai0;
Hz1=(-s*4*i*Q.^2+s^3*(-12*Q.^3+20*i*Q.^4.*srou+4*Q.^5.*srou.^2)).
    *zetax.*yitay.*zfai0;
```

拉盖尔–高斯波束可以表示为高阶厄米–高斯波束的线性叠加, 以 $\mathrm{TEM}_{dn}^{(\mathrm{rad})}$ 模式为例, 可表示为 [96]

$$\mathrm{TEM}_{dn}^{(\mathrm{rad})} = (\mathrm{TEM}_{10}^{(x')} + \mathrm{TEM}_{01}^{(y')})/\sqrt{2} \tag{4.1.17}$$

各电磁分量的三阶近似描述为

$$\begin{cases} E_{x'} = \frac{E_0}{\sqrt{2}}[-2\mathrm{i}Q + s^2(-8Q^2 + 10\mathrm{i}Q^3\rho^2 + 2Q^4\rho^4)]\xi\psi_0\mathrm{e}^{\mathrm{i}\zeta/s^2} \\ E_{y'} = \frac{E_0}{\sqrt{2}}[-2\mathrm{i}Q + s^2(-8Q^2 + 10\mathrm{i}Q^3\rho^2 + 2Q^4\rho^4)]\eta\psi_0\mathrm{e}^{\mathrm{i}\zeta/s^2} \\ E_{z'} = \frac{E_0}{\sqrt{2}}[s(4Q - 4\mathrm{i}Q^2\rho^2) + s^3(-24Q^3\rho^2 + 24\mathrm{i}Q^4\rho^2\rho^2 + 4Q^5\rho^4\rho^2)]\psi_0\mathrm{e}^{\mathrm{i}\zeta/s^2} \\ H_{x'} = \frac{E_0}{\sqrt{2}\eta_0}[2\mathrm{i}Q + s^2(-6\mathrm{i}Q^3\rho^2 - 2Q^4\rho^4)]\eta\psi_0\mathrm{e}^{\mathrm{i}\zeta/s^2} \\ H_{y'} = \frac{E_0}{\sqrt{2}\eta_0}[-2\mathrm{i}Q + s^2(6\mathrm{i}Q^3\rho^2 + 2Q^4\rho^4)]\xi\psi_0\mathrm{e}^{\mathrm{i}\zeta/s^2} \\ H_{z'} = 0 \end{cases} \tag{4.1.18}$$

计算介质球形粒子对 $\mathrm{TEM}_{dn}^{(\mathrm{rad})}$ 模式波束散射的微分散射截面, 只需在主程序中把高斯波束的部分做如下改变:

```
Ex1=1/sqrt(2)*(-2*i*Q+s^2*(10*i*Q.^3.*srou-8*Q.^2+2*Q.^4.*srou
    .^2)).*zetax.*zfai0;
Ey1=1/sqrt(2)*(-2*i*Q+s^2*(10*i*Q.^3.*srou-8*Q.^2+2*Q.^4.*srou
    .^2)).*yitay.*zfai0;
Ez1=1/sqrt(2)*(s*(4*Q-4*i*Q.^2.*srou)+s^3*(-24*Q.^3.*srou+24*i*Q
    .^4.*srou.^2+...4*Q.^5.*srou.^3)).*zfai0;
Hx1=1/sqrt(2)*(2*i*Q+s^2*(-6*i*Q.^3.*srou-2*Q.^4.*srou.^2)).*
    yitay.*zfai0;
Hy1=1/sqrt(2)*(-2*i*Q+s^2*(6*i*Q.^3.*srou+2*Q.^4.*srou.^2)).*
    zetax.*zfai0;
Hz1=0;
```

零阶贝塞尔波束具有方向性好、长焦深和传输距离远等优点, 具有很大的潜在应用价值。波束坐标系 $O'x'y'z'$ 中, 沿 z' 轴正方向传输的零阶贝塞尔波束的电场和磁场各分量可表示为 [96]

$$
\begin{cases}
E_{x'} = E_0 \dfrac{1}{2} x'y' \left[\dfrac{2k_\rho}{k^2\rho^3} \mathrm{J}_1(k_\rho\rho) - \dfrac{k_\rho^2}{k^2\rho^2} \mathrm{J}_0(k_\rho\rho) \right] \exp(\mathrm{i}k_z z') \\
E_{y'} = E_0 \dfrac{1}{2} \left\{ \left[1 + \dfrac{k_z}{k} - \dfrac{k_\rho^2 y'^2}{k^2\rho^2} \right] \mathrm{J}_0(k_\rho\rho) + k_\rho \dfrac{y'^2 - x'^2}{k^2\rho^3} \mathrm{J}_1(k_\rho\rho) \right\} \exp(\mathrm{i}k_z z') \\
E_{z'} = -\mathrm{i}E_0 \dfrac{1}{2} \left(1 + \dfrac{k_z}{k} \right) \dfrac{k_\rho y'}{k\rho} \mathrm{J}_1(k_\rho\rho) \exp(\mathrm{i}k_z z') \\
H_{x'} = -\dfrac{E_0}{\eta_0} \dfrac{1}{2} \left[\left(1 + \dfrac{k_z}{k} - \dfrac{k_\rho^2 x'^2}{k^2\rho^2} \right) \mathrm{J}_0(k_\rho\rho) - \dfrac{k_\rho(y'^2 - x'^2)}{k^2\rho^3} \mathrm{J}_1(k_\rho\rho) \right] \exp(\mathrm{i}k_z z') \\
H_{y'} = -\dfrac{1}{\eta_0} E_{x'} \\
H_{z'} = \mathrm{i}\dfrac{E_0}{\eta_0} \dfrac{1}{2} \dfrac{x'}{k\rho} \left(1 + \dfrac{k_z}{k} \right) k_\rho \mathrm{J}_1(k_\rho\rho) \exp(\mathrm{i}k_z z')
\end{cases}
$$

$$(4.1.19)$$

其中, $k_z = k\cos\psi$; $k_\rho = k\sin\psi$; $\rho = \sqrt{x'^2 + y'^2}$; ψ 为半锥角。

计算介质球形粒子对零阶贝塞尔波束散射的微分散射截面, 只需在主程序中把高斯波束的部分做如下改变:

```
%取半锥角为60°
alpha=pi/3;
kz=k0*cos(alpha);krou=k0*sin(alpha);
rou=sqrt(x1.^2+y1.^2);
bes0=besselj(0,krou*rou);
```

```
bes1=besselj(1,krou*rou);
expz=exp(i*kz*z1);
Ex1=1/2*((1+kz/k0-krou^2/k0^2*x1.^2./rou.^2).*bes0-krou/k0^2*(y1
    .^2-x1.^2)./rou.^3.*bes1).*expz;
Ey1=1/2*x1.*y1.*(2*krou/k0^2./rou.^3.*bes1-krou^2/k0^2./rou.^2.*
    bes0).*expz;
Ez1=-i*1/2*krou/k0*(1+kz/k0)*x1./rou.*bes1.*expz;
Hx1=Ey1;
Hy1=1/2*((1+kz/k0-krou^2/k0^2*y1.^2./rou.^2).*bes0+krou/k0^2*(y1
    .^2-x1.^2)./rou.^3.*bes1).*expz;
Hz1=-i*1/2*(1+kz/k0)*krou/k0*y1./rou.*bes1.*expz;
```

图 4.2~图 4.4 分别为 $\mathrm{TEM}_{10}^{(x')}$ 模式的厄米–高斯波束、$\mathrm{TEM}_{dn}^{(\mathrm{rad})}$ 模式的拉盖尔–高斯波束和零阶贝塞尔波束入射介质球形粒子的归一化微分散射截面，其中共同参数为：球粒子半径 $R_1 = 1.5\lambda$，$\tilde{n} = 1.33$，$\mu' = \mu_0$ 和 $x_0 = y_0 = z_0 = 1\lambda$。

图 4.3 为拉盖尔–高斯波束 ($\mathrm{TEM}_{dn}^{(\mathrm{rad})}$，$w_0 = 5\lambda$) 入射介质球形粒子的归一化微分散射截面，其中，$\dfrac{\pi}{\lambda^2}\sigma(\theta,0°)$ 和 $\dfrac{\pi}{\lambda^2}\sigma(\theta,90°)$ 的曲线重合。

图 4.4 为零阶贝塞尔波束入射介质球形粒子的归一化微分散射截面，其中取半锥角 $\psi = 60°$。

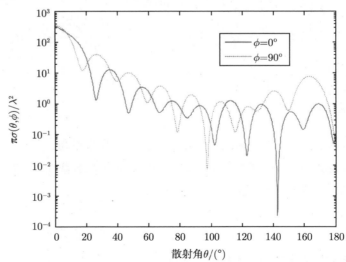

图 4.2　厄米–高斯波束 ($\mathrm{TEM}_{10}^{(x')}$，$w_0 = 5\lambda$) 入射介质球形粒子的归一化微分散射截面

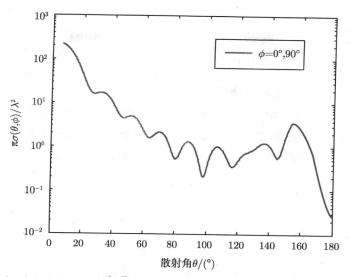

图 4.3 拉盖尔–高斯波束 ($\text{TEM}_{dn}^{(\text{rad})}$, $w_0 = 5\lambda$) 入射介质球形粒子的归一化微分散射截面

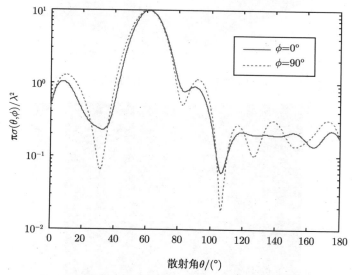

图 4.4 零阶贝塞尔波束入射介质球形粒子的归一化微分散射截面

计算介质球粒子的内场和近场分布, 对认识波束经过球粒子的传输特性也非常重要, 可定义如下的归一化内场和近场强度分布。

在球形粒子内部:

$$|\boldsymbol{E}^w/E_0|^2 = |E_R^w|^2 + |E_\theta^w|^2 + |E_\varphi^w|^2 \tag{4.1.20}$$

在球形粒子外部

$$\left|(\boldsymbol{E}^i + \boldsymbol{E}^s)/E_0\right|^2 = \left|E_R^i + E_R^s\right|^2 + \left|E_\theta^i + E_\theta^s\right|^2 + \left|E_\varphi^i + E_\varphi^s\right|^2 \tag{4.1.21}$$

其中，下标 R、θ 和 φ 表示电场相应的分量。

图 4.5～图 4.8 分别给出高斯波束、$\mathrm{TEM}_{10}^{(x')}$ 模式的厄米–高斯波束、$\mathrm{TEM}_{dn}^{(\mathrm{rad})}$ 模式的拉盖尔–高斯波束和零阶贝塞尔波束入射介质球形粒子的归一化场强分布，其中共同参数为：球形粒子半径 $R_1 = 1.5\lambda$，$\tilde{n} = 1.33$，$\mu' = \mu_0$，$x_0 = y_0 = z_0 = 0$。

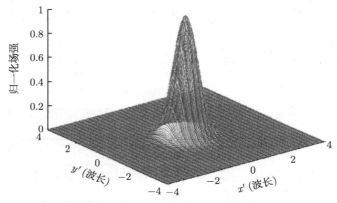

(a) 高斯波束($w_0{=}3\lambda$)的归一化场强分布

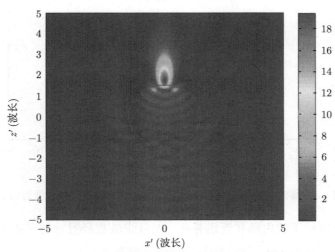

(b) 介质球形粒子对高斯波束($w_0{=}3\lambda$)散射的归一化场强分布

图 4.5   高斯波束入射介质球形粒子的归一化场强分布

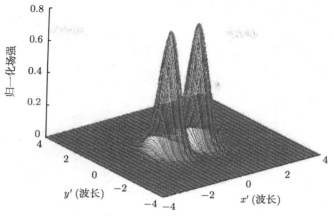

(a) 厄米–高斯波束(TEM$_{10}^{(x')}$, $w_0=3\lambda$)的归一化场强分布

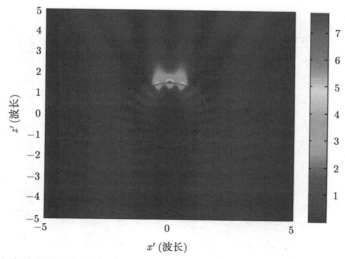

(b) 介质球形粒子对厄米–高斯波束(TEM$_{10}^{(x')}$, $w_0=3\lambda$)散射的归一化场强分布

图 4.6　厄米–高斯波束入射介质球形粒子的归一化场强分布

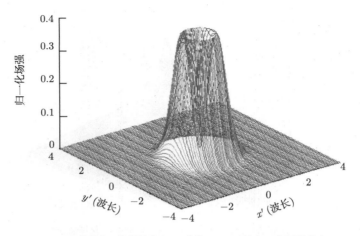

(a) 拉盖尔–高斯波束(TEM$_{dn}^{\text{(rad)}}$, $w_0=3\lambda$)的归一化场强分布

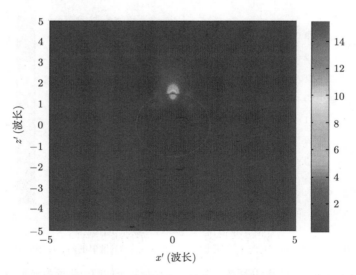

(b) 介质球形粒子对拉盖尔–高斯波束(TEM$_{dn}^{\text{(rad)}}$, $w_0=3\lambda$)散射的归一化场强分布

图 4.7   拉盖尔–高斯波束入射介质球形粒子的归一化场强分布

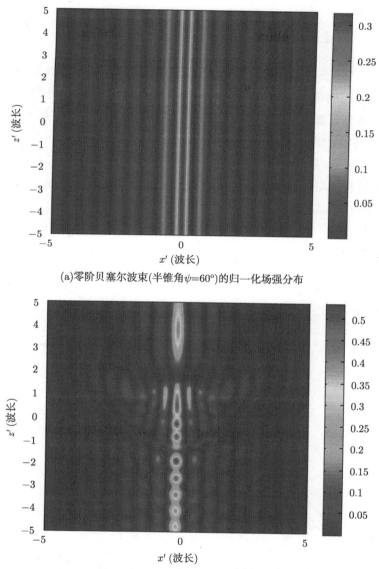

(a)零阶贝塞尔波束(半锥角$\psi=60°$)的归一化场强分布

(b)介质球形粒子对零阶贝塞尔波束(半锥角$\psi=60°$)散射的归一化场强分布

图 4.8 零阶贝塞尔波束入射介质球形粒子的归一化场强分布

从图 4.5～图 4.8 可以看出，介质球形粒子对入射波束有明显的汇聚作用，其中对高斯波束和零阶贝塞尔波束汇聚形成的焦点较长。另外，入射波束和反射波束的叠加形成了明显的驻波，尤其对于零阶贝塞尔波束更明显。

4.2　椭球形粒子对任意波束的散射

本节在 3.2.4 小节积分法的基础上，研究椭球形粒子对任意波束的散射，其中入射波束不必用椭球形矢量波函数展开，所得到的结果与 3.2.4 小节是一致的。

图 4.9 为任意波束入射椭球形粒子的示意图。波束属于坐标系 $O'x'y'z'$，并沿 z' 轴正方向传输，坐标系 $Ox''y''z''$ 与 $O'x'y'z'$ 平行，$Oxyz$ 为 $Ox''y''z''$ 旋转欧拉角 α 和 β 而得到。旋转椭球 (半长轴、半短轴和半焦距分别用 a、b 和 f) 在 $Oxyz$ 中描述，其旋转轴与 z 轴重合。原点 O 在 $O'x'y'z'$ 中的坐标为 (x_0, y_0, z_0)，时间因子为 $\exp(-\mathrm{i}\omega t)$。

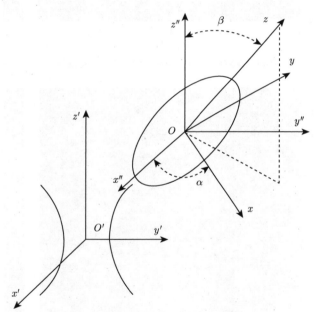

图 4.9　任意波束入射椭球形粒子示意图

椭球形粒子的散射场可用属于 $Oxyz$ 的第三类椭球矢量波函数展开为

$$
\begin{cases}
\boldsymbol{E}^s = E_0 \sum_{m=0}^{\infty} \sum_{n=m}^{\infty} \mathrm{i}^n [\alpha'_{mn} \boldsymbol{M}_{emn}^{r(3)}(c) + \alpha_{mn} \boldsymbol{M}_{omn}^{r(3)}(c) \\
\qquad\quad + \mathrm{i}\beta_{mn} \boldsymbol{N}_{emn}^{r(3)}(c) + \mathrm{i}\beta'_{mn} \boldsymbol{N}_{omn}^{r(3)}(c)] \\
\boldsymbol{H}^s = -\mathrm{i}\dfrac{E_0}{\eta_0} \sum_{m=0}^{\infty} \sum_{n=m}^{\infty} \mathrm{i}^n [\alpha'_{mn} \boldsymbol{N}_{emn}^{r(3)}(c) + \alpha_{mn} \boldsymbol{N}_{omn}^{r(3)}(c) \\
\qquad\quad + \mathrm{i}\beta_{mn} \boldsymbol{M}_{emn}^{r(3)}(c) + \mathrm{i}\beta'_{mn} \boldsymbol{M}_{omn}^{r(3)}(c)]
\end{cases}
\tag{4.2.1}
$$

椭球形粒子内部的场也可相应展开为

$$
\begin{cases}
\boldsymbol{E}^w = E_0 \sum_{m=0}^{\infty} \sum_{n=m}^{\infty} \mathrm{i}^n [\delta'_{mn} \boldsymbol{M}_{emn}^{r(1)}(c') + \delta_{mn} \boldsymbol{M}_{omn}^{r(1)}(c') \\
\qquad\qquad + \mathrm{i}\gamma_{mn} \boldsymbol{N}_{emn}^{r(1)}(c') + \mathrm{i}\gamma'_{mn} \boldsymbol{N}_{omn}^{r(1)}(c')] \\
\boldsymbol{H}^w = -\mathrm{i}\dfrac{E_0}{\eta'} \sum_{m=0}^{\infty} \sum_{n=m}^{\infty} \mathrm{i}^n [\delta'_{mn} \boldsymbol{N}_{emn}^{r(1)}(c') + \delta_{mn} \boldsymbol{N}_{omn}^{r(1)}(c') \\
\qquad\qquad + \mathrm{i}\gamma_{mn} \boldsymbol{M}_{emn}^{r(1)}(c') + \mathrm{i}\gamma_{mn} \boldsymbol{M}_{omn}^{r(1)}(c')]
\end{cases}
\tag{4.2.2}
$$

式 (4.2.1) 和式 (4.2.2) 中，$c = kf$；$c' = k'f$，$k' = k\tilde{n}$；$\eta' = \dfrac{k'}{\omega\mu'}\tilde{n}$ 和 μ' 分别为椭球形粒子相对于自由空间的折射率和椭球形粒子的磁导率。

与式 (3.3.62) 一致，椭球表面的电磁场边界条件可表示为

$$
\hat{\zeta} \times (\boldsymbol{E}^s + \boldsymbol{E}^i) = \hat{\zeta} \times \boldsymbol{E}^w, \quad \hat{\zeta} \times (\boldsymbol{H}^s + \boldsymbol{H}^i) = \hat{\zeta} \times \boldsymbol{H}^w, \quad \zeta = \zeta_0
\tag{4.2.3}
$$

其中，$\boldsymbol{E}^i$ 和 $\boldsymbol{H}^i$ 分别为入射波束的电场和磁场；ζ_0 为椭球表面的径向坐标。

把式 (4.2.1) 和式 (4.2.2) 代入式 (4.2.3)，可得

$$
\begin{aligned}
&\hat{\zeta} \times \boldsymbol{E}^i + \sum_{m=0}^{\infty} \sum_{n=m}^{\infty} \mathrm{i}^n [\alpha'_{mn} \hat{\zeta} \times \boldsymbol{M}_{emn}^{r(3)}(c) + \alpha_{mn} \hat{\zeta} \times \boldsymbol{M}_{omn}^{r(3)}(c) \\
&\quad + \mathrm{i}\beta_{mn} \hat{\zeta} \times \boldsymbol{N}_{emn}^{r(3)}(c) + \mathrm{i}\beta'_{mn} \hat{\zeta} \times \boldsymbol{N}_{omn}^{r(3)}(c)] \\
&= \sum_{m=0}^{\infty} \sum_{n=m}^{\infty} \mathrm{i}^n [\delta'_{mn} \hat{\zeta} \times \boldsymbol{M}_{emn}^{r(1)}(c') + \delta_{mn} \hat{\zeta} \times \boldsymbol{M}_{omn}^{r(1)}(c') \\
&\quad + \mathrm{i}\gamma_{mn} \hat{\zeta} \times \boldsymbol{N}_{emn}^{r(1)}(c') + \mathrm{i}\gamma'_{mn} \hat{\zeta} \times \boldsymbol{N}_{omn}^{r(1)}(c')]
\end{aligned}
\tag{4.2.4}
$$

$$
\begin{aligned}
&\hat{\zeta} \times \mathrm{i}\eta_0 \boldsymbol{H}^i + \sum_{m=0}^{\infty} \sum_{n=m}^{\infty} \mathrm{i}^n [\alpha'_{mn} \hat{\zeta} \times \boldsymbol{N}_{emn}^{r(3)}(c) + \alpha_{mn} \hat{\zeta} \times \boldsymbol{N}_{omn}^{r(3)}(c) \\
&\quad + \mathrm{i}\beta_{mn} \hat{\zeta} \times \boldsymbol{M}_{emn}^{r(3)}(c) + \mathrm{i}\beta'_{mn} \hat{\zeta} \times \boldsymbol{M}_{omn}^{r(3)}(c)] \\
&= \frac{\eta_0}{\eta'} \sum_{m=0}^{\infty} \sum_{n=m}^{\infty} \mathrm{i}^n [\delta'_{mn} \hat{\zeta} \times \boldsymbol{N}_{emn}^{r(1)}(c') + \delta_{mn} \hat{\zeta} \times \boldsymbol{N}_{omn}^{r(1)}(c') \\
&\quad + \mathrm{i}\gamma_{mn} \hat{\zeta} \times \boldsymbol{M}_{emn}^{r(1)}(c') + \mathrm{i}\gamma_{mn} \hat{\zeta} \times \boldsymbol{M}_{omn}^{r(1)}(c')]
\end{aligned}
\tag{4.2.5}
$$

分别在式 (4.2.4) 两边点乘 $\boldsymbol{P}_{omn'}(c)$ 和 $\boldsymbol{Q}_{emn'}(c)$，式 (4.2.5) 两边点乘 $\boldsymbol{P}_{emn'}(c)$ 和 $\boldsymbol{Q}_{omn'}(c)$，并在椭球表面求积分可得

$$-\oint_S \boldsymbol{E}^i \times \boldsymbol{P}_{omn'}(c) \cdot \hat{\zeta} \mathrm{d}S$$

$$= \sum_{n=m}^{\infty} \mathrm{i}^n \left[\alpha'_{mn} \oint_S \boldsymbol{M}^{r(3)}_{emn}(c) + \mathrm{i}\beta'_{mn} \oint_S \boldsymbol{N}^{r(3)}_{omn}(c) \right] \times \boldsymbol{P}_{omn'}(c) \cdot \hat{\zeta} \mathrm{d}S$$

$$- \sum_{n=m}^{\infty} \mathrm{i}^n \left[\delta'_{mn} \oint_S \boldsymbol{M}^{r(1)}_{emn}(c) + \mathrm{i}\gamma'_{mn} \oint_S \boldsymbol{N}^{r(3)}_{omn}(c') \right] \times \boldsymbol{P}_{omn'}(c) \cdot \hat{\zeta} \mathrm{d}S \qquad (4.2.6)$$

$$-\oint_S \boldsymbol{E}^i \times \boldsymbol{Q}_{emn'}(c) \cdot \hat{\zeta} \mathrm{d}S$$

$$= \sum_{n=m}^{\infty} \mathrm{i}^n \left[\alpha'_{mn} \oint_S \boldsymbol{M}^{r(3)}_{emn}(c) + \mathrm{i}\beta'_{mn} \oint_S \boldsymbol{N}^{r(3)}_{omn}(c) \right] \times \boldsymbol{Q}_{emn'}(c) \cdot \hat{\zeta} \mathrm{d}S$$

$$- \sum_{n=m}^{\infty} \mathrm{i}^n \left[\delta'_{mn} \oint_S \boldsymbol{M}^{r(1)}_{emn}(c) + \mathrm{i}\gamma'_{mn} \oint_S \boldsymbol{N}^{r(3)}_{omn}(c') \right] \times \boldsymbol{Q}_{emn'}(c) \cdot \hat{\zeta} \mathrm{d}S \qquad (4.2.7)$$

$$- \mathrm{i}\eta_0 \oint_S \boldsymbol{H}^i \times \boldsymbol{P}_{emn'}(c) \cdot \hat{\zeta} \mathrm{d}S$$

$$= \sum_{n=m}^{\infty} \mathrm{i}^n \left[\alpha'_{mn} \oint_S \boldsymbol{N}^{r(3)}_{emn}(c) + \mathrm{i}\beta'_{mn} \oint_S \boldsymbol{M}^{r(3)}_{omn}(c) \right] \times \boldsymbol{P}_{emn'}(c) \cdot \hat{\zeta} \mathrm{d}S$$

$$= \frac{\eta_0}{\eta'} \sum_{n=m}^{\infty} \mathrm{i}^n \left[\delta'_{mn} \oint_S \boldsymbol{N}^{r(1)}_{emn}(c') + \mathrm{i}\gamma'_{mn} \oint_S \boldsymbol{M}^{r(3)}_{omn}(c') \right] \times \boldsymbol{P}_{emn'}(c) \cdot \hat{\zeta} \mathrm{d}S \qquad (4.2.8)$$

$$- \mathrm{i}\eta_0 \oint_S \boldsymbol{H}^i \times \boldsymbol{Q}_{omn'}(c) \cdot \hat{\zeta} \mathrm{d}S$$

$$= \sum_{n=m}^{\infty} \mathrm{i}^n \left[\alpha'_{mn} \oint_S \boldsymbol{N}^{r(3)}_{emn}(c) + \mathrm{i}\beta'_{mn} \oint_S \boldsymbol{M}^{r(3)}_{omn}(c) \right] \times \boldsymbol{Q}_{omn'}(c) \cdot \hat{\zeta} \mathrm{d}S$$

$$= \frac{\eta_0}{\eta'} \sum_{n=m}^{\infty} \mathrm{i}^n \left[\delta'_{mn} \oint_S \boldsymbol{N}^{r(1)}_{emn}(c') + \mathrm{i}\gamma'_{mn} \oint_S \boldsymbol{M}^{r(3)}_{omn}(c') \right] \times \boldsymbol{Q}_{omn'}(c) \cdot \hat{\zeta} \mathrm{d}S \qquad (4.2.9)$$

同理, 分别在式 (4.2.4) 两边点乘 $\boldsymbol{P}_{emn'}(c)$ 和 $\boldsymbol{Q}_{omn'}(c)$, 式 (4.2.5) 两边点乘 $\boldsymbol{P}_{omn'}(c)$ 和 $\boldsymbol{Q}_{emn'}(c)$, 并在椭球表面求积分可得

$$-\oint_S \boldsymbol{E}^i \times \boldsymbol{P}_{emn'}(c) \cdot \hat{\zeta} \mathrm{d}S$$

$$= \sum_{n=m}^{\infty} \mathrm{i}^n \left[\alpha_{mn} \oint_S \boldsymbol{M}^{r(3)}_{omn}(c) + \mathrm{i}\beta_{mn} \oint_S \boldsymbol{N}^{r(3)}_{emn}(c) \right] \times \boldsymbol{P}_{emn'}(c) \cdot \hat{\zeta} \mathrm{d}S$$

$$- \sum_{n=m}^{\infty} \mathrm{i}^n \left[\delta_{mn} \oint_S \boldsymbol{M}^{r(1)}_{omn}(c) + \mathrm{i}\gamma_{mn} \oint_S \boldsymbol{N}^{r(3)}_{emn}(c') \right] \times \boldsymbol{P}_{emn'}(c) \cdot \hat{\zeta} \mathrm{d}S \qquad (4.2.10)$$

$$-\oint_S \boldsymbol{E}^i \times \boldsymbol{Q}_{omn'}(c) \cdot \hat{\zeta} \mathrm{d}S$$

$$= \sum_{n=m}^{\infty} \mathrm{i}^n \left[\alpha_{mn} \oint_S \boldsymbol{M}_{omn}^{r(3)}(c) + \mathrm{i}\beta_{mn} \oint_S \boldsymbol{N}_{emn}^{r(3)}(c) \right] \times \boldsymbol{Q}_{omn'}(c) \cdot \hat{\zeta} \mathrm{d}S$$

$$- \sum_{n=m}^{\infty} \mathrm{i}^n \left[\delta_{mn} \oint_S \boldsymbol{M}_{omn}^{r(1)}(c) + \mathrm{i}\gamma_{mn} \oint_S \boldsymbol{N}_{emn}^{r(3)}(c') \right] \times \boldsymbol{Q}_{omn'}(c) \cdot \hat{\zeta} \mathrm{d}S \qquad (4.2.11)$$

$$- \mathrm{i}\eta_0 \oint_S \boldsymbol{H}^i \times \boldsymbol{P}_{omn'}(c) \cdot \hat{\zeta} \mathrm{d}S$$

$$= \sum_{n=m}^{\infty} \mathrm{i}^n \left[\alpha_{mn} \oint_S \boldsymbol{N}_{omn}^{r(3)}(c) + \mathrm{i}\beta_{mn} \oint_S \boldsymbol{M}_{emn}^{r(3)}(c) \right] \times \boldsymbol{P}_{omn'}(c) \cdot \hat{\zeta} \mathrm{d}S$$

$$= \frac{\eta_0}{\eta'} \sum_{n=m}^{\infty} \mathrm{i}^n \left[\delta_{mn} \oint_S \boldsymbol{N}_{omn}^{r(1)}(c') + \mathrm{i}\gamma_{mn} \oint_S \boldsymbol{M}_{emn}^{r(3)}(c') \right] \times \boldsymbol{P}_{omn'}(c) \cdot \hat{\zeta} \mathrm{d}S \qquad (4.2.12)$$

$$- \mathrm{i}\eta_0 \oint_S \boldsymbol{H}^i \times \boldsymbol{Q}_{emn'}(c) \cdot \hat{\zeta} \mathrm{d}S$$

$$= \sum_{n=m}^{\infty} \mathrm{i}^n \left[\alpha_{mn} \oint_S \boldsymbol{N}_{omn}^{r(3)}(c) + \mathrm{i}\beta_{mn} \oint_S \boldsymbol{M}_{emn}^{r(3)}(c) \right] \times \boldsymbol{Q}_{emn'}(c) \cdot \hat{\zeta} \mathrm{d}S$$

$$= \frac{\eta_0}{\eta'} \sum_{n=m}^{\infty} \mathrm{i}^n \left[\delta_{mn} \oint_S \boldsymbol{N}_{omn}^{r(1)}(c') + \mathrm{i}\gamma_{mn} \oint_S \boldsymbol{M}_{emn}^{r(3)}(c') \right] \times \boldsymbol{Q}_{emn'}(c) \cdot \hat{\zeta} \mathrm{d}S \qquad (4.2.13)$$

如 3.2.4 小节的讨论, 由式 (4.2.6)~式 (4.2.9) 组成的方程组可求出展开系数 α'_{mn}、β'_{mn}、δ'_{mn} 和 γ'_{mn}, 由式 (4.2.10)~式 (4.2.13) 组成的方程组可求得 α_{mn}、β_{mn}、δ_{mn} 和 γ_{mn}, 其中的面积分应用数值法计算。如果已知入射波束的椭球矢量波函数展开式, 代入上述方程, 则容易推导出与 3.2.4 小节相一致的结果。

入射波束通常在波束坐标系 $O'x'y'z'$ 中描述, 为了方便地计算式 (4.2.6)~式 (4.2.13) 中包含入射电磁场的面积分, 需要做从坐标系 $O'x'y'z'$ 到椭球粒子坐标系 $Oxyz$ 的变换:

$$\begin{pmatrix} x' - x_0 \\ y' - y_0 \\ z' - z_0 \end{pmatrix} = T \begin{pmatrix} x \\ y \\ z \end{pmatrix}, \qquad \begin{pmatrix} A_{x'} \\ A_{y'} \\ A_{z'} \end{pmatrix} = T \begin{pmatrix} A_x \\ A_y \\ A_z \end{pmatrix} \qquad (4.2.14)$$

其中, A 表示入射电场或磁场强度; 变换矩阵 T 由下式计算:

$$T = \begin{pmatrix} \cos\beta & 0 & -\sin\beta \\ 0 & 1 & 0 \\ \sin\beta & 0 & \cos\beta \end{pmatrix} \begin{pmatrix} \cos\alpha & \sin\alpha & 0 \\ -\sin\alpha & \cos\alpha & 0 \\ 0 & 0 & 1 \end{pmatrix} \qquad (4.2.15)$$

在式 (4.2.14) 的基础上, 考虑 3.2.1 小节所给出的直角坐标分量与椭球坐标分量之间的关系, 则可求出入射电磁场在坐标系 $Oxyz$ 中椭球坐标分量, 进而写出包含入射电磁场的面积分表达式:

$$\oint_S \boldsymbol{E}^i \times \boldsymbol{P}_{emn'}(c) \cdot \hat{\zeta} \mathrm{d}S$$

$$= \int_0^{2\pi} \mathrm{d}\varphi \int_{-1}^1 \left[- E_\eta^i (1-\eta^2)^{\frac{1}{2}} f^2 \zeta (\zeta^2-1)^{\frac{1}{2}} \frac{\mathrm{d}}{\mathrm{d}\eta} S_{mn}(c,\eta) \cos m\varphi \right.$$

$$\left. + E_\varphi^i f^2 \zeta (\zeta^2-\eta^2)^{\frac{1}{2}} m \frac{S_{mn}(c,\eta)}{(1-\eta^2)^{\frac{1}{2}}} \sin m\varphi \right] \mathrm{d}\eta \tag{4.2.16}$$

有必要指出的是, 本节所采用的方法正是受到 4.1 节求解介质球粒子散射的启发, 并且当椭球退化到球粒子时, 考虑到 $f\zeta \to R$, $\eta \to \cos\theta$, 本节的方法与 4.1 节是一致的。

下面计算高斯波束、$\mathrm{TEM}_{10}^{(x')}$ 模式的厄米–高斯波束、$\mathrm{TEM}_{dn}^{(\mathrm{rad})}$ 模式的拉盖尔–高斯波束和零阶贝塞尔波束入射椭球形粒子的归一化微分散射截面。

依据 3.2.3 小节的讨论, 利用 $(\boldsymbol{M} \quad \boldsymbol{N})_{\substack{e\\o}nm}^{r(3)}(c,\zeta,\eta,\varphi)$ 在 c 不等于零、$c\zeta \to \infty$ 时的渐近表达式, 可得散射场的渐近表达式为

$$\begin{pmatrix} -E_\eta^s & E_\varphi^s \end{pmatrix} = E_0 \frac{\mathrm{i}\lambda}{2\pi r} \exp\left(\mathrm{i}\frac{2\pi r}{\lambda} \right) \begin{pmatrix} T_1(\theta,\varphi) + T_3(\theta,\varphi) & T_2(\theta,\varphi) + T_4(\theta,\varphi) \end{pmatrix}$$
$$\tag{4.2.17}$$

其中, 各参数分别为

$$\begin{cases}
T_1(\theta,\varphi) = \sum_{m=0}^\infty \sum_{n=m}^\infty \left[\alpha'_{mn} m \frac{S_{mn}(c,\cos\theta)}{\sin\theta} + \beta'_{mn} \frac{\mathrm{d}S_{mn}(c,\cos\theta)}{\mathrm{d}\theta} \right] \sin m\varphi \\
T_2(\theta,\varphi) = \sum_{m=0}^\infty \sum_{n=m}^\infty \left[\alpha'_{mn} \frac{\mathrm{d}S_{mn}(c,\cos\theta)}{\mathrm{d}\theta} + \beta'_{mn} m \frac{S_{mn}(c,\cos\theta)}{\sin\theta} \right] \cos m\varphi \\
T_3(\theta,\varphi) = \sum_{m=0}^\infty \sum_{n=m}^\infty \left[-\alpha_{mn} m \frac{S_{mn}(c,\cos\theta)}{\sin\theta} + \beta_{mn} \frac{\mathrm{d}S_{mn}(c,\cos\theta)}{\mathrm{d}\theta} \right] \cos m\varphi \\
T_4(\theta,\varphi) = \sum_{m=0}^\infty \sum_{n=m}^\infty \left[\alpha_{mn} \frac{\mathrm{d}S_{mn}(c,\cos\theta)}{\mathrm{d}\theta} - \beta_{mn} m \frac{S_{mn}(c,\cos\theta)}{\sin\theta} \right] \sin m\varphi
\end{cases}$$
$$\tag{4.2.18}$$

微分散射截面可定义为

$$\sigma(\theta,\varphi) = 4\pi r^2 \left| \frac{\boldsymbol{E}^s}{E_0} \right|^2 = \frac{\lambda^2}{\pi} \left(|T_1(\theta,\varphi) + T_3(\theta,\varphi)|^2 + |T_2(\theta,\varphi) + T_4(\theta,\varphi)|^2 \right) \tag{4.2.19}$$

图 4.10 为 TE 和 TM 模式的高斯波束 $(w_0 = 5\lambda)$ 入射椭球形粒子的归一化微分散射截面, 其中, $a = 1.5\lambda$, $a/b = 2$, $\tilde{n} = 1.33$, $\mu' = \mu_0$, $x_0 = y_0 = 1\lambda$, $z_0 = 0.5\lambda$,

欧拉角 $\alpha = 30°$ 和 $\beta = 60°$。从图 4.10 可以看出，散射强度在 $\theta = 60°$ 处最大，即高斯波束入射时有最大的前向散射，且前向散射效果非常明显。

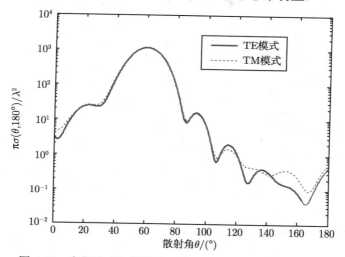

图 4.10 高斯波束入射椭球形粒子的归一化微分散射截面

图 4.11~ 图 4.13 分别为厄米–高斯波束 ($\text{TEM}_{10}^{(x')}$, $w_0 = 5\lambda$)、拉盖尔–高斯波束 ($\text{TEM}_{dn}^{(\text{rad})}$, $w_0 = 5\lambda$) 和零阶贝塞尔波束 (半锥角 $\psi = 60°$) 入射椭球形粒子的归一化微分散射截面，其中，$a = 1.5\lambda$, $a/b = 2$, $\tilde{n} = 1.33$, $\mu' = \mu_0$, $x_0 = y_0 = z_0 = 0$, $\alpha = 30°$ 和 $\beta = 60°$。与高斯波束入射的情况相比，并没有最大的前向散射强度。

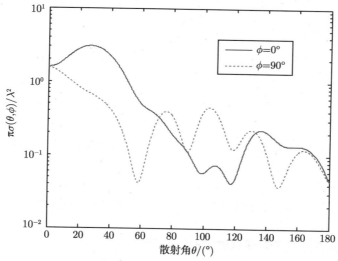

图 4.11 厄米–高斯波束 ($\text{TEM}_{10}^{(x')}$, $w_0 = 5\lambda$) 入射椭球形粒子的归一化微分散射截面

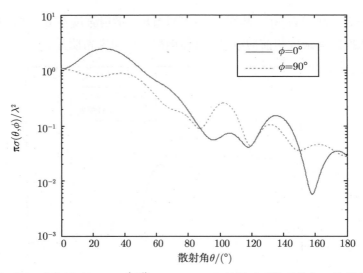

图 4.12　拉盖尔–高斯波束 (TEM$_{dn}^{(\mathrm{rad})}$，$w_0 = 5\lambda$) 入射椭球形粒子的归一化微分散射截面

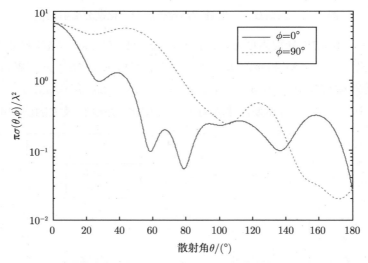

图 4.13　零阶贝塞尔波束 (半锥角 $\psi = 60°$) 入射椭球形粒子的归一化微分散射截面

4.3　圆柱形粒子对任意波束的散射

4.3.1　介质圆柱形粒子对任意波束的散射理论

与 3.3 节相比，本节所提出的方法可求解无限长圆柱对任意波束的散射。下面

以入射厄米-高斯波束、拉盖尔-高斯波束和零阶贝塞尔波束为例，给出归一化强度分布的数值结果。

如图 3.7 所示，把其中的高斯波束换成任意波束，波束同样在坐标系 $O'x'y'z'$ 中描述，沿 z' 轴正方向传输，则图 3.7 变成了任一波束入射无限长圆柱的示意图。无限长圆柱的散射场和内部场仍有如式 (3.3.19) 和式 (3.3.20) 的展开式。

等价于式 (3.3.21) 的边界条件，在 $r = r_0$ 时，圆柱表面电磁场连续的边界条件也可表示为

$$\begin{cases} \hat{r} \times (\boldsymbol{E}^s + \boldsymbol{E}^i) = \hat{r} \times \boldsymbol{E}^w \\ \hat{r} \times (\boldsymbol{H}^s + \boldsymbol{H}^i) = \hat{r} \times \boldsymbol{H}^w \end{cases} \tag{4.3.1}$$

其中，$\hat{r}$ 为圆柱粒子表面的外法向单位矢量。

把入射电磁场 $\boldsymbol{E}^i$ 和 $\boldsymbol{H}^i$，式 (3.3.19) 和式 (3.3.20) 代入式 (4.3.1) 可得

$$\hat{r} \times E_0 \sum_{m=-\infty}^{\infty} \int_0^{\pi} [\alpha_m(\zeta)\boldsymbol{m}_{m\lambda}^{(3)} + \beta_m(\zeta)\boldsymbol{n}_{m\lambda}^{(3)}]\mathrm{e}^{\mathrm{i}hz}\mathrm{d}\zeta + \hat{r} \times \boldsymbol{E}^i\big|_{r=r_0}$$
$$= \hat{r} \times E_0 \sum_{m=-\infty}^{\infty} \int_0^{\pi} [\chi_m(\zeta)\boldsymbol{m}_{m\lambda'}^{(1)} + \tau_m(\zeta)\boldsymbol{n}_{m\lambda'}^{(1)}]\mathrm{e}^{\mathrm{i}hz}\mathrm{d}\zeta \tag{4.3.2}$$

$$\hat{r} \times E_0 \sum_{m=-\infty}^{\infty} \int_0^{\pi} [\alpha_m(\zeta)\boldsymbol{n}_{m\lambda}^{(3)} + \beta_m(\zeta)\boldsymbol{m}_{m\lambda}^{(3)}]\mathrm{e}^{\mathrm{i}hz}\mathrm{d}\zeta + \hat{r} \times \mathrm{i}\eta_0\boldsymbol{H}^i\big|_{r=r_0}$$
$$= \hat{r} \times E_0 \frac{\eta_0}{\eta'} \sum_{m=-\infty}^{\infty} \int_0^{\pi} [\chi_m(\zeta)\boldsymbol{n}_{m\lambda'}^{(1)} + \tau_m(\zeta)\boldsymbol{m}_{m\lambda'}^{(1)}]\mathrm{e}^{\mathrm{i}hz}\mathrm{d}\zeta \tag{4.3.3}$$

在式 (4.3.2) 和式 (4.3.3) 两边分别点乘 $\hat{z}\mathrm{e}^{-\mathrm{i}h_1z}\mathrm{e}^{-\mathrm{i}m'\varphi}$ 和 $\hat{\varphi}\mathrm{e}^{-\mathrm{i}h_1z}\mathrm{e}^{-\mathrm{i}m'\varphi}$ ($h_1 = k_0\cos\psi$)，并在圆柱表面上进行积分可得

$$\xi\frac{\mathrm{d}}{\mathrm{d}\xi}\mathrm{H}_m^{(1)}(\xi)\alpha_m(\zeta) + \frac{hm}{k}\mathrm{H}_m^{(1)}(\xi)\beta_m(\zeta) - \xi_1\frac{\mathrm{d}}{\mathrm{d}\xi_1}\mathrm{J}_m(\xi_1)\chi_m(\zeta) - \frac{hm}{k'}\mathrm{J}_m(\xi_1)\tau_m(\zeta)$$
$$= \left(\frac{1}{2\pi}\right)^2 \frac{1}{E_0}\xi\int_{-\infty}^{\infty}\mathrm{d}z\int_0^{2\pi}\hat{r}\times\boldsymbol{E}^i\cdot\hat{z}\mathrm{e}^{-\mathrm{i}m\varphi}\mathrm{e}^{-\mathrm{i}hz}\mathrm{d}\varphi \tag{4.3.4}$$

$$\xi^2\mathrm{H}_m^{(1)}(\xi)\beta_m(\zeta) - \xi_1^2\frac{1}{\tilde{n}}\mathrm{J}_m(\xi_1)\tau_m(\zeta)$$
$$= \left(\frac{1}{2\pi}\right)^2 \frac{1}{E_0}(k_0r_0)^2\sin\zeta\int_{-\infty}^{\infty}\mathrm{d}z\int_0^{2\pi}\hat{r}\times\boldsymbol{E}^i\cdot\hat{\varphi}\mathrm{e}^{-\mathrm{i}m\varphi}\mathrm{e}^{-\mathrm{i}hz}\mathrm{d}\varphi \tag{4.3.5}$$

$$\frac{hm}{k}\mathrm{H}_m^{(1)}(\xi)\alpha_m(\zeta) + \xi\frac{\mathrm{d}}{\mathrm{d}\xi}\mathrm{H}_m^{(1)}(\xi)\beta_m(\zeta) - \frac{\eta_0}{\eta'}\frac{hm}{k'}\mathrm{J}_m(\xi_1)\chi_m(\zeta) - \frac{\eta_0}{\eta'}\xi_1\frac{\mathrm{d}}{\mathrm{d}\xi_1}\mathrm{J}_m(\xi_1)\tau_m(\zeta)$$

$$= i\eta_0 \frac{1}{E_0} \left(\frac{1}{2\pi} \right)^2 \xi \int_{-\infty}^{\infty} dz \int_0^{2\pi} \hat{r} \times \boldsymbol{H}^i \cdot \hat{z} e^{-im\varphi} e^{-ihz} d\varphi \tag{4.3.6}$$

$$\xi^2 H_m^{(1)}(\xi) \alpha_m(\zeta) - \frac{1}{\tilde{n}} \frac{\eta_0}{\eta'} \xi_1^2 J_m(\xi_1) \chi_m(\zeta)$$

$$= i\eta_0 \frac{1}{E_0} \left(\frac{1}{2\pi} \right)^2 (k_0 r_0)^2 \sin\zeta \int_{-\infty}^{\infty} dz \int_0^{2\pi} \hat{r} \times \boldsymbol{H}^i \cdot \hat{\varphi} e^{-im\varphi} e^{-ihz} d\varphi \tag{4.3.7}$$

其中，$\xi = \lambda r_0$；$\xi_1 = \lambda' r_0$

在推导式 (4.3.4)～式 (4.3.7) 的过程中应用了如下的关系式：

$$\int_0^{2\pi} e^{i(m-m')\varphi} d\varphi = \begin{cases} 2\pi, & m = m' \\ 0, & m \neq m' \end{cases} \tag{4.3.8}$$

$$\int_{-\infty}^{\infty} e^{ik(\cos\zeta - \cos\psi)z} dz = 2\pi\delta[k(\cos\zeta - \cos\psi)] = 2\pi \frac{\delta(\psi - \zeta)}{k\sin\zeta} \tag{4.3.9}$$

当入射波束用圆柱矢量波函数式 (3.3.18) 做展开，把展开式代入式 (4.3.4)～式 (4.3.7)，考虑关系式 (4.3.8) 和式 (4.3.9)，则式 (4.3.4)～式 (4.3.7) 可化为式 (3.4.22)～式 (3.4.25)，从而可证明该方法的正确性。对于式 (4.3.4)～式 (4.3.7) 右边的积分，如果已知波束有如式 (3.4.18) 的圆柱矢量波函数展开式，则有如式 (3.3.22)～式 (3.3.25) 的解析结果；如果没有，则可由数值方法进行计算。在计算积分时，$z = -\infty \to \infty$ 可以进行截断为 $z = -N\lambda \to N\lambda$，$m$ 截断为 $m = -M \to M$，其中截断数 M 和 N 尝试着进行取值，以便获得一定精度的积分结果。

同样，计算内场和近场的归一化场强分布，如式 (3.3.26) 和式 (3.3.27) 的定义。下面以 TE 极化的高斯波束入射为例，给出计算在 xOz 平面上归一化场强分布伪色图的程序。

4.3.2   计算程序和算例

介质圆柱形粒子对任意波束的散射数值计算主程序：

```
%入射波束波长
bochang=0.6328e-6;
%波数
k0=2*pi/bochang;
%自由空间特征阻抗
yita0=377;
```

```
%圆柱介质相对折射率
ref=1.414;
k1=ref*k0;
yita1=yita0/ref;
%圆柱横截面半径
r0=5*bochang;
%波束入射角度
bita=pi/4;
%圆柱中心0在波束坐标系中的坐标
z0=0*bochang;
%在圆柱表面积分用
stepph=0.01*pi;
phai=(0:stepph:2*pi).';lphai=length(phai);rphai=phai.';
%应用梯形公式求积分,N=15
juph=diag(stepph/2*([0,ones(1,lphai-1)]+[ones(1,lphai-1),0]));
x=r0*cos(phai);y=r0*sin(phai);
stepz=0.01*bochang;
z=-15*bochang:stepz:15*bochang;lz=length(z);rz=z.';
%从波束坐标系变换到Oxyz坐标系
juz=diag(stepz/2*([0,ones(1,lz-1)]+[ones(1,lz-1),0]));
xz=x*ones(1,lz);yz=y*ones(1,lz);zz=ones(lphai,1)*z;
x1=cos(bita)*xz+sin(bita)*zz;y1=yz;z1=z0-sin(bita)*xz+cos(bita)*
    zz;
%高斯波束
%束腰半径
w0=3*bochang;
s=1/(k0*w0);
%高斯波束描述
zetax=x1/w0;yitay=y1/w0;srou=zetax.^2+yitay.^2;
ksaiz=z1*s/w0;Q=1./(i-2*ksaiz);
zfai0=i*Q.*exp(-i*Q.*srou).*exp(i*k0*z1);
Ex1=-s^2*2*Q.^2.*zetax.*yitay.*zfai0;
Ey1=(1+s^2*(i*Q.^3.*srou.^2-Q.^2.*srou-2*Q.^2.*yitay.^2)).*zfai0;
Ez1=(s*2*Q.*yitay+s^3*(-6*Q.^3.*srou.*yitay+2*i*Q.^4.*srou.^2.*
```

```
    yitay)).*zfai0;
Hx1=-(1+s^2*(i*Q.^3.*srou.^2-Q.^2.*srou-2*Q.^2.*zetax.^2)).*
    zfai0;
Hy1=-Ex1;Hz1=-(s*2*Q.*zetax+s^3*(-6*Q.^3.*srou.*zetax+2*i*Q.^4.*
    srou.^2.*zetax)).*zfai0;
%
Ex=cos(bita)*Ex1-sin(bita)*Ez1;Ey=Ey1;Ez=sin(bita)*Ex1+cos(bita)*
    Ez1;
Hx=cos(bita)*Hx1-sin(bita)*Hz1;Hy=Hy1;Hz=sin(bita)*Hx1+cos(bita)*
    Hz1;
%m的截断数,M=25
js=25;
step1=0.005*pi;
%xOz平面
fai=0;fai1=pi;
x1=0:0.05*bochang:5*bochang;
x2=5*bochang:-0.05*bochang:0.05*bochang;
xx1=5.05*bochang:0.05*bochang:15*bochang;
xx2=15*bochang:-0.05*bochang:5.05*bochang;
z1=(15*bochang:-0.05*bochang:-15*bochang).';
%
Eisr1=0;Eisfai1=0;Eisz1=0;Eisr2=0;Eisfai2=0;Eisz2=0;
Eiwr1=0;Eiwfai1=0;Eiwz1=0;Eiwr2=0;Eiwfai2=0;Eiwz2=0;
for m=-js:js;
    mm=abs(m);
    Esr1=0;Esfai1=0;Esz1=0;Esr2=0;Esfai2=0;Esz2=0;
    Ewr1=0;Ewfai1=0;Ewz1=0;Ewr2=0;Ewfai2=0;Ewz2=0;
    for ksai=step1:step1:pi-step1;
        h=k0*cos(ksai);
        lamda=k0*sin(ksai);zeta=lamda*r0;
        lamda1=sqrt(k1^2-h^2);zeta1=lamda1*r0;
        a11=zeta*1/2*(besselh(m-1,zeta)-besselh(m+1,zeta));
        a12=cos(ksai)*m*besselh(m,zeta);
        a13=-zeta1*1/2*(besselj(m-1,zeta1)-besselj(m+1,zeta1));
```

```
a14=-m*h/k1*besselj(m,zeta1);
a21=0;a22=zeta^2*besselh(m,zeta);a23=0;a24=-zeta1^2*k0/k1
    *besselj(m,zeta1);
a31=a12;a32=a11;a33=yita0/yita1*a14;a34=yita0/yita1*a13;
a41=a22;a42=0;a43=-k0/k1*yita0/yita1*zeta1^2*besselj(m,
    zeta1);a44=0;
%
b1=exp(-i*m*rphai).*cos(rphai)*juph*Ey*juz*exp(-i*h*rz)-
    exp(-i*m*rphai).*sin(rphai)*juph*Ex*juz*exp(-i*h*rz);
b1=b1*zeta/(2*pi)^2;
b2=exp(-i*m*rphai)*juph*Ez*juz*exp(-i*h*rz);
b2=-b2*k0*r0*zeta/(2*pi)^2;
b3=exp(-i*m*rphai).*cos(rphai)*juph*Hy*juz*exp(-i*h*rz)-
    exp(-i*m*rphai).*sin(rphai)*jup h*Hx*juz*
    exp(-i*h*rz);
b3=i*b3*zeta/(2*pi)^2;
b4=exp(-i*m*rphai)*juph*Hz*juz*exp(-i*h*rz);
b4=-i*b4*k0*r0*zeta/(2*pi)^2;
%构造方程组计算展开系数
a=[a11,a12,a13,a14;a21,a22,a23,a24;a31,a32,a33,a34;a41,
    a42,a43,a44];
b=[b1;b2;b3;b4];
xy=a\b;
alphm=xy(1);betam=xy(2);chim=xy(3);taom=xy(4);
%
Esr1=Esr1+exp(i*h*z1)*step1*(alphm*i*lamda/2*(besselh(m
    -1,lamda*xx1)+besselh(m+1,la mda*xx1))+betam*i*
    cos(ksai)*lamda*1/2*(besselh(m-1,lamda*xx1)-besselh
    (m+1,lamda*xx1)));
Esfai1=Esfai1+exp(i*h*z1)*step1*(alphm*(-1)*lamda*1/2*
    (besselh(m-1,lamda*xx1)-besselh(m+1,lamda*xx1))+
    betam*(-1)*cos(ksai)*lamda/2*(besselh(m-1,lamda*xx1)+
    besselh(m+1,lamda*xx1)));
Esz1=Esz1+exp(i*h*z1)*step1*(betam*sin(ksai)*lamda*
```

```
        besselh(m,lamda*xx1));
%
Esr2=Esr2+exp(i*h*z1)*step1*(alphm*i*lamda/2*(besselh(m
    -1,lamda*xx2)+besselh(m+1,lamda*xx2))+betam*i*
    cos(ksai)*lamda*1/2*(besselh(m-1,lamda*xx2)-
    besselh(m+1,lamda*xx2)));
Esfai2=Esfai2+exp(i*h*z1)*step1*(alphm*(-1)*lamda*1/2*
    (besselh(m-1,lamda*xx2)-besse lh(m+1,lamda*xx2))+
    betam*(-1)*cos(ksai)*lamda/2*(besselh(m-1,lamda*xx2)+
    besselh(m+1,lamda*xx2)));
Esz2=Esz2+exp(i*h*z1)*step1*(betam*sin(ksai)*lamda*
    besselh(m,lamda*xx2));
%%%%%
Ewr1=Ewr1+exp(i*h*z1)*step1*(chim*i*lamda1/2*(besselj(m
    -1,lamda1*x1)+besselj(m+1,l amda1*x1))+taom*i*h/k1*
    lamda1*1/2*(besselj(m-1,lamda1*x1)-besselj(m+1,lamda1
    *x1)));
Ewfai1=Ewfai1+exp(i*h*z1)*step1*(chim*(-1)*lamda1*1/2*
    (besselj(m-1,lamda1*x1)-besse lj(m+1,lamda1*x1))+
    taom*(-1)*h/k1*lamda1/2*(besselj(m-1,lamda1*x1)+
    besselj(m+1,lamda1*x1)));
Ewz1=Ewz1+exp(i*h*z1)*step1*(taom*lamda1^2/k1*besselj(m,
    lamda1*x1));
%
Ewr2=Ewr2+exp(i*h*z1)*step1*(chim*i*lamda1/2*(besselj(m
    -1,lamda1*x2)+besselj(m+1,lamda1*x2))+taom*i*h/k1*
    lamda1*1/2*(besselj(m-1,lamda1*x2)-besselj(m+1,lamda1
    *x2)));
Ewfai2=Ewfai2+exp(i*h*z1)*step1*(chim*(-1)*lamda1*1/2*
    (besselj(m-1,lamda1*x2)-besselj(m+1,lamda1*x2))+taom*
    (-1)*h/k1*lamda1/2*(besselj(m-1,lamda1*x2)+besselj(m
    +1,lamda1*x2)));
Ewz2=Ewz2+exp(i*h*z1)*step1*(taom*lamda1^2/k1*besselj(m,
    lamda1*x2));
```

```
        end
        Eisr1=Eisr1+exp(i*m*fai)*Esr1;
        Eisfai1=Eisfai1+exp(i*m*fai)*Esfai1;
        Eisz1=Eisz1+exp(i*m*fai)*Esz1;
        Eisr2=Eisr2+exp(i*m*fai1)*Esr2;
        Eisfai2=Eisfai2+exp(i*m*fai1)*Esfai2;
        Eisz2=Eisz2+exp(i*m*fai1)*Esz2;
        Eiwr1=Eiwr1+exp(i*m*fai)*Ewr1;
        Eiwfai1=Eiwfai1+exp(i*m*fai)*Ewfai1;
        Eiwz1=Eiwz1+exp(i*m*fai)*Ewz1;
        Eiwr2=Eiwr2+exp(i*m*fai1)*Ewr2;
        Eiwfai2=Eiwfai2+exp(i*m*fai1)*Ewfai2;
        Eiwz2=Eiwz2+exp(i*m*fai1)*Ewz2;
end
lxx1=length(xx1);lxx2=length(xx2);lz1=length(z1);
zxx1=repmat(xx1,lz1,1);zxx2=repmat(-xx2,lz1,1);zx1=repmat(z1,1,
    lxx1);zx2=repmat(z1,1,lxx2);
%
x1=cos(bita)*zxx1+sin(bita)*zx1;y1=zeros(lz1,lxx1);z1=z0-sin(bita
    )*zxx1+cos(bita)*zx1;
%高斯波束
zetax=x1/w0;yitay=y1/w0;srou=zetax.^2+yitay.^2;
ksaiz=z1*s/w0;Q=1./(i-2*ksaiz);
zfai0=i*Q.*exp(-i*Q.*srou).*exp(i*k0*z1);
Ex1=-s^2*2*Q.^2.*zetax.*yitay.*zfai0;
Ey1=(1+s^2*(i*Q.^3.*srou.^2-Q.^2.*srou-2*Q.^2.*yitay.^2)).*zfai0;
Ez1=(s*2*Q.*yitay+s^3*(-6*Q.^3.*srou.*yitay+2*i*Q.^4.*srou.^2.*
    yitay)).*zfai0;
%
Eiir1=cos(bita)*Ex1-sin(bita)*Ez1;Eiifai1=Ey1;Eiiz1=sin(bita)*Ex1
    +cos(bita)*Ez1;
%
x1=cos(bita)*zxx2+sin(bita)*zx2;y1=zeros(lz1,lxx2);z1=z0-
    sin(bita)*zxx2+cos(bita)*zx2;
```

```
%高斯波束
zetax=x1/w0;yitay=y1/w0;srou=zetax.^2+yitay.^2;
ksaiz=z1*s/w0;Q=1./(i-2*ksaiz);
zfai0=i*Q.*exp(-i*Q.*srou).*exp(i*k0*z1);
Ex1=-s^2*2*Q.^2.*zetax.*yitay.*zfai0;
Ey1=(1+s^2*(i*Q.^3.*srou.^2-Q.^2.*srou-2*Q.^2.*yitay.^2)).*zfai0;
Ez1=(s*2*Q.*yitay+s^3*(-6*Q.^3.*srou.*yitay+2*i*Q.^4.*srou.^2.*
    yitay)).*zfai0;
%
Eiir2=-1*(cos(bita)*Ex1-sin(bita)*Ez1);Eiifai2=-Ey1;Eiiz2=
    sin(bita)*Ex1+cos(bita)*Ez1;
%
C1=abs(Eiir2+Eisr2).^2+abs(Eiifai2+Eisfai2).^2+abs(Eiiz2+Eisz2)
    .^2;
C2=abs(Eiwr2).^2+abs(Eiwfai2).^2+abs(Eiwz2).^2;
C3=abs(Eiwr1).^2+abs(Eiwfai1).^2+abs(Eiwz1).^2;
C4=abs(Eiir1+Eisr1).^2+abs(Eiifai1+Eisfai1).^2+abs(Eiiz1+Eisz1)
    .^2;
C=[C1,C2,C3,C4];
X=-15:0.05:15;
Z=(15:-0.05:-15)';
pcolor(X,Z,C);
shading interp
```

本节的方法与 3.3 节的方法从理论上具有一致性, 所得到的高斯波束入射的数值结果与 3.3 节相一致, 因此不再给出高斯波束入射时归一化强度分布的结果及两种方法所得结果的比较.

图 4.14~图 4.16 分别为厄米–高斯波束 ($\mathrm{TEM}_{10}^{(x')}$, $w_0 = 3\lambda$)、拉盖尔–高斯波束 ($\mathrm{TEM}_{dn}^{(\mathrm{rad})}$, $w_0 = 3\lambda$) 和零阶贝塞尔波束 (半锥角 $\psi = 60°$) 入射无限长圆柱的归一化场强分布的伪色图, 其中共同的参数为: 圆柱横截面半径 $r_0 = 5\lambda$, $\tilde{n} = 1.414$, $\mu' = \mu_0$, $z_0 = 0$, $\beta = 45°$. 计算这些波束入射时只需在程序中把高斯波束的描述换成相应波束即可.

从图 4.14 和图 4.15 可看出, 无限长圆柱对厄米–高斯波束和拉盖尔–高斯波束的传输具有明显的汇聚作用。从图 4.16 可看出，零阶贝塞尔波束从无限长圆柱出射后依然能够远距离的传输，并且有多个明显的焦点形成。

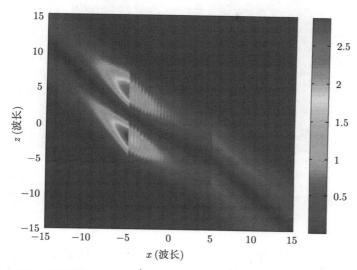

图 4.14　厄米–高斯波束 $(\mathrm{TEM}_{10}^{(x')},\ w_0 = 3\lambda)$ 入射无限长圆柱的归一化场强分布

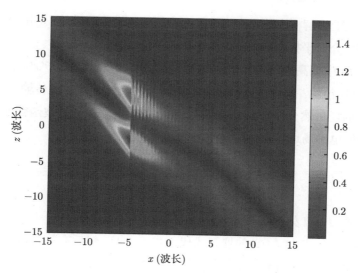

图 4.15　拉盖尔–高斯波束 $(\mathrm{TEM}_{dn}^{(\mathrm{rad})},\ w_0 = 3\lambda)$ 入射无限长圆柱的归一化场强分布

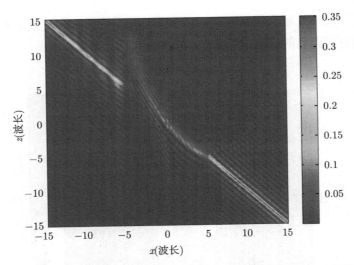

图 4.16　零阶贝塞尔波束 (半锥角 $\psi = 60°$) 入射无限长圆柱的归一化场强分布

4.4　任意波束通过介质平板的传输特性

4.4.1　任意波束通过介质平板的传输理论

本节给出的半解析方法是在 3.4 节理论基础上进行改进的, 可用来研究任意波束通过无限大介质平板的传输。

在图 3.10 中把高斯波束换成任一波束, 波束仍在坐标系 $O'x'y'z'$ 中描述, 且沿 z' 轴正方向传输, 即为本节所研究的任意波束通过介质平板传输的问题。

各区域的场仍然分别按式 (3.4.3)~式 (3.4.10) 用圆柱矢量波函数展开。在分界面 $z = 0$ 处的电磁场边界条件可等价的表示为

$$
\begin{cases}
\hat{z} \times (\boldsymbol{E}^i + \boldsymbol{E}^r) = \hat{z} \times (\boldsymbol{E}_1^w + \boldsymbol{E}_2^w) \\
\hat{z} \times (\boldsymbol{H}^i + \boldsymbol{H}^r) = \hat{z} \times (\boldsymbol{H}_1^w + \boldsymbol{H}_2^w)
\end{cases}
\tag{4.4.1}
$$

在分界面 $z = d$ 处的边界条件仍然由式 (3.4.12) 表示。

把式 (3.4.3)~式 (3.4.10) 的展开式代入式 (4.4.1), 然后在等式两边分别点乘圆柱矢量波函数 $\boldsymbol{m}_{(-m')\lambda'}^{(1)}(h')$, $\boldsymbol{n}_{(-m')\lambda'}^{(1)}(h')$, 其中, $\lambda' = k \sin\psi$, $h' = k \cos\psi$, 并在 $z = 0$ 平面上进行面积分可得

$$
\frac{h}{k} B_m(\zeta) + [F_{m1}(\zeta) - F_{m2}(\zeta)] \frac{h_1}{k_1} = \frac{\mathrm{i}}{2\pi(-1)^m} \frac{h}{\lambda} \int_0^\infty r \mathrm{d}r \int_0^{2\pi} \boldsymbol{E}^i \times \boldsymbol{m}_{(-m)\lambda}^{(1)} \cdot \hat{z} \mathrm{d}\varphi
\tag{4.4.2}
$$

$$-A_m(\zeta) + E_{m1}(\zeta) + E_{m2}(\zeta) = \frac{1}{2\pi i(-1)^{m'}} \frac{k}{\lambda} \int_0^\infty r dr \int_0^{2\pi} \boldsymbol{E}^i \times \boldsymbol{n}_{(-m)\lambda}^{(1)} \cdot \hat{z} d\varphi \quad (4.4.3)$$

$$\frac{h}{k} A_m(\zeta) + [E_{m1}(\zeta) - F_{m1}(\zeta)] \frac{h_1}{k_1} \frac{\eta_0}{\eta'} = \frac{i}{2\pi(-1)^m} \frac{h}{\lambda} i\eta_0 \int_0^\infty r dr \int_0^{2\pi} \boldsymbol{H}^i \times \boldsymbol{m}_{(-m)\lambda}^{(1)} \cdot \hat{z} d\varphi$$
$$(4.4.4)$$

$$-B_m(\zeta) + [F_{m1}(\zeta) + F_{m2}(\zeta)] \frac{\eta_0}{\eta'} = \frac{-i}{2\pi(-1)^m} \frac{k}{\lambda} i\eta_0 \int_0^\infty r dr \int_0^{2\pi} \boldsymbol{H}^i \times \boldsymbol{n}_{(-m)\lambda}^{(1)} \cdot \hat{z} d\varphi$$
$$(4.4.5)$$

在推导式 (4.4.2)~式 (4.4.5) 的过程中应用如下关系式:

$$\sum_{m=-\infty}^{\infty} \int_0^{\frac{\pi}{2}} d\zeta \int_0^\infty r dr \int_0^{2\pi} \boldsymbol{n}_{m\lambda}^{(1)}(h_1) e^{ih_1 z} \times \boldsymbol{m}_{(-m')\lambda'}^{(1)}(h') \cdot \hat{z} d\varphi$$
$$= -2\pi i(-1)^m \int_0^{\frac{\pi}{2}} d\alpha \frac{h_1}{k_1} \lambda\lambda' \frac{\delta(\lambda - \lambda')}{\lambda} = -2\pi i(-1)^m \frac{h_1}{k_1} \frac{\lambda}{h} \quad (4.4.6)$$

$$\sum_{m=-\infty}^{\infty} \int_0^{\frac{\pi}{2}} d\zeta \int_0^\infty r dr \int_0^{2\pi} \boldsymbol{m}_{m\lambda}^{(1)}(h_1) e^{ih_1 z} \times \boldsymbol{n}_{(-m')\lambda'}^{(1)}(h') \cdot \hat{z} d\varphi$$
$$= 2\pi i \frac{h'}{k_0} (-1)^m \int_0^{\frac{\pi}{2}} d\alpha \lambda\lambda' \frac{\delta(\lambda - \lambda')}{\lambda} = 2\pi i(-1)^{m'} \sin\zeta \quad (4.4.7)$$

$$\sum_{m=-\infty}^{\infty} \int_0^{\frac{\pi}{2}} d\zeta \int_0^\infty r dr \int_0^{2\pi} \boldsymbol{m}_{m\lambda}^{(1)}(h_1) e^{ih_1 z} \times \boldsymbol{m}_{(-m')\lambda'}^{(1)}(h') \cdot \hat{z} d\varphi = 0 \quad (4.4.8)$$

$$\sum_{m=-\infty}^{\infty} \int_0^{\frac{\pi}{2}} d\zeta \int_0^\infty r dr \int_0^{2\pi} \boldsymbol{n}_{m\lambda}^{(1)}(h_1) e^{ih_1 z} \times \boldsymbol{n}_{(-m')\lambda'}^{(1)}(h') \cdot \hat{z} d\varphi = 0 \quad (4.4.9)$$

$$\frac{\delta(\lambda - \lambda')}{\lambda} = \int_0^\infty J_n(\lambda r) J_n(\lambda' r) r dr \quad (4.4.10)$$

分界面 $z = d$ 处的边界条件仍然可用式 (3.4.17)~式 (3.4.20) 来表示。

上述方法可以方便地给出证明。当入射波束用圆柱矢量波函数式 (3.3.18) 做展开时, 把展开式代入式 (4.4.2)~式 (4.4.5), 考虑关系式 (4.4.6) 和式 (4.4.10), 则式 (4.4.2)~式 (4.4.5) 可化为式 (3.3.22)~式 (3.3.25), 从而证明该方法的正确性。对于式 (4.4.2)~式 (4.4.5) 右边的积分, 如果已知波束的圆柱矢量波函数展开式, 则有如式 (3.3.22)~式 (3.3.25) 的解析结果; 如果没有, 则可由数值方法进行计算。在计算积分时, $z = -\infty \to \infty$ 可以进行截断为 $z = -N\lambda \to N\lambda$, m 可以进行截断为 $m = -M \to M$, 其中截断数 M 和 N 尝试进行取值, 以便获得一定精度的积分结果。

下面仍然计算如式 (3.4.21)~式 (3.4.23) 定义的归一化场强分布, 以 TE 极化的高斯波束入射为例, 给出计算在 xOz 平面上归一化场强分布伪色图的程序。

4.4.2   计算程序和算例

任意波束通过介质平板的传输数值计主算程序:

```
%入射波束波长
bochang=0.6328e-6;
%自由空间波束和特征阻抗
k0=2*pi/bochang;
yita0=377;
%平板厚度
d=10*bochang;
%介质平板相对折射率
ref=1.414;
k1=k0*ref;
yita1=yita0/ref;
%高斯波束束腰半径
w0=3*bochang;
s=1/(k0*w0);
z0=0*bochang;
%波束入射角度
bita=pi/3;
%用梯形公式在z=0表面求面积分
stepr=0.005*bochang;
r=0:stepr:12*bochang;rinv=r.';
lr=length(r);
steph=0.005*pi;
phai=0:steph:2*pi;phinv=phai.';
lphai=length(phai);
reph=repmat(phai,lr,1);
rju=diag(stepr/2*([0,ones(1,lr-1)]+[ones(1,lr-1),0]));
phju=diag(steph/2*([0,ones(1,lphai-1)]+[ones(1,lphai-1),0]));
%
x=rinv*cos(phai);
```

```
y=rinv*sin(phai);
x1=x*cos(bita);
y1=y;
z1=z0-x*sin(bita);
%高斯波束的描述
zetax=x1/w0;yitay=y1/w0;ksaiz=z1*s/w0;
Q=1./(i-2*ksaiz);srou=zetax.^2+yitay.^2;
zfai0=i*Q.*exp(-i*Q.*srou).*exp(i*k0*z1);
Ex1=(1+s^2*(i*Q.^3.*srou.^2-Q.^2.*srou-2*Q.^2.*zetax.^2)).*zfai0;
Ey1=-s^2*2*Q.^2.*zetax.*yitay.*zfai0;
Ez1=(s*2*Q.*zetax+s^3*(-6*Q.^3.*srou.*zetax+2*i*Q.^4.*srou.^2.*
    zetax)).*zfai0;
Hx1=Ey1;Hy1=(1+s^2*(i*Q.^3.*srou.^2-Q.^2.*srou-2*Q.^2.*yitay.^2))
    .*zfai0;
Hz1=(s*2*Q.*yitay+s^3*(-6*Q.^3.*srou.*yitay+2*i*Q.^4.*srou.^2.*
    yitay)).*zfai0;
%
Ex=cos(bita)*Ex1-sin(bita)*Ez1;Ey=Ey1;
Hx=cos(bita)*Hx1-sin(bita)*Hz1;Hy=Hy1;
%
Er=Ex.*cos(reph)+Ey.*sin(reph);Efai=-Ex.*sin(reph)+Ey.*cos(reph);
Hr=Hx.*cos(reph)+Hy.*sin(reph);Hfai=-Hx.*sin(reph)+Hy.*cos(reph);
%m的截断数
js=30;
%积分变量的步长
step1=0.005*pi;
%xoz平面
fai=0;
fai1=pi;
%polar coordinate r
x1=0:0.05*bochang:15*bochang;
x2=20*bochang:-0.05*bochang:0.05*bochang;
%
Z1=(-0.05*bochang:-0.05*bochang:-15*bochang)';
```

```
Z2=(10*bochang:-0.05*bochang:0*bochang)';
Z3=(20*bochang:-0.05*bochang:10.05*bochang)';
%
Eirr1=0;Eirfai1=0;Eirz1=0;Eirr2=0;Eirfai2=0;Eirz2=0;
Eiw1r1=0;Eiw1fai1=0;Eiw1z1=0;Eiw1r2=0;Eiw1fai2=0;Eiw1z2=0;
Eiw2r1=0;Eiw2fai1=0;Eiw2z1=0;Eiw2r2=0;Eiw2fai2=0;Eiw2z2=0;
Eitr1=0;Eitfai1=0;Eitz1=0;Eitr2=0;Eitfai2=0;Eitz2=0;
for m=-js:js;
    mm=abs(m);
    Err1=0;Erfai1=0;Erz1=0;Err2=0;Erfai2=0;Erz2=0;
    Ew1r1=0;Ew1fai1=0;Ew1z1=0;Ew1r2=0;Ew1fai2=0;Ew1z2=0;
    Ew2r1=0;Ew2fai1=0;Ew2z1=0;Ew2r2=0;Ew2fai2=0;Ew2z2=0;
    Etr1=0;Etfai1=0;Etz1=0;Etr2=0;Etfai2=0;Etz2=0;
    for ksai=0.01*pi:step1:pi/2-0.01*pi;
        h=k0*cos(ksai);
        lamda=k0*sin(ksai);
        h1=sqrt(k1^2-lamda^2);
        %用递推公式求贝塞尔函数的导数
        Jm1=r/2.*(besselj(m-1,lamda*r)-besselj(m+1,lamda*r));
        %用递推公式求贝塞尔函数乘以没在除以其宗量
        Jm2=r/2.*(besselj(m-1,lamda*r)+besselj(m+1,lamda*r));
        %
        Em=i*h/(2*pi)*(Jm1*rju*(-Er)+i*Jm2*rju*Efai)*phju*exp(-i*
            m*phinv);
        En=h/(i*2*pi)*(Jm2*rju*Er-i*Jm1*rju*Efai)*phju*exp(-i*m*
            phinv);
        Hm=-h/(2*pi)*(Jm1*rju*(-Hr)+i*Jm2*rju*Hfai)*phju*exp(-i*
            m*phinv);
        Hn=-h/(i*2*pi)*(Jm2*rju*Hr-i*Jm1*rju*Hfai)*phju*exp(-i*m*
            phinv);
        %解方程求展开系数
        aTE=[-1,1,1,0;cos(ksai),h1/k1*yita0/yita1,-h1/k1*yita0/
            yita1,0;0,exp(i*h1*d),exp(-i*h1*d),-exp(i*h*d);0,h1/
            k1*exp(i*h1*d),-h1/k1*exp(-i*h1*d),-h/k0*yita1/yita0*
```

```
                exp(i*h*d)];
      bTE=[En;Hm;0;0];
      xTE=aTE\bTE;
      Am=xTE(1);Em1=xTE(2);Em2=xTE(3);Cm=xTE(4);
      aTM=[cos(ksai),h1/k1,-h1/k1,0;1,-yita0/yita1,-yita0/yita1
                ,0;0,h1/k1*exp(i*h1*d),-h1/k1*exp(-i*h1*d),-cos(ksai)
                *exp(i*h*d);0,exp(i*h1*d),exp(-i*h1*d),-yita1/yita0*
                exp(i*h*d)];
      bTM=[Em;Hn;0;0];
      xTM=aTM\bTM;
      Bm=xTM(1);Fm1=xTM(2);Fm2=xTM(3);Dm=xTM(4);
      %%%%%%%%%%%
      Err1=Err1+exp(-i*h*Z1)*step1*(Am*i*lamda/2*(besselj(m-1,
                lamda*x1)+besselj(m+1,lamda*x1))+Bm*i*(-1)*cos(ksai)*
                lamda/2*(besselj(m-1,lamda*x1)-besselj(m+1,lamda*x1))
                );
      Erfai1=Erfai1+exp(-i*h*Z1)*step1*(Am*(-1)*lamda/2*
                (besselj(m-1,lamda*x1)-besselj(m+1,lamda*x1))+Bm*cos
                (ksai)*lamda/2*(besselj(m-1,lamda*x1)+besselj(m+1,
                lamda*x1)));
      Erz1=Erz1+exp(-i*h*Z1)*step1*(Bm*sin(ksai)*lamda*besselj
                (m,lamda*x1));
      %
      Err2=Err2+exp(-i*h*Z1)*step1*(Am*i*lamda/2*(besselj(m-1,
                lamda*x2)+besselj(m+1,lamda*x2))+Bm*i*(-1)*cos(ksai)*
                lamda/2*(besselj(m-1,lamda*x2)-besselj(m+1,lamda*x2))
                );
      Erfai2=Erfai2+exp(-i*h*Z1)*step1*(Am*(-1)*lamda/2*
                (besselj(m-1,lamda*x2)-besselj(m+1,lamda*x2))+Bm*cos
                (ksai)*lamda/2*(besselj(m-1,lamda*x2)+besselj(m+1,
                lamda*x2)));
      Erz2=Erz2+exp(-i*h*Z1)*step1*(Bm*sin(ksai)*lamda*besselj
                (m,lamda*x2));
      %%%%%%%%%%%
```

```
Ew1r1=Ew1r1+exp(i*h1*Z2)*step1*(Em1*i*lamda/2*(besselj(m
    -1,lamda*x1)+besselj(m+1,lamda*x1))+Fm1*i*h1/k1*lamda
    /2*(besselj(m-1,lamda*x1)-besselj(m+1,lamda*x1)));
Ew1fai1=Ew1fai1+exp(i*h1*Z2)*step1*(Em1*(-1)*lamda/2*
    (besselj(m-1,lamda*x1)-besselj(m+1,lamda*x1))+Fm1*
    (-1)*h1/k1*lamda/2*(besselj(m-1,lamda*x1)+besselj
    (m+1,lamda*x1)));
Ew1z1=Ew1z1+exp(i*h1*Z2)*step1*(Fm1*lamda^2/k1*besselj(m,
    lamda*x1));
%
Ew1r2=Ew1r2+exp(i*h1*Z2)*step1*(Em1*i*lamda/2*(besselj(m
    -1,lamda*x2)+besselj(m+1,lamda*x2))+Fm1*i*h1/k1*lamda
    /2*(besselj(m-1,lamda*x2)-besselj(m+1,lamda*x2)));
Ew1fai2=Ew1fai2+exp(i*h1*Z2)*step1*(Em1*(-1)*lamda/2*
    (besselj(m-1,lamda*x2)-besselj(m+1,lamda*x2))+Fm1*
    (-1)*h1/k1*lamda/2*(besselj(m-1,lamda*x2)+besselj
    (m+1,lamda*x2)));
Ew1z2=Ew1z2+exp(i*h1*Z2)*step1*(Fm1*lamda^2/k1*besselj
    (m,lamda*x2));
%%%%%
Ew2r1=Ew2r1+exp(-i*h1*Z2)*step1*(Em2*i*lamda/2*(besselj(m
    -1,lamda*x1)+besselj(m+1,lamda*x1))+Fm2*i*(-1)*h1/k1*
    lamda/2*(besselj(m-1,lamda*x1)-besselj(m+1,lamda*x1))
    );
Ew2fai1=Ew2fai1+exp(-i*h1*Z2)*step1*(Em2*(-1)*lamda/2*
    (besselj(m-1,lamda*x1)-besse lj(m+1,lamda*x1))+
    Fm2*h1/k1*lamda/2*(besselj(m-1,lamda*x1)+besselj
    (m+1,lamda*x1)));
Ew2z1=Ew2z1+exp(-i*h1*Z2)*step1*(Fm2*lamda^2/k1*besselj
    (m,lamda*x1));
%
Ew2r2=Ew2r2+exp(-i*h1*Z2)*step1*(Em2*i*lamda/2*(besselj(m
    -1,lamda*x2)+besselj(m+1,lamda*x2))+Fm2*i*(-1)*h1/k1*
    lamda/2*(besselj(m-1,lamda*x2)-besselj(m+1,lamda*x2))
```

```
                    );
          Ew2fai2=Ew2fai2+exp(-i*h1*Z2)*step1*(Em2*(-1)*lamda/2*
              (besselj(m-1,lamda*x2)-besselj(m+1,lamda*x2))+Fm2*h1/
              k1*lamda/2*(besselj(m-1,lamda*x2)+besselj(m+1,lamda*
              x2)));
          Ew2z2=Ew2z2+exp(-i*h1*Z2)*step1*(Fm2*lamda^2/k1*besselj
              (m,lamda*x2));
          %%%%%%%%%%%%
          Etr1=Etr1+exp(i*h*Z3)*step1*(Cm*i*lamda/2*(besselj(m-1,
              lamda*x1)+besselj(m+1,lamda*x1))+Dm*i*cos(ksai)*lamda
              /2*(besselj(m-1,lamda*x1)-besselj(m+1,lamda*x1)));
          Etfai1=Etfai1+exp(i*h*Z3)*step1*(Cm*(-1)*lamda/2*(besselj
              (m-1,lamda*x1)-besselj(m+1,lamda*x1))+Dm*(-1)*cos(
              ksai)*lamda/2*(besselj(m-1,lamda*x1)+besselj(m+1,
              lamda*x1)));
          Etz1=Etz1+exp(i*h*Z3)*step1*(Dm*sin(ksai)*lamda*besselj(m
              ,lamda*x1));
          %
          Etr2=Etr2+exp(i*h*Z3)*step1*(Cm*i*lamda/2*(besselj(m-1,
              lamda*x2)+besselj(m+1,lamda*x2))+Dm*i*cos(ksai)*lamda
              /2*(besselj(m-1,lamda*x2)-besselj(m+1,lamda*x2)));
          Etfai2=Etfai2+exp(i*h*Z3)*step1*(Cm*(-1)*lamda/2*(besselj
              (m-1,lamda*x2)-besselj(m+1,lamda*x2))+Dm*(-1)*cos
              (ksai)*lamda/2*(besselj(m-1,lamda*x2)+besselj(m+1,
              lamda*x2)));
          Etz2=Etz2+exp(i*h*Z3)*step1*(Dm*sin(ksai)*lamda*besselj
              (m,lamda*x2));
      end
      %
      Eirr1=Eirr1+exp(i*m*fai)*Err1;
      Eirfai1=Eirfai1+exp(i*m*fai)*Erfai1;
      Eirz1=Eirz1+exp(i*m*fai)*Erz1;
      Eirr2=Eirr2+exp(i*m*fai1)*Err2;
      Eirfai2=Eirfai2+exp(i*m*fai1)*Erfai2;
```

```
        Eirz2=Eirz2+exp(i*m*fai1)*Erz2;
        %
        Eiw1r1=Eiw1r1+exp(i*m*fai)*Ew1r1;
        Eiw1fai1=Eiw1fai1+exp(i*m*fai)*Ew1fai1;
        Eiw1z1=Eiw1z1+exp(i*m*fai)*Ew1z1;
        Eiw1r2=Eiw1r2+exp(i*m*fai1)*Ew1r2;
        Eiw1fai2=Eiw1fai2+exp(i*m*fai1)*Ew1fai2;
        Eiw1z2=Eiw1z2+exp(i*m*fai1)*Ew1z2;
        %
        Eiw2r1=Eiw2r1+exp(i*m*fai)*Ew2r1;
        Eiw2fai1=Eiw2fai1+exp(i*m*fai)*Ew2fai1;
        Eiw2z1=Eiw2z1+exp(i*m*fai)*Ew2z1;
        Eiw2r2=Eiw2r2+exp(i*m*fai1)*Ew2r2;
        Eiw2fai2=Eiw2fai2+exp(i*m*fai1)*Ew2fai2;
        Eiw2z2=Eiw2z2+exp(i*m*fai1)*Ew2z2;
        %
        Eitr1=Eitr1+exp(i*m*fai)*Etr1;
        Eitfai1=Eitfai1+exp(i*m*fai)*Etfai1;
        Eitz1=Eitz1+exp(i*m*fai)*Etz1;
        Eitr2=Eitr2+exp(i*m*fai1)*Etr2;
        Eitfai2=Eitfai2+exp(i*m*fai1)*Etfai2;
        Eitz2=Eitz2+exp(i*m*fai1)*Etz2;
end
x=0:0.05*bochang:15*bochang;
z=(-0.05*bochang:-0.05*bochang:-15*bochang)';
[X,Z]=meshgrid(x,z);
x1=X*cos(bita)+Z*sin(bita);
y1=0;
z1=z0-X*sin(bita)+Z*cos(bita);
%高斯波束
zetax=x1/w0;yitay=y1/w0;ksaiz=z1*s/w0;
Q=1./(i-2*ksaiz);srou=zetax.^2+yitay.^2;
zfai0=i*Q.*exp(-i*Q.*srou).*exp(i*k0*z1);
Ex1=(1+s^2*(i*Q.^3.*srou.^2-Q.^2.*srou-2*Q.^2.*zetax.^2)).*zfai0;
```

```
Ey1=-s^2*2*Q.^2.*zetax.*yitay.*zfai0;
Ez1=(s*2*Q.*zetax+s^3*(-6*Q.^3.*srou.*zetax+2*i*Q.^4.*srou.^2.*
    zetax)).*zfai0;
%
Ex=cos(bita)*Ex1-sin(bita)*Ez1;Ey=Ey1;Ez=sin(bita)*Ex1+cos(bita)*
    Ez1;
%
Eiir1=Ex;Eiifai1=Ey;Eiiz1=Ez;
%%%%
x=-20*bochang:0.05*bochang:-0.05*bochang;
z=(-0.05*bochang:-0.05*bochang:-15*bochang)';
[X,Z]=meshgrid(x,z);
x1=X*cos(bita)+Z*sin(bita);
y1=0;
z1=z0-X*sin(bita)+Z*cos(bita);
%高斯波束
zetax=x1/w0;yitay=y1/w0;ksaiz=z1*s/w0;
Q=1./(i-2*ksaiz);srou=zetax.^2+yitay.^2;
zfai0=i*Q.*exp(-i*Q.*srou).*exp(i*k0*z1);
Ex1=(1+s^2*(i*Q.^3.*srou.^2-Q.^2.*srou-2*Q.^2.*zetax.^2)).*zfai0;
Ey1=-s^2*2*Q.^2.*zetax.*yitay.*zfai0;
Ez1=(s*2*Q.*zetax+s^3*(-6*Q.^3.*srou.*zetax+2*i*Q.^4.*srou.^2.*
    zetax)).*zfai0;
%
Ex=cos(bita)*Ex1-sin(bita)*Ez1;Ey=Ey1;Ez=sin(bita)*Ex1+cos(bita)*
    Ez1;
%
Eiir2=-Ex;Eiifai2=-Ey;Eiiz2=Ez;
%
C1=[abs(Eiir2+Eirr2).^2+abs(Eiifai2+Eirfai2).^2+abs(Eiiz2+Eirz2)
    .^2,abs(Eiir1+Eirr1).^2+abs(Eiifai1+Eirfai1).^2+abs(Eiiz1+
    Eirz1).^2];
C2=[abs(Eiw1r2+Eiw2r2).^2+abs(Eiw1fai2+Eiw2fai2).^2+abs(Eiw1z2+
    Eiw2z2).^2,abs(Eiw1r1+Eiw2r1).^2+abs(Eiw1fai1+Eiw2fai1).^2+
```

```
    abs(Eiw1z1+Eiw2z1).^2];
C3=[abs(Eitr2).^2+abs(Eitfai2).^2+abs(Eitz2).^2,abs(Eitr1).^2+abs
    (Eitfai1).^2+abs(Eitz1).^2];
C=[C3;C2;C1];
X=-20:0.05:15;
Z=(20:-0.05:-15)';
pcolor(X,Z,C);
shading interp
```

　　本节的方法与 2.5 节的方法具有一致性，这里不再给出高斯波束入射时归一化强度分布的结果。

　　图 4.17～图 4.19 分别为厄米–高斯波束 ($\mathrm{TEM}_{10}^{(x')}$, $w_0 = 3\lambda$)、拉盖尔–高斯波束 ($\mathrm{TEM}_{dn}^{(\mathrm{rad})}$, $w_0 = 3\lambda$) 和零阶贝塞尔波束 (半锥角 $\psi = 60°$) 入射无限大平板的归一化场强分布的伪色图，其中共同的参数为：无限大平板厚度 $d = 10\lambda$，$\tilde{n} = 1.414$，$\mu' = \mu_0$，$z_0 = 0$，$\beta = 60°$。

　　从图 4.17 和图 4.18 可看出，无限大平板对厄米–高斯波束和拉盖尔–高斯波束有明显的反射。从图 4.19 可看出，无限大平板对零阶贝塞尔波束有较多反射，以至于零阶贝塞尔波束很难经过无限大平板传输。

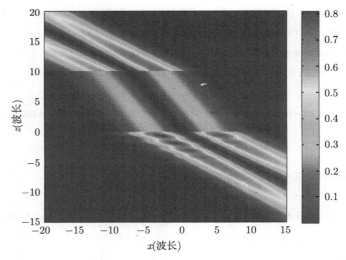

图 4.17　厄米–高斯波束 ($\mathrm{TEM}_{10}^{(x')}$, $w_0 = 3\lambda$) 入射无限大平板的归一化场强分布

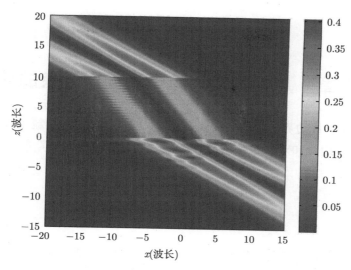

图 4.18　拉盖尔–高斯波束 ($\text{TEM}_{dn}^{(\text{rad})}$，$w_0 = 3\lambda$) 入射无限大平板的归一化场强分布

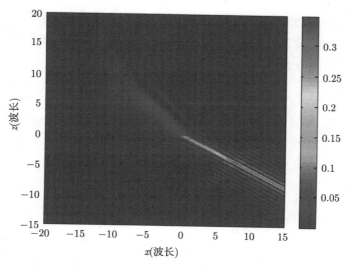

图 4.19　零阶贝塞尔波束 (半锥角 $\psi = 60°$) 入射无限大平板的归一化场强分布

第 5 章　均匀和双层粒子对高斯波束的散射

本章给出扩展边界条件的一般理论，用来研究均匀和双层粒子对高斯波束的散射，并给出均匀和双层旋转椭球、有限长圆柱粒子等对高斯散射的微分散射截面。

5.1　零　场　定　理

零场定理是扩展边界条件法的一个重要理论基础，本节从惠更斯原理和等效原理出发给出零场定理的详细推导和论述。

先推导惠更斯原理的数学描述。

如图 5.1 所示，在一均匀、各向同性介质 (介电常数和磁导率分别为 ε 和 μ) 中有电流分布 $J(r)$，位于任意所取的封闭曲面 S' 内 (所围的体积为 V')，其所激发的空间分布的电磁场 (包括 V' 的内外空间) 用 E, H 表示。

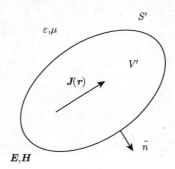

图 5.1　在 V' 内有电流分布 $J(r)$

对于时谐电磁场 (时谐因子 $\mathrm{e}^{-\mathrm{i}\omega t}$)，电场满足如下微分方程：

$$\nabla \times \nabla \times E(r) - k^2 E(r) = \mathrm{i}\omega\mu J(r) \tag{5.1.1}$$

其中，$k^2 = \omega^2 \varepsilon\mu$。

张量格林函数 $\bar{\bar{G}}(r, r')$ 满足方程：

$$\nabla \times \nabla \times \bar{\bar{G}}(r, r') - k^2 \bar{\bar{G}}(r, r') = \bar{\bar{I}}\delta(r - r') \tag{5.1.2}$$

其中, $\bar{\bar{G}}(\boldsymbol{r},\boldsymbol{r}') = \left(\bar{\bar{I}} + \dfrac{1}{k^2}\nabla\nabla\right)g(\boldsymbol{r},\boldsymbol{r}')$, 标量格林函数 $g(\boldsymbol{r},\boldsymbol{r}') = \dfrac{\mathrm{e}^{\mathrm{i}kR}}{4\pi R}$, $R = |\boldsymbol{r} - \boldsymbol{r}'|$; $\bar{\bar{I}}$ 为单位张量; $\delta(\boldsymbol{r} - \boldsymbol{r}')$ 为 δ 函数。

已知矢量恒等式:

$$\nabla \cdot [\boldsymbol{E} \times \nabla \times (\bar{\bar{G}} \cdot \boldsymbol{a}) + \nabla \times \boldsymbol{E} \times (\bar{\bar{G}} \cdot \boldsymbol{a})] = \nabla \times \nabla \times \boldsymbol{E} \cdot (\bar{\bar{G}} \cdot \boldsymbol{a}) - \boldsymbol{E} \cdot \nabla \times \nabla \times (\bar{\bar{G}} \cdot \boldsymbol{a}) \quad (5.1.3)$$

其中, $\boldsymbol{a}$ 为任意常矢量。

把式 (5.1.1) 和式 (5.1.2) 代入式 (5.1.3), 可得

$$\nabla \cdot [\boldsymbol{E} \times \nabla \times (\bar{\bar{G}} \cdot \boldsymbol{a}) + \nabla \times \boldsymbol{E} \times (\bar{\bar{G}} \cdot \boldsymbol{a})] = \mathrm{i}\omega\mu\boldsymbol{J} \cdot (\bar{\bar{G}} \cdot \boldsymbol{a}) - \boldsymbol{E} \cdot \bar{\bar{I}} \cdot \boldsymbol{a}\delta(\boldsymbol{r} - \boldsymbol{r}') \quad (5.1.4)$$

把式 (5.1.4) 在封闭曲面 S' 和无限远曲面所包围的体积 V 内求积分, 可得

$$\oint_{S'} \mathrm{d}S'\hat{n} \cdot [\boldsymbol{E} \times \nabla \times \bar{\bar{G}} + \nabla \times \boldsymbol{E} \times \bar{\bar{G}}] \cdot \boldsymbol{a} = \iiint_V \mathrm{d}V \boldsymbol{E} \cdot \bar{\bar{I}}\delta(\boldsymbol{r} - \boldsymbol{r}') \cdot \boldsymbol{a} \quad (5.1.5)$$

在得到式 (5.1.5) 时, 考虑体积 V 内没有电流分布 $\boldsymbol{J}(\boldsymbol{r})$, 并考虑 $\hat{n}$ 为 S' 的外法向单位矢量。

由于 $\boldsymbol{a}$ 为任意常矢量, 可在方程式 (5.1.5) 两边消去, 并考虑方程 $\nabla \times \boldsymbol{E}(\boldsymbol{r}) = \mathrm{i}\omega\mu\boldsymbol{H}(\boldsymbol{r})$, 则由式 (5.1.5) 可得

$$\oint_{S'} [\mathrm{d}S'\hat{n} \times \boldsymbol{E}(\boldsymbol{r}) \cdot \nabla \times \bar{\bar{G}}(\boldsymbol{r},\boldsymbol{r}') + \mathrm{i}\omega\mu\hat{n} \times \boldsymbol{H}(\boldsymbol{r}) \cdot \bar{\bar{G}}(\boldsymbol{r},\boldsymbol{r}')] = \begin{cases} \boldsymbol{E}(\boldsymbol{r}'), & \boldsymbol{r}' \in V \\ 0, & \boldsymbol{r}' \notin V \end{cases}$$
$$(5.1.6)$$

在推导式 (5.1.6) 时用到了函数 $\delta(\boldsymbol{r} - \boldsymbol{r}')$ 的性质。

考虑关系式 $[\bar{\bar{G}}(\boldsymbol{r},\boldsymbol{r}')]^{\mathrm{T}} = \bar{\bar{G}}(\boldsymbol{r}',\boldsymbol{r})$, $[\nabla \times \bar{\bar{G}}(\boldsymbol{r},\boldsymbol{r}')]^{\mathrm{T}} = \nabla' \times \bar{\bar{G}}(\boldsymbol{r}',\boldsymbol{r})$, 其中, 上标 "T" 表示转置, "$\nabla'$" 表示运算作用在 $\boldsymbol{r}'$ 上。则式 (5.1.6) 可写为

$$\oint_{S'} \mathrm{d}S'\{\nabla' \times \bar{\bar{G}}(\boldsymbol{r}',\boldsymbol{r}) \cdot [\hat{n} \times \boldsymbol{E}(\boldsymbol{r})] + \mathrm{i}\omega\mu\bar{\bar{G}}(\boldsymbol{r}',\boldsymbol{r}) \cdot [\hat{n} \times \boldsymbol{H}(\boldsymbol{r})]\} = \begin{cases} \boldsymbol{E}(\boldsymbol{r}'), & \boldsymbol{r}' \in V \\ 0, & \boldsymbol{r}' \notin V \end{cases}$$
$$(5.1.7)$$

在式 (5.1.7) 中交换 $\boldsymbol{r}$ 和 $\boldsymbol{r}'$, 这样做只是表示符号上的变化, 则可得

$$\oint_{S'} \mathrm{d}S'\{\nabla \times \bar{\bar{G}}(\boldsymbol{r},\boldsymbol{r}') \cdot [\hat{n} \times \boldsymbol{E}(\boldsymbol{r}')] + \mathrm{i}\omega\mu\bar{\bar{G}}(\boldsymbol{r},\boldsymbol{r}') \cdot [\hat{n} \times \boldsymbol{H}(\boldsymbol{r}')]\} = \begin{cases} \boldsymbol{E}(\boldsymbol{r}), & \boldsymbol{r} \in V \\ 0, & \boldsymbol{r} \notin V \end{cases}$$
$$(5.1.8)$$

由式 (5.1.7) 到式 (5.1.8) 只是考虑到习惯上常把 $\boldsymbol{r}$ 作为场点, $\boldsymbol{r}'$ 作为源点。

在推导式 (5.1.8) 时，封闭曲面应当由 S' 和无限远曲面组成，而在无限远曲面上的积分由辐射条件 $\lim\limits_{r\to\infty} r[\nabla \times (\boldsymbol{E}\quad\boldsymbol{H}) - \mathrm{i}k\hat{n} \times (\boldsymbol{E}\quad\boldsymbol{H})] = 0$ 可知应当为零。

对于图 5.2 所示电流分布 $\boldsymbol{J}(\boldsymbol{r})$ 在 V' 外的情况，可类似推导，在体积 V' 内积分可得关系式:

$$\oint_{S'} \mathrm{d}S'\{\nabla \times \bar{\bar{G}}(\boldsymbol{r},\boldsymbol{r}') \cdot [\hat{n} \times \boldsymbol{E}(\boldsymbol{r}')] + \mathrm{i}\omega\mu\bar{\bar{G}}(\boldsymbol{r},\boldsymbol{r}') \cdot [\hat{n} \times \boldsymbol{H}(\boldsymbol{r}')]\} = \begin{cases} -\boldsymbol{E}(\boldsymbol{r}), & \boldsymbol{r} \in V' \\ 0, & \boldsymbol{r} \notin V' \end{cases}$$

$$(5.1.9)$$

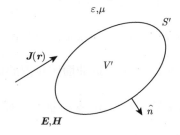

图 5.2 电流分布 $\boldsymbol{J}(\boldsymbol{r})$ 在 V' 外

式 (5.1.8) 和式 (5.1.9) 即为惠更斯原理的数学描述。

由惠更斯原理的数学描述可得一种等效关系，即电流分布 $\boldsymbol{J}(\boldsymbol{r})$ 所产生的场可由封闭曲面 S' 上的等效面电流 $\boldsymbol{J}_{\mathrm{s}} = \hat{n} \times \boldsymbol{H}$ 和磁流 $\boldsymbol{M}_{\mathrm{s}} = -\hat{n} \times \boldsymbol{E}$ 求出，S' 上的场 $\boldsymbol{E}$ 和 $\boldsymbol{H}$ 也是由 $\boldsymbol{J}(\boldsymbol{r})$ 所产生的场。由式 (5.1.8) 计算的 S' 内部的场为零，可解释为电流分布 $\boldsymbol{J}(\boldsymbol{r})$ 所产生的场只能向前传输，而不能向后传输。

由式 (5.1.8) 和式 (5.1.9) 可推导出零场定理，常用于散射问题的研究，也是扩展边界条件法的理论基础。

如图 5.3 所示，电流分布 $\boldsymbol{J}(\boldsymbol{r})$ 所产生的场作为散射体 (表面积为 S'，所占体积为 V') 的入射场 $\boldsymbol{E}^i$ 和 $\boldsymbol{H}^i$，而入射场激发散射体产生散射场 $\boldsymbol{E}^s$ 和 $\boldsymbol{H}^s$。

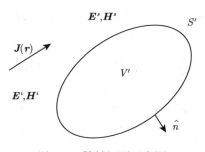

图 5.3 散射问题示意图

上述散射问题可以作为图 5.1 和图 5.2 两个问题的线性叠加。散射场可看作是由散射体内的极化电流辐射而产生，且散射体可用分布的极化电流来代替。

不考虑散射体外电流分布 $\boldsymbol{J}(\boldsymbol{r})$，只考虑散射体内的极化电流，此时极化电流产生散射场 $\boldsymbol{E}^s$ 和 $\boldsymbol{H}^s$，则由式 (5.1.8) 可得

$$
\oint_{S'} \mathrm{d}S'\{\nabla \times \bar{\bar{G}}(\boldsymbol{r},\boldsymbol{r}') \cdot [\hat{n} \times \boldsymbol{E}^s(\boldsymbol{r}')] + \mathrm{i}\omega\mu\bar{\bar{G}}(\boldsymbol{r},\boldsymbol{r}') \cdot [\hat{n} \times \boldsymbol{H}^s(\boldsymbol{r}')]\}
$$
$$
= \begin{cases} \boldsymbol{E}^s(\boldsymbol{r}), & \boldsymbol{r} \notin V' \\ 0, & \boldsymbol{r} \in V' \end{cases} \tag{5.1.10}
$$

另外，只考虑 $\boldsymbol{J}(\boldsymbol{r})$ 的辐射作用，则由式 (5.1.9) 可得

$$
\oint_{S'} \mathrm{d}S'\{\nabla \times \bar{\bar{G}}(\boldsymbol{r},\boldsymbol{r}') \cdot [\hat{n} \times \boldsymbol{E}^i(\boldsymbol{r}')] + \mathrm{i}\omega\mu\bar{\bar{G}}(\boldsymbol{r},\boldsymbol{r}') \cdot [\hat{n} \times \boldsymbol{H}^i(\boldsymbol{r}')]\}
$$
$$
= \begin{cases} 0, & \boldsymbol{r} \notin V' \\ -\boldsymbol{E}^i(\boldsymbol{r}), & \boldsymbol{r} \in V' \end{cases} \tag{5.1.11}
$$

把式 (5.1.10) 和式 (5.1.11) 相加，即进行线性叠加，然后加上 $\boldsymbol{E}^i$，可得

$$
\boldsymbol{E}^i + \oint_{S'} \mathrm{d}S'\{\nabla \times \bar{\bar{G}}(\boldsymbol{r},\boldsymbol{r}') \cdot [\hat{n} \times \boldsymbol{E}(\boldsymbol{r}')] + \mathrm{i}\omega\mu\bar{\bar{G}}(\boldsymbol{r},\boldsymbol{r}') \cdot [\hat{n} \times \boldsymbol{H}(\boldsymbol{r}')]\} = \begin{cases} \boldsymbol{E}, & \boldsymbol{r} \notin V' \\ 0, & \boldsymbol{r} \in V' \end{cases}
$$
$$
\tag{5.1.12}
$$

其中，$\boldsymbol{E} = \boldsymbol{E}^i + \boldsymbol{E}^s$ 和 $\boldsymbol{H} = \boldsymbol{H}^i + \boldsymbol{H}^s$ 分别为入射场和散射场的叠加，称为总场。

由于应用式 (5.1.12) 所计算的散射体内部的场为零，常称为零场定理。

式 (5.1.12) 还揭示了一个重要现象，即散射体的自屏蔽效应，与散射体的组成介质无关。

式 (5.1.12) 说明各部分的总场为入射场和散射的场线性叠加。对于通常所关心的散射体外 ($\boldsymbol{r} \notin V'$) 的散射场可由式 (5.1.10) 计算，也可用下式计算：

$$
\boldsymbol{E}^s = \oint_{S'} \mathrm{d}S'\{\nabla \times \bar{\bar{G}}(\boldsymbol{r},\boldsymbol{r}') \cdot [\hat{n} \times \boldsymbol{E}(\boldsymbol{r}')] + \mathrm{i}\omega\mu\bar{\bar{G}}(\boldsymbol{r},\boldsymbol{r}') \cdot [\hat{n} \times \boldsymbol{H}(\boldsymbol{r}')]\} \tag{5.1.13}
$$

5.2 均匀粒子对高斯波束的散射

图 5.4 是均匀粒子对高斯波束散射示意图，在直角坐标系 $Oxyz$ 中进行描述，其中心在坐标原点 O。设入射高斯波束在自由空间传输，传输方向为 $O'z'$，位于 xOz 平面内。高斯波束的束腰中心在 O' 点，束腰半径为 w_0。考虑一种简单的在轴入射的情况 (原点 O 在 $O'z'$ 上，坐标为 z_0)，$O'z'$ 和 Oz 的夹角为 β。

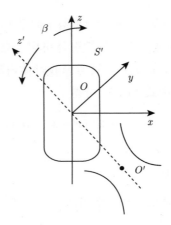

图 5.4　均匀粒子对高斯波束散射示意图

高斯波束用属于坐标系 $Oxyz$ 的球矢量波函数展开可由式 (2.4.6) 给出。其中，式 (2.4.6) 可等价的表示为

$$\boldsymbol{E}^i = E_0 \sum_{n=1}^{\infty} \sum_{m=-n}^{n} (-1)^m \frac{2n+1}{n(n+1)} \left[\mathrm{i} G_{n,\mathrm{TM}}^m \boldsymbol{M}_{mn}^{r(1)}(kr) - \mathrm{i} G_{n,\mathrm{TE}}^m \boldsymbol{N}_{mn}^{r(1)}(kr) \right]$$

$$\boldsymbol{H}^i = E_0 \frac{1}{\eta_0} \sum_{n=1}^{\infty} \sum_{m=-n}^{n} (-1)^m \frac{2n+1}{n(n+1)} \left[G_{n,\mathrm{TM}}^m \boldsymbol{N}_{mn}^{r(1)}(kr) - G_{n,\mathrm{TE}}^m \boldsymbol{M}_{mn}^{r(1)}(kr) \right] \quad (5.2.1)$$

其中，

$$\left[G_{n,\mathrm{TE}}^m \quad G_{n,\mathrm{TM}}^m \right] = \mathrm{i}^n \frac{(n-m)!}{(n+m)!} g_n \left[\frac{\mathrm{d} \mathrm{P}_n^m(\cos\beta)}{\mathrm{d}\beta} \quad m \frac{\mathrm{P}_n^m(\cos\beta)}{\sin\beta} \right] \quad (5.2.2)$$

其中，g_n 由式 (2.5.2) 给出。

对于 TE 模式，高斯波束的相应展开式为

$$\begin{cases} \boldsymbol{E}^i = E_0 \sum_{n=1}^{\infty} \sum_{m=-n}^{n} (-1)^m \frac{2n+1}{n(n+1)} \left[G_{n,\mathrm{TE}}^m \boldsymbol{M}_{mn}^{r(1)}(kr) + G_{n,\mathrm{TM}}^m \boldsymbol{N}_{mn}^{r(1)}(kr) \right] \\ \boldsymbol{H}^i = -\mathrm{i} E_0 \frac{1}{\eta_0} \sum_{n=1}^{\infty} \sum_{m=-n}^{n} (-1)^m \frac{2n+1}{n(n+1)} \left[G_{n,\mathrm{TE}}^m \boldsymbol{N}_{mn}^{r(1)}(kr) + G_{n,\mathrm{TM}}^m \boldsymbol{M}_{mn}^{r(1)}(kr) \right] \end{cases}$$

$$(5.2.3)$$

粒子的散射场需要用第三类球矢量波函数展开为

$$\begin{cases} \boldsymbol{E}^s = E_0 \sum_{m=-\infty}^{\infty} \sum_{n=|m|}^{\infty} (-1)^m \frac{2n+1}{n(n+1)} [\alpha_{mn} \boldsymbol{M}_{mn}^{r(3)}(kr) + \beta_{mn} \boldsymbol{N}_{mn}^{r(3)}(kr)] \\ \boldsymbol{H}^s = -\mathrm{i} E_0 \frac{1}{\eta_0} \sum_{m=-\infty}^{\infty} \sum_{n=|m|}^{\infty} (-1)^m \frac{2n+1}{n(n+1)} [\alpha_{mn} \boldsymbol{N}_{mn}^{r(3)}(kr) + \beta_{mn} \boldsymbol{M}_{mn}^{r(3)}(kr)] \end{cases}$$

$$(5.2.4)$$

相应的粒子内部的场用球矢量波函数展开为

$$
\begin{cases}
\boldsymbol{E}^w = E_0 \displaystyle\sum_{p=-\infty}^{\infty} \sum_{q=|p|}^{\infty} [c_{pq}\boldsymbol{M}_{pq}(k'r) + d_{pq}\boldsymbol{N}_{pq}(k'r)] \\
\boldsymbol{H}^w = -\mathrm{i}\dfrac{1}{\eta'} \displaystyle\sum_{p=-\infty}^{\infty} \sum_{q=|p|}^{\infty} [c_{pq}\boldsymbol{N}_{pq}(k'r)] + d_{pq}\boldsymbol{M}_{pq}(k'r)]
\end{cases}
\tag{5.2.5}
$$

其中, $k' = k\tilde{n}$, $\tilde{n}$ 为粒子介质相对于自由空间的折射率; $\eta' = \dfrac{k'}{\omega\mu'}$, μ' 为粒子介质的磁导率。

由式 (5.1.12) 可得在粒子内部场满足的关系为

$$
\boldsymbol{E}^i + \oint_{S'} \left\{ \mathrm{i}\omega\mu_0 \bar{\bar{G}}_0(\boldsymbol{r},\boldsymbol{r}') \cdot [\hat{n} \times \boldsymbol{H}^w(\boldsymbol{r}')] + \nabla \times \bar{\bar{G}}_0(\boldsymbol{r},\boldsymbol{r}') \cdot [\hat{n} \times \boldsymbol{E}^w(\boldsymbol{r}')] \right\} \mathrm{d}S' = 0
\tag{5.2.6}
$$

由式 (5.1.13) 可得在粒子外部的散射场为

$$
\boldsymbol{E}^s = \oint_{S'} \left\{ \mathrm{i}\omega\mu_0 \bar{\bar{G}}'_0(\boldsymbol{r},\boldsymbol{r}') \cdot [\hat{n} \times \boldsymbol{H}^w(\boldsymbol{r}')] + \nabla \times \bar{\bar{G}}'_0(\boldsymbol{r},\boldsymbol{r}') \cdot [\hat{n} \times \boldsymbol{E}^w(\boldsymbol{r}')] \right\} \mathrm{d}S'
\tag{5.2.7}
$$

在给出式 (5.2.6) 和式 (5.2.7) 时，用到了电磁场边界条件 $\hat{n} \times (\boldsymbol{E} \quad \boldsymbol{H}) = \hat{n} \times (\boldsymbol{E}^w \quad \boldsymbol{H}^w)$，以及自由空间的张量格林函数 $\bar{\bar{G}}_0(\boldsymbol{r},\boldsymbol{r}')$ 和 $\bar{\bar{G}}'_0(\boldsymbol{r},\boldsymbol{r}')$，在粒子内部和粒子外部它们具有不同的形式。

当 $r < r'$ 和 $r > r'$ 时，张量格林函数 $\bar{\bar{G}}_0(\boldsymbol{r},\boldsymbol{r}')$ 和 $\bar{\bar{G}}'_0(\boldsymbol{r},\boldsymbol{r}')$ 用球矢量波函数展开的表达式为

$$
\bar{\bar{G}}_0(\boldsymbol{r},\boldsymbol{r}') = \frac{\mathrm{i}k}{4\pi} \sum_{m=-\infty}^{\infty} \sum_{n=|m|}^{n} (-1)^m \frac{2n+1}{n(n+1)}
$$
$$
\cdot [\boldsymbol{M}_{mn}^{r(1)}(kr)\boldsymbol{M}_{(-m)n}^{r(3)}(kr') + \boldsymbol{N}_{mn}^{r(1)}(kr)\boldsymbol{N}_{(-m)n}^{r(3)}(kr')]
\tag{5.2.8}
$$

$$
\bar{\bar{G}}'_0(\boldsymbol{r},\boldsymbol{r}') = \frac{\mathrm{i}k}{4\pi} \sum_{m=-\infty}^{\infty} \sum_{n=|m|}^{n} (-1)^m \frac{2n+1}{n(n+1)}
$$
$$
\cdot [\boldsymbol{M}_{mn}^{r(3)}(kr)\boldsymbol{M}_{(-m)n}^{r(1)}(kr') + \boldsymbol{N}_{mn}^{r(3)}(kr)\boldsymbol{N}_{(-m)n}^{r(1)}(kr')]
\tag{5.2.9}
$$

在式 (5.2.6) 和式 (5.2.7) 中，因为 r' 为粒子表面的球坐标，所以从理论上严格地来说只有在粒子的最大内切球内部和最小外接球外部区域点的球坐标 r 才满足 $r < r'$ 和 $r > r'$，式 (5.2.8) 和式 (5.2.9) 才可以直接使用，如图 5.5 所示。

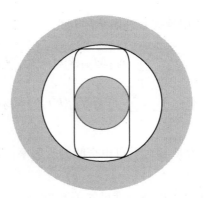

图 5.5　粒子的最大内切球和最小外接球示意图

把式 (5.2.8) 代入式 (5.2.6) 可得

$$
\frac{\mathrm{i}k}{4\pi} \sum_{m=-\infty}^{\infty} \sum_{n=|m|}^{n} (-1)^m \frac{2n+1}{n(n+1)} \left(\boldsymbol{M}_{mn}^{r(1)}(kr) \oint_{S'} \left\{ \mathrm{i}\omega\mu_0 \boldsymbol{M}_{(-m)n}^{r(3)}(kr') \right.\right.
$$

$$
\left. \cdot [\hat{n} \times \boldsymbol{H}^w(\boldsymbol{r}')] + k\boldsymbol{N}_{(-m)n}^{r(3)}(kr') \cdot [\hat{n} \times \boldsymbol{E}^w(\boldsymbol{r}')] \right\} \mathrm{d}S'
$$

$$
+ \boldsymbol{N}_{mn}^{r(1)}(kr) \oint_{S'} \left\{ \mathrm{i}\omega\mu_0 \boldsymbol{N}_{(-m)n}^{r(3)}(kr') \right.
$$

$$
\left.\left. \cdot [\hat{n} \times \boldsymbol{H}^w(\boldsymbol{r}')] + k\boldsymbol{M}_{(-m)n}^{r(3)}(kr') \cdot [\hat{n} \times \boldsymbol{E}^w(\boldsymbol{r}')] \right\} dS' \right) = -\boldsymbol{E}^i \tag{5.2.10}
$$

把式 (5.2.3) 代入式 (5.2.10)，比较等式两边，令等式两边 $\boldsymbol{M}_{mn}^{r(1)}(kr)$ 和 $\boldsymbol{N}_{mn}^{r(1)}(kr)$ 的系数分别相等，可得

$$
\frac{\mathrm{i}k^2}{4\pi} \left\{ \mathrm{i}\eta_0 \oint_{S'} \boldsymbol{M}_{(-m)n}^{r(3)}(kr') \cdot [\hat{n} \times \boldsymbol{H}^w(\boldsymbol{r}')] \mathrm{d}S' + \oint_{S'} \boldsymbol{N}_{(-m)n}^{r(3)}(kr') \cdot [\hat{n} \times \boldsymbol{E}^w(\boldsymbol{r}')] \mathrm{d}S' \right\}
$$

$$
= -E_0 G_{n,\mathrm{TE}}^m \tag{5.2.11}
$$

$$
\frac{\mathrm{i}k^2}{4\pi} \left\{ \mathrm{i}\eta_0 \oint_{S'} \boldsymbol{N}_{(-m)n}^{r(3)}(kr') \cdot [\hat{n} \times \boldsymbol{H}^w(\boldsymbol{r}')] \mathrm{d}S' + \oint_{S'} \boldsymbol{M}_{(-m)n}^{r(3)}(kr') \cdot [\hat{n} \times \boldsymbol{E}^w(\boldsymbol{r}')] \mathrm{d}S' \right\}
$$

$$
= -E_0 G_{n,\mathrm{TM}}^m \tag{5.2.12}
$$

与推导式 (5.2.11) 和式 (5.2.12) 相同的方法步骤，把式 (5.2.9) 代入式 (5.2.7)，结合式 (5.2.4) 比较等式两边，令等式两边 $\boldsymbol{M}_{mn}^{r(3)}(kr)$ 和 $\boldsymbol{N}_{mn}^{r(3)}(kr)$ 的系数分别相等，可得

$$
\frac{\mathrm{i}k^2}{4\pi} \left\{ \mathrm{i}\eta_0 \oint_{S'} \boldsymbol{M}_{(-m)n}^{r(1)}(kr') \cdot [\hat{n} \times \boldsymbol{H}^w(\boldsymbol{r}')] \mathrm{d}S' + \oint_{S'} \boldsymbol{N}_{(-m)n}^{r(1)}(kr') \cdot [\hat{n} \times \boldsymbol{E}^w(\boldsymbol{r}')] \mathrm{d}S' \right\}
$$

$$= \alpha_{mn} \tag{5.2.13}$$

$$\frac{\mathrm{i}k^2}{4\pi} \left\{ \mathrm{i}\eta_0 \oint_{S'} \boldsymbol{N}^{r(1)}_{(-m)n}(kr') \cdot [\hat{n} \times \boldsymbol{H}^w(\boldsymbol{r}')] \mathrm{d}S' + \oint_{S'} \boldsymbol{M}^{r(1)}_{(-m)n}(kr') \cdot [\hat{n} \times \boldsymbol{E}^w(\boldsymbol{r}')] \mathrm{d}S' \right\}$$
$$= \beta_{mn} \tag{5.2.14}$$

把式 (5.2.5) 代入式 (5.2.11) 和式 (5.2.12)，可得

$$\frac{\mathrm{i}k^2}{4\pi} \sum_{p=-\infty}^{\infty} \sum_{q=|p|}^{\infty} \left\{ \left[\frac{\eta_0}{\eta'} V_{mnpq} + U_{mnpq} \right] c_{pq} + \left[\frac{\eta_0}{\eta'} L_{mnpq} + K_{mnpq} \right] d_{pq} \right\} = G^m_{n,\mathrm{TE}}$$
$$\tag{5.2.15}$$

$$\frac{\mathrm{i}k^2}{4\pi} \sum_{p=-\infty}^{\infty} \sum_{q=|p|}^{\infty} \left\{ \left[\frac{\eta_0}{\eta'} K_{mnpq} + L_{mnpq} \right] c_{pq} + \left[\frac{\eta_0}{\eta'} U_{mnpq} + V_{mnpq} \right] d_{pq} \right\} = G^m_{n,\mathrm{TM}}$$
$$\tag{5.2.16}$$

其中，相应的参数为

$$U_{mnpq} = \oint_{S'} \boldsymbol{N}^{r(3)}_{(-m)n}(kr') \times \boldsymbol{M}^{r(1)}_{pq}(k'r') \cdot \hat{n} \mathrm{d}S' \tag{5.2.17}$$

$$V_{mnpq} = \oint_{S'} \boldsymbol{M}^{r(3)}_{(-m)n}(kr') \times \boldsymbol{N}^{r(1)}_{pq}(k'r') \cdot \hat{n} \mathrm{d}S' \tag{5.2.18}$$

$$K_{mnpq} = \oint_{S'} \boldsymbol{N}^{r(3)}_{(-m)n}(kr') \times \boldsymbol{N}^{r(1)}_{pq}(k'r') \cdot \hat{n} \mathrm{d}S' \tag{5.2.19}$$

$$L_{mnpq} = \oint_{S'} \boldsymbol{M}^{r(3)}_{(-m)n}(kr') \times \boldsymbol{M}^{r(1)}_{pq}(k'r') \cdot \hat{n} \mathrm{d}S' \tag{5.2.20}$$

在推导式 (5.2.15) 和式 (5.2.16) 时，用到了矢量恒等式：

$$\boldsymbol{a} \cdot (\boldsymbol{b} \times \boldsymbol{c}) = -(\boldsymbol{a} \times \boldsymbol{c}) \cdot \boldsymbol{b}$$

把式 (5.2.15) 和式 (5.2.16) 写成矩阵形式为

$$\frac{\mathrm{i}k^2}{4\pi} \begin{bmatrix} Q_{11} & Q_{12} \\ Q_{21} & Q_{22} \end{bmatrix} \begin{bmatrix} c_{pq} \\ d_{pq} \end{bmatrix} = \begin{bmatrix} G^m_{n,\mathrm{TE}} \\ G^m_{n,\mathrm{TM}} \end{bmatrix} \tag{5.2.21}$$

其中，子矩阵分别为

$$Q_{11} = \frac{\eta_0}{\eta'} V_{mnpq} + U_{mnpq} \tag{5.2.22}$$

$$Q_{12} = \frac{\eta_0}{\eta'} L_{mnpq} + K_{mnpq} \tag{5.2.23}$$

$$Q_{21} = \frac{\eta_0}{\eta'} K_{mnpq} + L_{mnpq} \tag{5.2.24}$$

$$Q_{22} = \frac{\eta_0}{\eta'} U_{mnpq} + V_{mnpq} \tag{5.2.25}$$

与推导式 (5.2.15) 和式 (5.2.16) 同样的方法步骤, 把式 (5.2.5) 代入式 (5.2.13) 和式 (5.2.14), 可得

$$\frac{\mathrm{i}k^2}{4\pi} \sum_{p=-\infty}^{\infty} \sum_{q=|p|}^{\infty} \left\{ \left[\frac{\eta_0}{\eta'} V'_{mnpq} + U'_{mnpq} \right] c_{pq} + \left[\frac{\eta_0}{\eta'} L'_{mnpq} + K'_{mnpq} \right] d_{pq} \right\} = -\alpha_{mn} \tag{5.2.26}$$

$$\frac{\mathrm{i}k^2}{4\pi} \sum_{p=-\infty}^{\infty} \sum_{q=|p|}^{\infty} \left\{ \left[\frac{\eta_0}{\eta'} K'_{mnpq} + L'_{mnpq} \right] c_{pq} + \left[\frac{\eta_0}{\eta'} U'_{mnpq} + V'_{mnpq} \right] d_{pq} \right\} = -\beta_{mn} \tag{5.2.27}$$

其中, 参数 U'_{mnpq}、V'_{mnpq}、K'_{mnpq} 和 L'_{mnpq} 的具体表达式只需把 U_{mnpq}、V_{mnpq}、K_{mnpq} 和 L_{mnpq} 中的球矢量波函数 $\boldsymbol{M}^{r(3)}_{(-m)n}(kr')$ 和 $\boldsymbol{N}^{r(3)}_{(-m)n}(kr')$, 分别用相应的 $\boldsymbol{M}^{r(1)}_{(-m)n}(kr')$ 和 $\boldsymbol{N}^{r(1)}_{(-m)n}(kr')$ 代替即可。

把式 (5.2.26) 和式 (5.2.27) 写成矩阵形式为

$$-\frac{\mathrm{i}k^2}{4\pi} \begin{bmatrix} Y_{11} & Y_{12} \\ Y_{21} & Y_{22} \end{bmatrix} \begin{bmatrix} c_{pq} \\ d_{pq} \end{bmatrix} = \begin{bmatrix} \alpha_{mn} \\ \beta_{mn} \end{bmatrix} \tag{5.2.28}$$

其中, 各个子矩阵 Y_{11}、Y_{12}、Y_{21} 和 Y_{22} 的具体表达式只需把 Q_{11}、Q_{12}、Q_{21} 和 Q_{22} 中的 U_{mnpq}、V_{mnpq}、K_{mnpq} 和 L_{mnpq}, 分别用 U'_{mnpq}、V'_{mnpq}、K'_{mnpq} 和 L'_{mnpq} 代替即可。

联立式 (5.2.21) 和式 (5.2.28) 消去粒子内部场的展开系数 c_{pq} 和 d_{pq}, 可得联系入射波和散射场展开系数的线性关系:

$$\begin{bmatrix} \alpha_{mn} \\ \beta_{mn} \end{bmatrix} = [T] \begin{bmatrix} G^m_{n,\mathrm{TE}} \\ G^m_{n,\mathrm{TM}} \end{bmatrix} \tag{5.2.29}$$

其中, 矩阵 $[T] = - \begin{bmatrix} Y_{11} & Y_{12} \\ Y_{21} & Y_{22} \end{bmatrix} \begin{bmatrix} Q_{11} & Q_{12} \\ Q_{21} & Q_{22} \end{bmatrix}^{-1}$, 称为转移矩阵或 T 矩阵。

在构造线性方程组计算式 (5.2.29) 时, 可以取 p, $m = -M, -M+1, \cdots, M$, 相应的 $n = |m|, |m|+1, \cdots, |m|+N$, 以及 $q = |p|, |p|+1, \cdots, |p|+N$。其中, M 和 N 称为级数的截断数, 通常尝试着确定, 以获得所需的计算精度。这样每一个子矩阵 Q_{11}、Q_{12}、Q_{21}、Q_{22} 以及 Y_{11}、Y_{12}、Y_{21}、Y_{22}, 都是 $2M+1+N+1$ 阶的方阵。

在计算 U_{mnpq}、V_{mnpq} 等关系式时, 需要面元 $\hat{n}\mathrm{d}S'$ 的表达式。考虑到应用了球矢量波函数, 则给出面元在球坐标系中的表达式比较方便。

设闭合曲面 S' 上一点的位置矢量为 $\boldsymbol{r} = r(\theta,\varphi)\hat{r}(\theta,\varphi)$, 则有 $\hat{n}\mathrm{d}S' = \dfrac{\partial \boldsymbol{r}}{\partial \theta}\mathrm{d}\theta \times \dfrac{\partial \boldsymbol{r}}{\partial \varphi}\mathrm{d}\varphi$。考虑到 $\dfrac{\partial \hat{r}(\theta,\varphi)}{\partial \theta} = \hat{\theta}$, $\dfrac{\partial \hat{r}(\theta,\varphi)}{\partial \varphi} = \sin\theta\hat{\varphi}$, $\hat{\theta} \times \hat{\varphi} = \hat{r}$, 则面元 $\hat{n}\mathrm{d}S'$ 可表示为

$$\hat{n}\mathrm{d}S' = r^2 \sin\theta\mathrm{d}\theta\mathrm{d}\varphi \left(\hat{r} - \frac{1}{r}\frac{\partial r}{\partial \theta}\hat{\theta} - \frac{1}{r\sin\theta}\frac{\partial r}{\partial \varphi}\hat{\varphi} \right) \tag{5.2.30}$$

把球矢量波函数和面元 $\hat{n}\mathrm{d}S'$ 的表达式代入, 则 U_{mnpq} 和 V_{mnpq} 等参数的具体表达式即可得到。对于轴对称粒子 (z 轴为旋转对称轴, $\boldsymbol{r} = r(\theta)\hat{r}(\theta)$), 由于积分 $\int_0^{2\pi} \mathrm{e}^{\mathrm{i}(p-m)\varphi}\mathrm{d}\varphi$ 在 $m \neq q$ 时为零, $\dfrac{\partial r}{\partial \varphi} = 0$, 则 U_{mnpq} 和 V_{mnpq} 等参数的表达式以及式 (5.2.29) 的计算可以得到很大的简化。此时对每个 $m = p = -M, -M+1, \cdots, M$(不同的 m 和 p 之间在计算时不再发生耦合), 每一个子矩阵 Q_{11}、Q_{12}、Q_{21}、Q_{22}, 以及 Y_{11}、Y_{12}、Y_{21} 和 Y_{22} 都是 $N+1$ 阶的方阵。

下面给出对于轴对称粒子中 K_{mnmq}、U_{mnmq}、L_{mnmq}、V_{mnmq} 的具体表达式:

$$
\begin{aligned}
K_{mnmq} = {}& \mathrm{i}2\pi \int_0^\pi \left\{ \frac{\mathrm{h}_n^{(1)}(kr)}{kr} n(n+1)\frac{1}{k'r}\frac{\mathrm{d}}{\mathrm{d}(k'r)}[k'r\mathrm{j}_q(k'r)] \right. \\
& \left. + \frac{1}{kr}\frac{\mathrm{d}}{\mathrm{d}(kr)}[kr\mathrm{h}_n^{(1)}(kr)]\frac{\mathrm{j}_q(k'r)}{k'r}q(q+1)\right\}\mathrm{P}_n^{-m}(\cos\theta)m\frac{\mathrm{P}_q^m(\cos\theta)}{\sin\theta}r\frac{\partial r}{\partial\theta}\sin\theta\mathrm{d}\theta \\
& + \mathrm{i}2\pi m\int_0^\pi \frac{1}{kr}\frac{\mathrm{d}}{\mathrm{d}(kr)}[kr\mathrm{h}_n^{(1)}(kr)]\frac{1}{k'r}\frac{\mathrm{d}}{\mathrm{d}(k'r)}[k'r\mathrm{j}_q(k'r)] \\
& \cdot \left[\frac{\mathrm{dP}_n^{-m}(\cos\theta)}{\mathrm{d}\theta}\frac{\mathrm{P}_q^m(\cos\theta)}{\sin\theta} + \frac{\mathrm{P}_n^{-m}(\cos\theta)}{\sin\theta}\frac{\mathrm{dP}_q^m(\cos\theta)}{\mathrm{d}\theta} \right]r^2\sin\theta\mathrm{d}\theta
\end{aligned} \tag{5.2.31}
$$

$$
\begin{aligned}
U_{mnmq} = {}& -2\pi \int_0^\pi \frac{\mathrm{h}_n^{(1)}(kr)}{kr}\mathrm{j}_q(k'r)n(n+1)\mathrm{P}_n^{-m}(\cos\theta)\frac{\mathrm{dP}_q^m(\cos\theta)}{\mathrm{d}\theta}r\frac{\partial r}{\partial\theta}\sin\theta\mathrm{d}\theta \\
& - 2\pi\int_0^\pi \frac{1}{kr}\frac{\mathrm{d}}{\mathrm{d}(kr)}[kr\mathrm{h}_n^{(1)}(kr)]\mathrm{j}_q(k'r) \\
& \cdot \left[m^2\frac{\mathrm{P}_n^{-m}(\cos\theta)}{\sin\theta}\frac{\mathrm{P}_q^m(\cos\theta)}{\sin\theta} + \frac{\mathrm{dP}_n^{-m}(\cos\theta)}{\mathrm{d}\theta}\frac{\mathrm{dP}_q^m(\cos\theta)}{\mathrm{d}\theta} \right]r^2\sin\theta\mathrm{d}\theta
\end{aligned} \tag{5.2.32}
$$

$$
\begin{aligned}
L_{mnmq} = {}& \mathrm{i}2\pi m\int_0^\pi \mathrm{h}_n^{(1)}(kr)\mathrm{j}_q(k'r) \\
& \cdot \left[\frac{\mathrm{P}_n^{-m}(\cos\theta)}{\sin\theta}\frac{\mathrm{dP}_q^m(\cos\theta)}{\mathrm{d}\theta} + \frac{\mathrm{dP}_n^{-m}(\cos\theta)}{\mathrm{d}\theta}\frac{\mathrm{P}_q^m(\cos\theta)}{\sin\theta} \right]r^2\sin\theta\mathrm{d}\theta
\end{aligned} \tag{5.2.33}
$$

$$
V_{mnmq} = 2\pi\int_0^\pi \mathrm{h}_n^{(1)}(kr)\frac{\mathrm{j}_q(k'r)}{k'r}q(q+1)\frac{\mathrm{dP}_n^{-m}(\cos\theta)}{\mathrm{d}\theta}\mathrm{P}_q^m(\cos\theta)r\frac{\partial r}{\partial\theta}\sin\theta\mathrm{d}\theta
$$

$$+ 2\pi \int_0^\pi h_n^{(1)}(kr) \frac{1}{k'r} \frac{\mathrm{d}}{\mathrm{d}(k'r)} [k'r \mathrm{j}_q(k'r)]$$

$$\cdot \left[m^2 \frac{\mathrm{P}_n^{-m}(\cos\theta)}{\sin\theta} \frac{\mathrm{P}_q^m(\cos\theta)}{\sin\theta} + \frac{\mathrm{d}\mathrm{P}_n^{-m}(\cos\theta)}{\mathrm{d}\theta} \frac{\mathrm{d}\mathrm{P}_q^m(\cos\theta)}{\mathrm{d}\theta} \right] r^2 \sin\theta \mathrm{d}\theta \quad (5.2.34)$$

U'_{mnpq}、V'_{mnpq}、K'_{mnpq} 和 L'_{mnpq} 的具体表达式可由 U_{mnmq}、V_{mnmq}、K_{mnmq}、L_{mnmq} 得到,即把其中出现的第三类球贝塞尔函数 $h_n^{(1)}(kr)$ 用相应的第一类 $\mathrm{j}_n(kr)$ 代替即可。在对式 (5.2.31)~式 (5.2.34) 编程时,积分可以由数值方法 (梯形、辛普森、高斯求积公式等) 计算,其中出现的函数 $\pi_{mn} = m \dfrac{\mathrm{P}_n^m(\cos\theta)}{\sin\theta}$ 和 $\tau_{mn} = \dfrac{\mathrm{d}\mathrm{P}_n^m(\cos\theta)}{\mathrm{d}\theta}$ 可直接调用 4.1 节的子程序。

如 3.2 节定义微分散射截面: $\sigma(\theta,\varphi) = \dfrac{\lambda^2}{\pi} \left(|T_1(\theta,\varphi)|^2 + |T_2(\theta,\varphi)|^2 \right)$,其中,

$$T_1(\theta,\varphi) = \sum_{m=-\infty}^\infty \sum_{n=|m|}^\infty (-1)^m \frac{2n+1}{n(n+1)} (-\mathrm{i})^n \left[m \frac{\mathrm{P}_n^m(\cos\theta)}{\sin\theta} \alpha_{mn} + \frac{\mathrm{d}\mathrm{P}_n^m(\cos\theta)}{\mathrm{d}\theta} \beta_{mn} \right]$$
$$(5.2.35)$$

$$T_2(\theta,\varphi) = \sum_{m=-\infty}^\infty \sum_{n=|m|}^\infty (-1)^m \frac{2n+1}{n(n+1)} (-\mathrm{i})^{n-1} \left[\frac{\mathrm{d}\mathrm{P}_n^m(\cos\theta)}{\mathrm{d}\theta} \alpha_{mn} + m \frac{\mathrm{P}_n^m(\cos\theta)}{\sin\theta} \beta_{mn} \right]$$
$$(5.2.36)$$

下面给出在高斯波束入射下,旋转长、扁椭球和有限长圆柱的微分散射截面。

如图 5.6 所示的旋转长椭球,其方程为 $\dfrac{z^2}{a^2} + \dfrac{x^2}{b^2} = 1$。考虑 $x = r\sin\theta$, $z = r\cos\theta$,则方程为

$$r(\theta) = \frac{ab}{\sqrt{b^2\cos^2\theta + a^2\sin^2\theta}}$$

其偏导为

$$\frac{\partial r(\theta)}{\partial \theta} = \frac{ab(b^2 - a^2)\sin\theta\cos\theta}{(b^2\cos^2\theta + a^2\sin^2\theta)^{\frac{3}{2}}}$$

图 5.7 为 TE 和 TM 极化的高斯波束入射旋转长椭球粒子的归一化微分散射截面,其中参数为 $a = 1.5\lambda$, $a/b = 2$, $\tilde{n} = 1.33$, $\mu' = \mu_0$, $z_0 = 0$, $\beta = 60°$ 和 $w_0 = 5\lambda$。

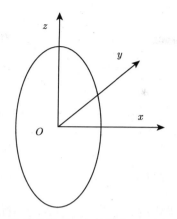

图 5.6 旋转长椭球 (半长轴为 a, 半短轴为 b)

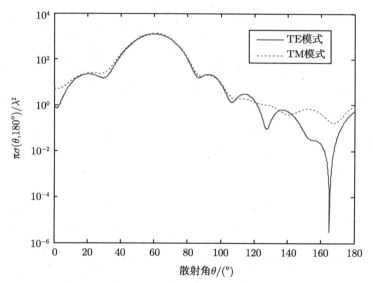

图 5.7 TE 和 TM 极化的高斯波束入射旋转长椭球粒子的归一化微分散射截面

如图 5.8 所示的旋转扁椭球, 其方程为 $\dfrac{x^2}{a^2} + \dfrac{z^2}{b^2} = 1$, 同样可求得方程为

$$r(\theta) = \frac{ab}{\sqrt{a^2 \cos^2 \theta + b^2 \sin^2 \theta}}$$

其偏导为

$$\frac{\partial r(\theta)}{\partial \theta} = \frac{ab(a^2 - b^2)\sin\theta\cos\theta}{(a^2 \cos^2 \theta + b^2 \sin^2 \theta)^{\frac{3}{2}}}$$

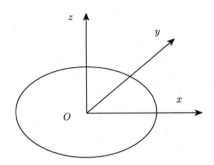

图 5.8　旋转扁椭球 (半长轴为 a, 半短轴为 b)

　　图 5.9 为 TE 和 TM 极化的高斯波束入射旋转扁椭球粒子的归一化微分散射截面, 其中参数为 $a = 1.5\lambda$, $a/b = 1.6$, $\tilde{n} = 1.33$, $\mu' = \mu_0$, $z_0 = 0$, $\beta = 60°$ 和 $\omega_0 = 5\lambda$。

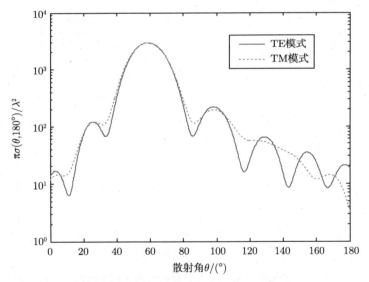

图 5.9　TE 和 TM 极化的高斯波束入射旋转扁椭球粒子的归一化微分散射截面

　　图 5.10 为长为 l_0、横截面半径为 r_0 的圆柱, 可以求出

$$
r(\theta) = \begin{cases}
\dfrac{l_0}{2\cos\theta}, & 0 \leqslant \theta < \arctan\dfrac{2r_0}{l_0} \\[3mm]
\dfrac{r_0}{\sin\theta}, & \arctan\dfrac{2r_0}{l_0} \leqslant \theta \leqslant \pi - \arctan\dfrac{2r_0}{l_0} \\[3mm]
-\dfrac{l_0}{2\cos\theta}, & \pi - \arctan\dfrac{2r_0}{l_0} < \theta \leqslant \pi
\end{cases}
$$

其偏导为

$$
\frac{\mathrm{d}r}{\mathrm{d}\theta} = \begin{cases}
\dfrac{l_0 \sin\theta}{2\cos^2\theta}, & 0 \leqslant \theta < \arctan\dfrac{2r_0}{l_0} \\[3mm]
-\dfrac{r_0 \cos\theta}{\sin^2\theta}, & \arctan\dfrac{2r_0}{l_0} \leqslant \theta \leqslant \pi - \arctan\dfrac{2r_0}{l_0} \\[3mm]
-\dfrac{l_0 \sin\theta}{2\cos^2\theta}, & \pi - \arctan\dfrac{2r_0}{l_0} < \theta \leqslant \pi
\end{cases}
$$

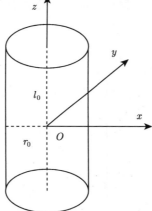

图 5.10 长为 l_0、横截面半径为 r_0 的圆柱

图 5.11 为 TE 和 TM 极化的高斯波束入射有限长圆柱粒子的归一化微分散射截面，其中参数为 $l_0 = 1.5\lambda$, $l_0/r_0 = 2$, $\tilde{n} = 1.33$, $\mu' = \mu_0$, $z_0 = 0$, $\beta = 60°$ 和 $\omega_0 = 5\lambda$。

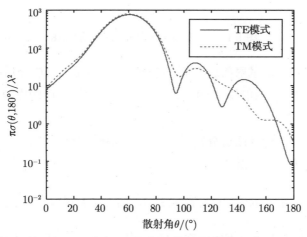

图 5.11 TE 和 TM 极化的高斯波束入射有限长圆柱粒子的归一化微分散射截面

5.3　双层粒子对高斯波束的散射

5.3.1　双层粒子对高斯波束散射的一般理论

如图 5.12 所示，高斯波束入射双层粒子，其几何关系只需把图 5.4 中的均匀介质粒子换成双层粒子即可。双层粒子的两个分界面分别为 S' 和 S_1'，称为外分界面和内分界面。

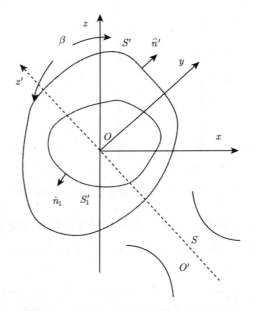

图 5.12　高斯波束入射双层粒子示意图

在求解双层粒子的散射问题之前，先介绍一个适用于双层介质的零场定理。如图 5.13 所示，体积 V 内的场 $\boldsymbol{E}$ 和 $\boldsymbol{H}$ 由 S' 所围体积 V' 内的电流源 $\boldsymbol{J}'$ 和外面的电流源 $\boldsymbol{J}$ 共同产生。

基于式 (5.1.4)，对其两边分别在 S 和 S' 所围的体积 V 内求积分。考虑到 V 内没有电流源分布，则可得

$$\oint_S [\mathrm{d}S \hat{n} \times \boldsymbol{E}(\boldsymbol{r}) \cdot \nabla \times \bar{\bar{G}}(\boldsymbol{r}, \boldsymbol{r}') + \mathrm{i}\omega\mu\hat{n} \times \boldsymbol{H}(\boldsymbol{r}) \cdot \bar{\bar{G}}(\boldsymbol{r}, \boldsymbol{r}')]$$

$$- \oint_{S'} [\mathrm{d}S' \hat{n}' \times \boldsymbol{E}(\boldsymbol{r}) \cdot \nabla \times \bar{\bar{G}}(\boldsymbol{r}, \boldsymbol{r}') + \mathrm{i}\omega\mu\hat{n}' \times \boldsymbol{H}(\boldsymbol{r}) \cdot \bar{\bar{G}}(\boldsymbol{r}, \boldsymbol{r}')]$$

$$= \begin{cases} \boldsymbol{E}, & \text{在 } S \text{ 和 } S' \text{ 所围的体积内} \\ 0, & \text{在 } S \text{ 和 } S' \text{ 所围的体积外} \end{cases} \tag{5.3.1}$$

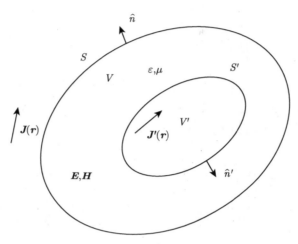

图 5.13 电流分布 $\boldsymbol{J}(\boldsymbol{r})$ 在 V 外

式 (5.3.1) 中关于 S' 的积分前面为负号, 同样是考虑 S' 的外法向单位矢量 $\hat{\boldsymbol{n}}'$ 的取向, 其中的张量格林函数由 V 内介质描述。

式 (5.3.1) 所表示的零场定理适合于求解双层介质粒子的散射问题, 在下面会用到, 对于多层介质粒子的散射问题也可应用。

把入射场和散射场如式 (5.2.3) 和式 (5.2.4) 用球矢量波函数展开。

如图 5.12 所示, 高斯波束入射到双层粒子上, 其描述如图 5.4 所示, 只是把均匀粒子用双层粒子代替即可。

双层粒子外层介质的内场也用适当的球矢量波函数展开, 此时应包括第一和第三类球矢量波函数。

$$\boldsymbol{E}^w = E_0 \sum_{p=-\infty}^{\infty} \sum_{q=|p|}^{\infty} \left[c_{pq} \boldsymbol{M}_{pq}^{r(1)}(k'r) + c'_{pq} \boldsymbol{M}_{pq}^{r(3)}(k'r) + d_{pq} \boldsymbol{N}_{pq}^{r(1)}(k'r) + d'_{pq} \boldsymbol{N}_{pq}^{r(3)}(k'r) \right]$$

$$\boldsymbol{H}^w = -\mathrm{i}E_0 \frac{1}{\eta} \sum_{p=-\infty}^{\infty} \sum_{q=|p|}^{\infty}$$
$$\cdot \left[c_{pq} \boldsymbol{N}_{pq}^{r(1)}(k'r) + c'_{pq} \boldsymbol{N}_{pq}^{r(3)}(k'r) + d_{pq} \boldsymbol{M}_{pq}^{r(1)}(k'r) + d'_{pq} \boldsymbol{M}_{pq}^{r(3)}(k'r) \right] \tag{5.3.2}$$

其中, $\eta = \eta_0 / \tilde{n}$; $k' = k_0 \tilde{n}$, $\tilde{n}$ 为外层介质相对于自由空间的折射率。

粒子内层介质的场分布也可用适当的球矢量波函数展开为

$$\boldsymbol{E}^{w(1)} = E_0 \sum_{s=-\infty}^{\infty} \sum_{t=|s|}^{\infty} [e_{st}\boldsymbol{M}_{st}(k_1 r) + f_{st}\boldsymbol{N}_{st}(k_1 r)]$$

$$\boldsymbol{H}^{w(1)} = -\mathrm{i}E_0 \frac{1}{\eta_1} \sum_{s=-\infty}^{\infty} \sum_{t=|s|}^{\infty} [e_{st}\boldsymbol{N}_{st}(k_1 r) + f_{st}\boldsymbol{M}_{st}(k_1 r)] \tag{5.3.3}$$

其中，$\eta_1 = \eta_0/\tilde{n}_1$；$k_1 = k_0\tilde{n}_1$，$\tilde{n}_1$ 为内层介质相对于自由空间的折射率。

如式 (5.2.11)、式 (5.2.12) 和式 (5.2.13)、式 (5.2.14) 的推导，对于双层粒子的散射同样成立。把式 (5.3.2) 代入式 (5.2.11) 和式 (5.2.12) 可得

$$\frac{\mathrm{i}k^2}{4\pi} \sum_{p=-\infty}^{\infty} \sum_{q=|p|}^{\infty} \left[\left(\frac{\eta_0}{\eta} V_{mnpq}^{(3)} + U_{mnpq}^{(3)} \right) c_{pq} + \left(\frac{\eta_0}{\eta} V_{mnpq}^{\prime(3)} + U_{mnpq}^{\prime(3)} \right) c_{pq}^{\prime} \right.$$
$$\left. + \left(\frac{\eta_0}{\eta} L_{mnpq}^{(3)} + K_{mnpq}^{(3)} \right) d_{pq} + \left(\frac{\eta_0}{\eta} L_{mnpq}^{\prime(3)} + K_{mnpq}^{\prime(3)} \right) d_{pq}^{\prime} \right] = G_{n,\mathrm{TE}}^{m} \tag{5.3.4}$$

$$\frac{\mathrm{i}k^2}{4\pi} \sum_{p=-\infty}^{\infty} \sum_{q=|p|}^{\infty} \left[\left(\frac{\eta_0}{\eta} K_{mnpq}^{(3)} + L_{mnpq}^{(3)} \right) c_{pq} + \left(\frac{\eta_0}{\eta} K_{mnpq}^{\prime(3)} + L_{mnpq}^{\prime(3)} \right) c_{pq}^{\prime} \right.$$
$$\left. + \left(\frac{\eta_0}{\eta} U_{mnpq}^{(3)} + V_{mnpq}^{(3)} \right) d_{pq} + \left(\frac{\eta_0}{\eta} U_{mnpq}^{\prime(3)} + V_{mnpq}^{\prime(3)} \right) d_{pq}^{\prime} \right] = G_{n,\mathrm{TM}}^{m} \tag{5.3.5}$$

其中，参数为

$$U_{mnpq}^{(3)} = \oint_{S'} \boldsymbol{N}_{(-m)n}^{r(3)}(kr') \times \boldsymbol{M}_{pq}^{r(1)}(k'r') \cdot \hat{n}\mathrm{d}S' \tag{5.3.6}$$

$$V_{mnpq}^{(3)} = \oint_{S'} \boldsymbol{M}_{(-m)n}^{r(3)}(kr') \times \boldsymbol{N}_{pq}^{r(1)}(k'r') \cdot \hat{n}\mathrm{d}S' \tag{5.3.7}$$

$$K_{mnpq}^{(3)} = \oint_{S'} \boldsymbol{N}_{(-m)n}^{r(3)}(kr') \times \boldsymbol{N}_{pq}^{r(1)}(k'r') \cdot \hat{n}\mathrm{d}S' \tag{5.3.8}$$

$$L_{mnpq}^{(3)} = \oint_{S'} \boldsymbol{M}_{(-m)n}^{r(3)}(kr') \times \boldsymbol{M}_{pq}^{r(1)}(k'r') \cdot \hat{n}\mathrm{d}S' \tag{5.3.9}$$

参数 $U_{mnpq}^{\prime(3)}$、$V_{mnpq}^{\prime(3)}$、$K_{mnpq}^{\prime(3)}$ 和 $L_{mnpq}^{\prime(3)}$ 的表达式只需把 $U_{mnpq}^{(3)}$、$V_{mnpq}^{(3)}$、$K_{mnpq}^{(3)}$ 和 $L_{mnpq}^{(3)}$ 中的球矢量波函数 $\boldsymbol{M}_{pq}^{r(1)}(k'r')$ 和 $\boldsymbol{N}_{pq}^{r(1)}(k'r')$，用相应的 $\boldsymbol{M}_{pq}^{r(3)}(k'r')$ 和 $\boldsymbol{N}_{pq}^{r(3)}(k'r')$ 代替即可。

把式 (5.3.2) 代入式 (5.2.13) 和式 (5.2.14) 可得

$$\frac{\mathrm{i}k^2}{4\pi} \sum_{p=-\infty}^{\infty} \sum_{q=|p|}^{\infty} \left[\left(\frac{\eta_0}{\eta} V_{mnpq}^{(1)} + U_{mnpq}^{(1)} \right) c_{pq} + \left(\frac{\eta_0}{\eta} V_{mnpq}^{\prime(1)} + U_{mnpq}^{\prime(1)} \right) c_{pq}^{\prime} \right.$$

$$+ \left(\frac{\eta_0}{\eta} L_{mnpq}^{(1)} + K_{mnpq}^{(1)} \right) d_{pq} + \left(\frac{\eta_0}{\eta} L_{mnpq}'^{(1)} + K_{mnpq}'^{(1)} \right) d_{pq}' \Bigg] = -\alpha_{mn} \quad (5.3.10)$$

$$\frac{\mathrm{i}k^2}{4\pi} \sum_{p=-\infty}^{\infty} \sum_{q=|p|}^{\infty} \Bigg[\left(\frac{\eta_0}{\eta} K_{mnpq}^{(1)} + L_{mnpq}^{(1)} \right) c_{pq} + \left(\frac{\eta_0}{\eta} K_{mnpq}'^{(1)} + L_{mnpq}'^{(1)} \right) c_{pq}'$$

$$+ \left(\frac{\eta_0}{\eta} U_{mnpq}^{(1)} + V_{mnpq}^{(1)} \right) d_{pq} + \left(\frac{\eta_0}{\eta} U_{mnpq}'^{(1)} + V_{mnpq}'^{(1)} \right) d_{pq}' \Bigg] = -\beta_{mn} \quad (5.3.11)$$

其中, 参数 $U_{mnpq}^{(1)}$、$U_{mnpq}'^{(1)}$、$V_{mnpq}^{(1)}$、$V_{mnpq}'^{(1)}$、$K_{mnpq}^{(1)}$、$K_{mnpq}'^{(1)}$、$L_{mnpq}^{(1)}$ 和 $L_{mnpq}'^{(1)}$ 的具体表达式只需在 $U_{mnpq}^{(3)}$、$U_{mnpq}'^{(3)}$、$V_{mnpq}^{(3)}$、$V_{mnpq}'^{(3)}$、$K_{mnpq}^{(3)}$、$K_{mnpq}'^{(3)}$、$L_{mnpq}^{(3)}$ 和 $L_{mnpq}'^{(3)}$ 中把球矢量波函数 $\boldsymbol{M}_{(-m)n}^{r(3)}(kr')$ 和 $\boldsymbol{N}_{(-m)n}^{r(3)}(kr')$,用相应的 $\boldsymbol{M}_{(-m)n}^{r(1)}(kr')$ 和 $\boldsymbol{N}_{(-m)n}^{r(1)}(kr')$ 代替即可得到。

在图 5.12 中,把 S_1' 内的介质看作是极化电流辐射源,入射高斯波束看作是由 S' 外的电流源辐射而产生,则由式 (5.3.1) 的零场定理可得

$$\oint_{S'} \mathrm{d}S' \left\{ i\omega\mu \bar{\bar{G}}(k'r, k'r') \cdot [\hat{n} \times \boldsymbol{H}^w(r')] + \nabla \times \bar{\bar{G}}(k'r, k'r') \cdot [\hat{n} \times \boldsymbol{E}^w(r')] \right\}$$

$$- \oint_{S_1'} \mathrm{d}S_1' \left\{ i\omega\mu \bar{\bar{G}}(k'r, k'r') \cdot \left[\hat{n}_1 \times \boldsymbol{H}^{w(1)}(r')\right] + \nabla \times \bar{\bar{G}}(k'r, k'r') \cdot \left[\hat{n}_1 \times \boldsymbol{E}^{w(1)}(r')\right] \right\}$$

$$= \begin{cases} \boldsymbol{E}^w, & \text{在 } S' \text{ 和 } S_1' \text{ 所围的体积内} \\ 0, & \text{在 } S' \text{ 和 } S_1' \text{ 所围的体积外} \end{cases} \quad (5.3.12)$$

在得到式 (5.3.12) 时,对于 S_1' 表面的积分中括号里面应当为 $\hat{n}_1 \times \boldsymbol{H}^w(r')$ 和 $\hat{n}_1 \times \boldsymbol{E}^w(r')$,其中应用到了边界条件 $\hat{n}_1 \times \boldsymbol{H}^w(r') = \hat{n}_1 \times \boldsymbol{H}^{w(1)}(r')$ 和 $\hat{n}_1 \times \boldsymbol{E}^w(r') = \hat{n}_1 \times \boldsymbol{E}^{w(1)}(r')$。

$\bar{\bar{G}}(k'r, k'r')$ 为属于外层粒子的张量格林函数, 在 S' 的外部和 S_1' 的内部用球矢量波函数展开的表达式分别为

$$\bar{\bar{G}}(k'r, k'r') = \frac{\mathrm{i}k'}{4\pi} \sum_{m=-\infty}^{\infty} \sum_{n=|m|}^{n} (-1)^m \frac{2n+1}{n(n+1)}$$

$$\cdot [\boldsymbol{M}_{mn}^{r(3)}(k'r)\boldsymbol{M}_{(-m)n}^{r(1)}(k'r') + \boldsymbol{N}_{mn}^{r(3)}(k'r)\boldsymbol{N}_{(-m)n}^{r(1)}(k'r')] \quad (5.3.13)$$

$$\bar{\bar{G}}(k'r, k'r') = \frac{\mathrm{i}k'}{4\pi} \sum_{m=-\infty}^{\infty} \sum_{n=|m|}^{n} (-1)^m \frac{2n+1}{n(n+1)}$$

$$\cdot [\boldsymbol{M}_{mn}^{r(1)}(k'r)\boldsymbol{M}_{(-m)n}^{r(3)}(k'r') + \boldsymbol{N}_{mn}^{r(1)}(k'r)\boldsymbol{N}_{(-m)n}^{r(3)}(k'r')] \quad (5.3.14)$$

严格来说，式 (5.3.13) 和式 (5.3.14) 只有在内层粒子的最大内接球的内部和外层粒子的最小外接球的外部才成立。考虑 S' 的外部空间，把式 (5.3.2) 和式 (5.3.13) 代入式 (5.3.12)，同时令每个球矢量波函数 $\boldsymbol{M}_{mn}^{r(3)}(k'r')$ 和 $\boldsymbol{N}_{mn}^{r(3)}(k'r')$ 前面的系数为零，可得

$$
\sum_{p=-\infty}^{\infty} \sum_{q=|p|}^{\infty} [(F_{mnpq}^{(1)} + E_{mnpq}^{(1)})c_{pq} + (F_{mnpq}'^{(1)} + E_{mnpq}'^{(1)})c_{pq}'
$$
$$
+ (I_{mnpq}^{(1)} + H_{mnpq}^{(1)})d_{pq} + (I_{mnpq}'^{(1)} + H_{mnpq}'^{(1)})d_{pq}']
$$
$$
= \sum_{s=-\infty}^{\infty} \sum_{t=|s|}^{\infty} \left[\left(\frac{\eta}{\eta_1} F_{mnst}^{(1+)} + E_{mnst}^{(1+)} \right) e_{st} + \left(\frac{\eta}{\eta_1} I_{mnst}^{(1+)} + H_{mnst}^{(1+)} \right) f_{st} \right] \quad (5.3.15)
$$

$$
\sum_{p=-\infty}^{\infty} \sum_{q=|p|}^{\infty} [(H_{mnpq}^{(1)} + I_{mnpq}^{(1)})c_{pq} + (H_{mnpq}'^{(1)} + I_{mnpq}'^{(1)})c_{pq}'
$$
$$
+ (E_{mnpq}^{(1)} + F_{mnpq}^{(1)})d_{pq} + (E_{mnpq}'^{(1)} + F_{mnpq}'^{(1)})d_{pq}']
$$
$$
= \sum_{s=-\infty}^{\infty} \sum_{t=|s|}^{\infty} \left[\left(\frac{\eta}{\eta_1} H_{mnst}^{(1+)} + I_{mnst}^{(1+)} \right) e_{st} + \left(\frac{\eta}{\eta_1} E_{mnst}^{(1+)} + F_{mnst}^{(1+)} \right) f_{st} \right] \quad (5.3.16)
$$

其中，各参数分别为

$$
\begin{cases}
E_{mnpq}^{(1)} = \oint_{S'} \boldsymbol{N}_{(-m)n}^{r(1)}(k'r') \times \boldsymbol{M}_{pq}^{r(1)}(k'r') \cdot \hat{n}\mathrm{d}S' \\[2mm]
F_{mnpq}^{(1)} = \oint_{S'} \boldsymbol{M}_{(-m)n}^{r(1)}(k'r') \times \boldsymbol{N}_{pq}^{r(1)}(k'r') \cdot \hat{n}\mathrm{d}S' \\[2mm]
H_{mnpq}^{(1)} = \oint_{S'} \boldsymbol{N}_{(-m)n}^{r(1)}(k'r') \times \boldsymbol{N}_{pq}^{r(1)}(k'r') \cdot \hat{n}\mathrm{d}S' \\[2mm]
I_{mnpq}^{(1)} = \oint_{S'} \boldsymbol{M}_{(-m)n}^{r(1)}(k'r') \times \boldsymbol{M}_{pq}^{r(1)}(k'r') \cdot \hat{n}\mathrm{d}S' \\[2mm]
E_{mnst}^{(1+)} = \oint_{S_1'} \boldsymbol{N}_{(-m)n}^{r(1)}(k'r') \times \boldsymbol{M}_{st}^{r(1)}(k_1r') \cdot \hat{n}_1\mathrm{d}S_1' \\[2mm]
F_{mnst}^{(1+)} = \oint_{S_1'} \boldsymbol{M}_{(-m)n}^{r(1)}(k'r') \times \boldsymbol{N}_{st}^{r(1)}(k_1r') \cdot \hat{n}_1\mathrm{d}S_1' \\[2mm]
H_{mnst}^{(1+)} = \oint_{S_1'} \boldsymbol{N}_{(-m)n}^{r(1)}(k'r') \times \boldsymbol{N}_{st}^{r(1)}(k_1r') \cdot \hat{n}_1\mathrm{d}S_1' \\[2mm]
I_{mnst}^{(1+)} = \oint_{S_1'} \boldsymbol{M}_{(-m)n}^{r(1)}(k'r') \times \boldsymbol{M}_{st}^{r(1)}(k_1r') \cdot \hat{n}_1\mathrm{d}S_1'
\end{cases} \quad (5.3.17)
$$

$E_{mnpq}'^{(1)}$、$F_{mnpq}'^{(1)}$、$H_{mnpq}'^{(1)}$ 和 $I_{mnpq}'^{(1)}$ 的表达式只需把 $E_{mnpq}^{(1)}$、$F_{mnpq}^{(1)}$、$H_{mnpq}^{(1)}$ 和 $I_{mnpq}^{(1)}$ 中的球矢量波函数 $\boldsymbol{M}_{pq}^{r(1)}(k'r')$ 和 $\boldsymbol{N}_{pq}^{r(1)}(k'r')$，用相应的 $\boldsymbol{M}_{pq}^{r(3)}(k'r')$ 和 $\boldsymbol{N}_{pq}^{r(3)}(k'r')$ 代替即可。

对于 S_1' 的内部空间 (inside S_1')，可以采用同样的思路，把式 (5.3.2) 和式 (5.3.14) 代入式 (5.3.12)，同时令每个 $\boldsymbol{M}_{mn}^{r(1)}(k'r')$ 和 $\boldsymbol{N}_{mn}^{r(1)}(k'r')$ 前面的系数为零，可得

$$
\sum_{p=-\infty}^{\infty}\sum_{q=|p|}^{\infty}[(F_{mnpq}^{(3)}+E_{mnpq}^{(3)})c_{pq}+(F_{mnpq}'^{(3)}+E_{mnpq}'^{(3)})c_{pq}'
$$

$$
+(I_{mnpq}^{(3)}+H_{mnpq}^{(3)})d_{pq}+(I_{mnpq}'^{(3)}+H_{mnpq}'^{(3)})d_{pq}']
$$

$$
=\sum_{s=-\infty}^{\infty}\sum_{t=|s|}^{\infty}\left[\left(\frac{\eta}{\eta_1}F_{mnst}^{(3+)}+E_{mnst}^{(3+)}\right)e_{st}+\left(\frac{\eta}{\eta_1}I_{mnst}^{(3+)}+H_{mnst}^{(3+)}\right)f_{st}\right] \quad (5.3.18)
$$

$$
\sum_{p=-\infty}^{\infty}\sum_{q=|p|}^{\infty}[(H_{mnpq}^{(3)}+I_{mnpq}^{(3)})c_{pq}+(H_{mnpq}'^{(3)}+I_{mnpq}'^{(3)})c_{pq}'
$$

$$
+(E_{mnpq}^{(3)}+F_{mnpq}^{(3)})d_{pq}+(E_{mnpq}'^{(3)}+F_{mnpq}'^{(3)})d_{pq}'
$$

$$
=\sum_{s=-\infty}^{\infty}\sum_{t=|s|}^{\infty}\left[\left(\frac{\eta}{\eta_1}H_{mnst}^{(3+)}+I_{mnst}^{(3+)}\right)e_{st}+\left(\frac{\eta}{\eta_1}E_{mnst}^{(3+)}+F_{mnst}^{(3+)}\right)f_{st}\right] \quad (5.3.19)
$$

$E_{mnpq}^{(3)}$、$E_{mnpq}'^{(3)}$、$F_{mnpq}^{(3)}$、$F_{mnpq}'^{(3)}$、$H_{mnpq}^{(3)}$、$H_{mnpq}'^{(3)}$、$I_{mnpq}^{(3)}$、$I_{mnpq}'^{(3)}$、$E_{mnst}^{(3+)}$、$F_{mnst}^{(3+)}$、$H_{mnst}^{(3+)}$ 和 $I_{mnst}^{(3+)}$ 的具体表达式，只需把 $E_{mnpq}^{(1)}$、$E_{mnpq}'^{(1)}$、$F_{mnpq}^{(1)}$、$F_{mnpq}'^{(1)}$、$H_{mnpq}^{(1)}$、$H_{mnpq}'^{(1)}$、$I_{mnpq}^{(1)}$、$I_{mnpq}'^{(1)}$、$E_{mnst}^{(1+)}$、$F_{mnst}^{(1+)}$、$H_{mnst}^{(1+)}$ 和 $I_{mnst}^{(1+)}$ 中的球矢量波函数 $\boldsymbol{M}_{(-m)n}^{r(1)}(k'r')$ 和 $\boldsymbol{N}_{(-m)n}^{r(1)}(k'r')$，用相应的 $\boldsymbol{M}_{(-m)n}^{r(3)}(k'r')$ 和 $\boldsymbol{N}_{(-m)n}^{r(3)}(k'r')$ 代替即可。

通过求解由式 (5.3.4) 和式 (5.3.5)、式 (5.3.15) 和式 (5.3.16)、式 (5.3.18) 和式 (5.3.19) 组成的方程组，即可求出各区域的场相应的展开系数，进而求出场分布以及其他散射参数。

为了求解方程组，需要对级数进行截断。对于每个 $m=-M,\ -M+1,\ \cdots,\ M$；$p=-M,\ -M+1,\ \cdots,\ M$ 和 $s=-M,\ -M+1,\ \cdots,\ M$，取 $n=|m|,\ |m|+1,\ \cdots,\ |m|+N$；$q=|p|,\ |p|+1,\ \cdots,\ |p|+N$ 和 $t=|s|,\ |s|+1,\ \cdots,\ |s|+N$。$M$ 和 N 称为截断数，在计算中通常进行尝试性的取值。例如，一般 M 从 10、N 从 20 开始连续取值，直到结果满足一定的精度即可。这样，方程组就成为了一个含有 $6\times(2M+1)\times(N+1)$ 个未知数的方程组，此时可以采用通常的求解方法，如采用高斯消去法进行求解，求出展开系数 c_{pq}、c_{pq}'、d_{pq}、d_{pq}'、e_{st} 和 f_{st}。求出这些系数之后，把系数 c_{pq}、c_{pq}'、d_{pq} 和 d_{pq}' 代入式 (5.3.10) 和式 (5.3.11)，即可求出散射场的展开系数 α_{mn} 和 β_{mn}。

对于轴对称的情况 ($\partial r/\partial\varphi=0$，内外物体均取 z 轴为旋转轴)，考虑关系式 (3.3.8)，则不同的 m、p 和 s 之间不再耦合，方程组的尺寸会减小很大。此

时对每个 $m = p = s = -M, -M + 1, \cdots, M$，方程组成了一个只有 $6(N + 1)$ 个未知数的方程组，从而使计算量得到很大减少。

5.3.2   数值算例

图 5.14 为双层旋转长椭球粒子，其中外层椭球的半长轴和半短轴分别为 a 和 b，内层的分别为 a_1 和 b_1。

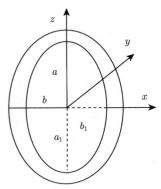

图 5.14   双层旋转长椭球粒子

从图 5.15 和图 5.16 可看出，在 θ 约等于 $\beta = 60°$ 的方向时，散射强度最大，即前向散射最强，这也是 Mie 散射的一个重要特征。其中，参数为 $a = 1.5\lambda$，$a/b = 1.5$，$\tilde{n} = 1.33$，$a_1 = 1\lambda$，$a_1/b_1 = 2$，$\tilde{n}_1 = \sqrt{2}$，$z_0 = 0$，$\beta = 60°$，$w_0 = 5\lambda$。

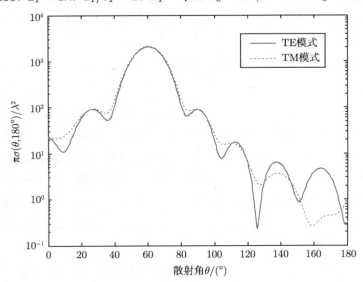

图 5.15   TE 和 TM 极化的高斯波束入射双层旋转长椭球粒子的归一化微分散射截面

图 5.15 为 TE 和 TM 极化的高斯波束入射双层旋转长椭球粒子的归一化微分散射截面。

图 5.16 为 TE 和 TM 极化的高斯波束入射双层圆柱粒子的归一化微分散射截面，其中参数为 $2l_0 = 1.5\lambda$, $l_0/r_0 = 1$, $\tilde{n} = 1.33$, $2l_1 = 1\lambda$, $l_1/r_1 = 1$, $\tilde{n}_1 = \sqrt{2}$, $z_0 = 0$, $\beta = 60°$, $w_0 = 5\lambda$。

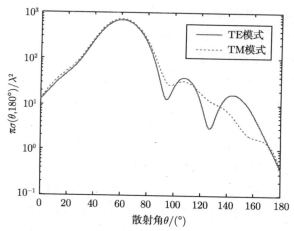

图 5.16 TE 和 TM 极化的高斯波束入射双层圆柱粒子的归一化微分散射截面

图 5.17 为双层圆柱粒子，其中外层圆柱的长度和横截面半径分别为 $2l_0$ 和 r_0，内层的分别为 $2l_1$ 和 r_1。

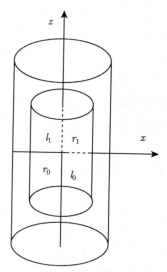

图 5.17 双层圆柱粒子

第6章 粒子对任意波束的散射

从第 5 章可知,应用扩展边界条件法求解粒子对电磁波束的散射,需要知道波束用球矢量波函数展开的表达式,这对于很多常见波束来说往往是非常困难的。常见波束,如高斯波束、零阶贝塞尔波束、厄米-高斯波束等,对它们的描述都是各阶近似描述,并不严格满足麦克斯韦方程。这些波束用球矢量波函数展开时,展开系数往往是空间坐标的函数,在理论上是很难接受的。在实际应用中,展开系数的确定通常需要一些技术上的处理,而这些方法的适用性并不强,因此对每个波束都需要细致的讨论,往往结果并不令人满意。本章在第 4 章投影法的基础上,研究粒子对任意波束的散射,在该方法中只需知道波束的精确描述,可以用球、圆柱等矢量波函数展开的形式进行描述,也可以在直角坐标系中进行描述。该方法具有普遍的意义,理论上可以应用于任意形状粒子和任意入射波束的情况。

6.1 均匀介质粒子对任意波束的散射

6.1.1 均匀介质粒子对任意波束散射的一般理论

图 6.1 是粒子对任意波束散射示意图,入射波束在直角坐标系 $O'x'y'z'$ (波束坐标系) 中描述,沿正 z' 轴传输。取一个辅助直角坐标系 $Ox''y''z''$,它与坐标系 $O'x'y'z'$ 平行,原点 O 在 $O'x'y'z'$ 中的坐标为 (x_0, y_0, z_0)。粒子在直角坐标系 $Oxyz$ 内,直角坐标系 $Oxyz$ 是坐标系 $Ox''y''z''$ 通过旋转两个欧拉角 α 和 β 而得到的,即 Oz 轴在 $Ox''y''z''$ 中的两个球坐标为 $\theta = \beta$ 和 $\varphi = \alpha$,取电磁场的时谐因子为 $\exp(-\mathrm{i}\omega t)$。

与前面方法相类似,把粒子的散射场用属于 $Oxyz$ 的第三类球矢量波函数进行展开为

$$\boldsymbol{E}^s = E_0 \sum_{m=-\infty}^{\infty} \sum_{n=|m|}^{\infty} [\alpha_{mn} \boldsymbol{M}_{mn}^{r(3)}(k) + \beta_{mn} \boldsymbol{N}_{mn}^{r(3)}(k)] \qquad (6.1.1)$$

$$\boldsymbol{H}^s = -\mathrm{i} \left(\frac{k}{\omega\mu} = \frac{1}{\eta} \right) E_0 \sum_{m=-\infty}^{\infty} \sum_{n=|m|}^{\infty} [\alpha_{mn} \boldsymbol{N}_{mn}^{r(3)}(k) + \beta_{mn} \boldsymbol{M}_{mn}^{r(3)}(k)] \qquad (6.1.2)$$

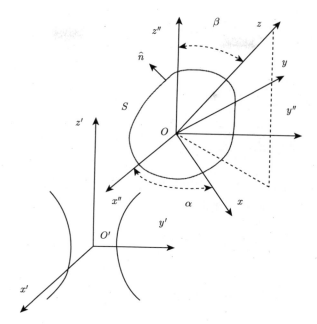

图 6.1 粒子对任意波束散射示意图

粒子内部的场用第一类球矢量波函数展开为

$$\boldsymbol{E}^w = E_0 \sum_{m=-\infty}^{\infty} \sum_{n=|m|}^{\infty} [\delta_{mn} \boldsymbol{M}_{mn}^{r(1)}(k') + \gamma_{mn} \boldsymbol{N}_{mn}^{r(1)}(k')] \tag{6.1.3}$$

$$\boldsymbol{H}^w = -\mathrm{i}\frac{1}{\eta'} E_0 \sum_{m=-\infty}^{\infty} \sum_{n=|m|}^{\infty} [\delta_{mn} \boldsymbol{N}_{mn}^{r(1)}(k') + \gamma_{mn} \boldsymbol{M}_{mn}^{r(1)}(k')] \tag{6.1.4}$$

其中，$k' = k\tilde{n}$，$\tilde{n}$ 为粒子的组成介质相对于自由空间的折射率；$\eta' = \dfrac{k'}{\omega\mu'}$。

粒子表面的电磁场边界条件可表示为

$$\hat{n} \times (\boldsymbol{E}^s + \boldsymbol{E}^i) = \hat{n} \times \boldsymbol{E}^w \tag{6.1.5}$$

$$\hat{n} \times (\boldsymbol{H}^s + \boldsymbol{H}^i) = \hat{n} \times \boldsymbol{H}^w \tag{6.1.6}$$

其中，$\boldsymbol{E}^i$ 和 $\boldsymbol{H}^i$ 为入射波束的电场和磁场强度；$\hat{n}$ 为粒子表面的外法向单位矢量。

把式 (6.1.1)~式 (6.1.4) 代入式 (6.1.5) 和式 (6.1.6)，可得

$$\hat{n} \times E_0 \sum_{m=-\infty}^{\infty} \sum_{n=|m|}^{\infty} [\alpha_{mn} \boldsymbol{M}_{mn}^{r(3)}(k) + \beta_{mn} \boldsymbol{N}_{mn}^{r(3)}(k)] + \hat{n} \times \boldsymbol{E}^i$$

$$= \hat{n} \times E_0 \sum_{m=-\infty}^{\infty} \sum_{n=|m|}^{\infty} [\delta_{mn} \boldsymbol{M}_{mn}^{r(1)}(k') + \gamma_{mn} \boldsymbol{N}_{mn}^{r(1)}(k')] \tag{6.1.7}$$

$$\hat{n} \times E_0 \sum_{m=-\infty}^{\infty} \sum_{n=|m|}^{\infty} [\alpha_{mn} \boldsymbol{N}_{mn}^{r(3)}(k) + \beta_{mn} \boldsymbol{M}_{mn}^{r(3)}(k)] + \mathrm{i}\eta\hat{n} \times \boldsymbol{H}^i$$

$$= \hat{n} \times \frac{\eta}{\eta'} E_0 \sum_{m=-\infty}^{\infty} \sum_{n=|m|}^{\infty} [\delta_{mn} \boldsymbol{N}_{mn}^{r(1)}(k') + \gamma_{mn} \boldsymbol{M}_{mn}^{r(1)}(k')] \tag{6.1.8}$$

在式 (6.1.7) 和式 (6.1.8) 两边分别点乘第一类矢量波函数 $\boldsymbol{M}_{m'n'}^{r(1)}(k)$ 和 $\boldsymbol{N}_{m'n'}^{r(1)}(k)$，并在粒子表面 S 上求面积分 (投影法)，可得

$$-\oint_S \boldsymbol{M}_{m'n'}^{r(1)}(k) \times \boldsymbol{E}^i \cdot \hat{n}\mathrm{d}S = E_0 \sum_{m=-\infty}^{\infty} \sum_{n=|m|}^{\infty} [U_{m'n'mn}\alpha_{mn} + V_{m'n'mn}\beta_{mn}]$$

$$-E_0 \sum_{m=-\infty}^{\infty} \sum_{n=|m|}^{\infty} [U_{m'n'mn}^w \delta_{mn} + V_{m'n'mn}^w \gamma_{mn}] \tag{6.1.9}$$

$$-\oint_S \boldsymbol{N}_{m'n'}^{r(1)}(k) \times \boldsymbol{E}^i \cdot \hat{n}\mathrm{d}S = E_0 \sum_{m=-\infty}^{\infty} \sum_{n=|m|}^{\infty} [K_{m'n'mn}\alpha_{mn} + L_{m'n'mn}\beta_{mn}]$$

$$-E_0 \sum_{m=-\infty}^{\infty} \sum_{n=|m|}^{\infty} [K_{m'n'mn}^w \delta_{mn} + L_{m'n'mn}^w \gamma_{mn}] \tag{6.1.10}$$

$$-\mathrm{i}\eta\oint_S \boldsymbol{M}_{m'n'}^{r(1)}(k) \times \boldsymbol{H}^i \cdot \hat{n}\mathrm{d}S = E_0 \sum_{m=-\infty}^{\infty} \sum_{n=|m|}^{\infty} [V_{m'n'mn}\alpha_{mn} + U_{m'n'mn}\beta_{mn}]$$

$$-E_0 \frac{\eta}{\eta'} \sum_{m=-\infty}^{\infty} \sum_{n=|m|}^{\infty} [V_{m'n'mn}^w \delta_{mn} + U_{m'n'mn}^w \gamma_{mn}] \tag{6.1.11}$$

$$-\mathrm{i}\eta\oint_S \boldsymbol{N}_{m'n'}^{r(1)}(k) \times \boldsymbol{H}^i \cdot \hat{n}\mathrm{d}S = E_0 \sum_{m=-\infty}^{\infty} \sum_{n=|m|}^{\infty} [L_{m'n'mn}\alpha_{mn} + K_{m'n'mn}\beta_{mn}]$$

$$-E_0 \frac{\eta}{\eta'} \sum_{m=-\infty}^{\infty} \sum_{n=|m|}^{\infty} [L_{m'n'mn}^w \delta_{mn} + K_{m'n'mn}^w \gamma_{mn}] \tag{6.1.2}$$

其中，参数为

$$U_{m'n'mn} = \oint_S \boldsymbol{M}_{m'n'}^{r(1)}(k) \times \boldsymbol{M}_{mn}^{r(3)}(k) \cdot \hat{n}\mathrm{d}S \tag{6.1.13}$$

$$V_{m'n'mn} = \oint_S \boldsymbol{M}_{m'n'}^{r(1)}(k) \times \boldsymbol{N}_{mn}^{r(3)}(k) \cdot \hat{n} \mathrm{d}S \tag{6.1.14}$$

$$K_{m'n'mn} = \oint_S \boldsymbol{N}_{m'n'}^{r(1)}(k) \times \boldsymbol{M}_{mn}^{r(3)}(k) \cdot \hat{n} \mathrm{d}S \tag{6.1.15}$$

$$L_{m'n'mn} = \oint_S \boldsymbol{N}_{m'n'}^{r(1)}(k) \times \boldsymbol{N}_{mn}^{r(3)}(k) \cdot \hat{n} \mathrm{d}S \tag{6.1.16}$$

参数 $U_{m'n'mn}^w$、$V_{m'n'mn}^w$、$K_{m'n'mn}^w$ 和 $L_{m'n'mn}^w$ 的表达式只需把 $U_{m'n'mn}$、$V_{m'n'mn}$、$K_{m'n'mn}$ 和 $L_{m'n'mn}$ 中的球矢量波函数 $\boldsymbol{M}_{mn}^{r(3)}(k)$ 和 $\boldsymbol{N}_{mn}^{r(3)}(k)$，用 $\boldsymbol{M}_{mn}^{r(1)}(k')$ 和 $\boldsymbol{N}_{mn}^{r(1)}(k')$ 代替即可。

对于由式 (6.1.13)~式 (6.1.16) 组成的方程组的求解，所遵循的思路与 5.2 节的讨论是一致的。对于关于 Oz 轴旋转对称的粒子，有如下方程组：

$$\sum_{n=|m|}^{\infty} \begin{pmatrix} U_{-mn'mn} & V_{-mn'mn} & -U_{-mn'mn}^w & -V_{-mn'mn}^w \\ K_{-mn'mn} & L_{-mn'mn} & -K_{-mn'mn}^w & -L_{-mn'mn}^w \\ V_{-mn'mn} & U_{-mn'mn} & -\dfrac{\eta}{\eta'}V_{-mn'mn}^w & -\dfrac{\eta}{\eta'}U_{-mn'mn}^w \\ L_{-mn'mn} & K_{-mn'mn} & -\dfrac{\eta}{\eta'}L_{-mn'mn}^w & -\dfrac{\eta}{\eta'}K_{-mn'mn}^w \end{pmatrix} \begin{pmatrix} \alpha_{mn} \\ \beta_{mn} \\ \delta_{mn} \\ \gamma_{mn} \end{pmatrix}$$

$$= \frac{1}{E_0} \begin{pmatrix} -\oint_S \boldsymbol{M}_{-mn'}^{r(1)}(k) \times \boldsymbol{E}^i \cdot \hat{n} \mathrm{d}S \\ -\oint_S \boldsymbol{N}_{-mn'}^{r(1)}(k) \times \boldsymbol{E}^i \cdot \hat{n} \mathrm{d}S \\ -\mathrm{i}\eta \oint_S \boldsymbol{M}_{-mn'}^{r(1)}(k) \times \boldsymbol{H}^i \cdot \hat{n} \mathrm{d}S \\ -\mathrm{i}\eta \oint_S \boldsymbol{N}_{-mn'}^{r(1)}(k) \times \boldsymbol{H}^i \cdot \hat{n} \mathrm{d}S \end{pmatrix} \tag{6.1.17}$$

在式 (6.1.17) 中设 $\boldsymbol{E}^i$ 和 $\boldsymbol{H}^i$ 是已知的，则等式右边的面积分也是已知的。类似 5.2 节的讨论，此时对每个 $m = -M, -M+1, \cdots, M$，取 $n = |m|, |m|+1, \cdots, |m|+N$，以及 $n' = |m|, |m|+1, \cdots, |m|+N$ (M 和 N 为截断数)，则式 (6.1.17) 成了一个包含 $4(N+1)$ 个未知数的方程组。求解方程组可得到散射场和粒子内部场的展开系数，进而可求出相应的场分布。

式 (6.1.13)~式 (6.1.16) 的具体表达式可参考式 (5.2.31)~式 (5.2.34) 确定，对于式 (6.1.17) 右边的面积分，以电场为例有

$$\oint_S \boldsymbol{M}_{-mn'}^{r(1)}(k') \times \boldsymbol{E}^i \cdot \hat{n} \mathrm{d}S$$

$$= \int_0^\pi \sin\theta d\theta \int_0^{2\pi} d\varphi \left[i(-m) \frac{P_{n'}^{-m}(\cos\theta)}{\sin\theta} j_{n'}(k'r) e^{-im\varphi} E_\varphi r^2 \right.$$

$$\left. + j_{n'}(k'r) \frac{dP_{n'}^{-m}(\cos\theta)}{d\theta} e^{-im\varphi} \left(r \frac{\partial r}{\partial\theta} E_r + r^2 E_\theta \right) \right] \qquad (6.1.18)$$

$$\oint_S \boldsymbol{N}_{-mn'}^{r(1)}(k') \times \boldsymbol{E}^i \cdot \hat{n} dS$$

$$= \int_0^\pi \sin\theta d\theta \int_0^{2\pi} d\varphi \left\{ \frac{j_{n'}(k'r)}{k'r} n'(n'+1) P_{n'}^{-m}(\cos\theta) e^{-im\varphi} E_\varphi r \frac{\partial r}{\partial\theta} \right.$$

$$+ \frac{1}{k'r} \frac{d}{d(k'r)} [k'r j_{n'}(k'r)] \frac{dP_{n'}^{-m}(\cos\theta)}{d\theta} e^{-im\varphi} E_\varphi r^2$$

$$\left. - i(-m) \frac{P_{n'}^{-m}(\cos\theta)}{\sin\theta} \frac{1}{k'r} \frac{d}{d(k'r)} [k'r j_{n'}(k'r)] e^{-im\varphi} \left(E_r r \frac{\partial r}{\partial\theta} + E_\theta r^2 \right) \right\} \quad (6.1.19)$$

式 (6.1.17) 两边出现的面积分用数值方法进行计算, 在 Matlab 程序中用简单的梯形法进行计算。

以图 5.6 所描述的旋转长椭球为例, 给出计算归一化微分散射截面的计算程序。其中, 微分散射截面为

$$\sigma(\theta,\varphi) = \frac{\lambda^2}{\pi} \left(|T_1(\theta,\varphi)|^2 + |T_2(\theta,\varphi)|^2 \right)$$

各参数为

$$T_1(\theta,\varphi) = \sum_{m=-\infty}^{\infty} \sum_{n=|m|}^{\infty} (-i)^n \left[m \frac{P_n^m(\cos\theta)}{\sin\theta} \alpha_{mn} + \frac{dP_n^m(\cos\theta)}{d\theta} \beta_{mn} \right] \qquad (6.1.20)$$

$$T_2(\theta,\varphi) = \sum_{m=-\infty}^{\infty} \sum_{n=|m|}^{\infty} (-i)^{n-1} \left[\frac{dP_n^m(\cos\theta)}{d\theta} \alpha_{mn} + m \frac{P_n^m(\cos\theta)}{\sin\theta} \beta_{mn} \right] \qquad (6.1.21)$$

6.1.2 计算程序和算例

在式 (6.1.20) 和式 (6.1.21) 中, 编程时用到的函数 $\pi_{mn} = m \frac{P_n^m(\cos\theta)}{\sin\theta}$ 和 $\tau_{mn} = \frac{dP_n^m(\cos\theta)}{d\theta}$ 的子程序已在 4.1 节中给出, 在这里可以直接调用。另外, 还需用到连带勒让德函数 $P_n^m(\cos\theta)$ 的子程序, 下面给出函数 $P_n^0(\cos\theta)$ 的子程序。

函数 $P_n^0(\cos\theta)$ 的子程序:

```
function y=lerd0(theta,N)
y=cos(theta);
for n=2:N+1
```

```
    y1=0;
    for k=0:fix(n/2)
y1=y1+(-1)^k/(prod(1:k)*prod(1:n-k))*prod(1:2*n-2*k)/prod(1:n-2*
    k)*cos(theta).^(n-2*k);
    end
    y=[y,y1/2^n];
end
```

函数 $P_n^m(\cos\theta), m \neq 0$ 的子程序:

```
function y=mlerd(theta,m,N)
mm=abs(m);
y=sin(theta).^mm/2^mm*prod(1:2*mm)/prod(1:mm);
if m>=0
    y=y;
else
    y=(-1)^mm/prod(1:2*mm)*y;
end
for n=mm+1:mm+N
    y1=0;
    for k=0:fix((n-mm)/2);
y1=y1+(-1)^k/(prod(1:k)*prod(1:n-k))*prod(1:2*n-2*k)/prod(1:n-mm
    -2*k)*cos(theta).^(n-mm-2*k);
    end
    y1=y1.*sin(theta).^mm/2^n;
    if m>=0
        y1=y1;
    else
        y1=(-1)^mm*prod(1:n-mm)/prod(1:n+mm)*y1;
    end
end
    y=[y,y1];
end
```

下面计算旋转长椭球对 TE 模式的高斯波束散射, 其中高斯波束采用 2.1 节给出的三阶近似描述。主程序如下:

```
%入射高斯波束波长
lamda=0.6328e-6;
%自由空间波数和特征阻抗(设粒子周围为自由空间)
k0=2*pi/lamda;
yita0=377;
%作图用的方位角φ和θ
fai=pi;
xita=(0:0.001*pi:pi).';
%n的截断数
N=25;
%梯形法求球面积分使用
step1=0.002*pi;
cita=0:step1:pi;lc=length(cita);
cita1=cita.';
juc=diag(step1/2*([0,ones(1,lc-1)]+[ones(1,lc-1),0]));
yju=ones(lc,1);
step2=0.005*pi;
phai=0:step2:2*pi;
lc1=length(phai);
phai1=phai.';
juf=diag(step2/2*([0,ones(1,lc1-1)]+[ones(1,lc1-1),0]));
yju1=ones(1,lc1);
%介质椭球的折射率
ref=1.33;
yita1=yita0/ref;
k1=k0*ref;
%椭球的半长轴
a=3*pi/(2*pi)*lamda;
%椭球的半长轴和半短轴之比
bili=2;
b=a/bili;
%对椭球的描述
r=a*b./sqrt(b^2*cos(cita).^2+a^2*sin(cita).^2);
rinv=r.';
```

```
pr=a*b*(b^2-a^2)*sin(cita).*cos(cita)./(b^2*cos(cita).^2+a^2*sin
    (cita).^2).^(3/2);
rcita=repmat(r,N+1,1);
prcita=repmat(pr,N+1,1);
scita=repmat(sin(cita),N+1,1);
%TE模式高斯波束的参数
%原点O的坐标
x0=1*lamda;y0=1*lamda;z0=0.5*lamda;
%α和β的值
alfa=pi/6;beta=pi/3;
x=rinv.*sin(cita1)*cos(phai);y=rinv.*sin(cita1)*sin(phai);z=rinv.
    *cos(cita1)*yju1;
x1=x0+x*cos(beta)*cos(alfa)-y*sin(alfa)+z*sin(beta)*cos(alfa);
y1=y0+x*cos(beta)*sin(alfa)+y*cos(alfa)+z*sin(beta)*sin(alfa);
z1=z0-x*sin(beta)+z*cos(beta);
%高斯波束腰半径
w0=5*lamda;
%高斯波的描述
expz=exp(i*k0*z1);
L=k0*w0^2;s=w0/L;ksaiz=z1/L;Q=1./(i-2*ksaiz);
zetax=x1/w0;yitay=y1/w0;srou=zetax.^2+yitay.^2;
zfai0=i*Q.*exp(-i*Q.*srou).*expz;
Ex1=-s^2*2*Q.^2.*zetax.*yitay.*zfai0;
Ey1=(1+s^2*(i*Q.^3.*srou.^2-Q.^2.*srou-2*Q.^2.*yitay.^2)).*zfai0;
Ez1=(s*2*Q.*yitay+s^3*(-6*Q.^3.*srou.*yitay+2*i*Q.^4.*srou.^2.*
    yitay)).*zfai0;
Hx1=-(1+s^2*(i*Q.^3.*srou.^2-Q.^2.*srou-2*Q.^2.*zetax.^2)).
    *zfai0;
Hy1=-Ex1;Hz1=-(s*2*Q.*zetax+s^3*(-6*Q.^3.*srou.*zetax+2*i*Q.^4.*
    srou.^2.*zetax)).*zfai0;
%高斯波电磁场的x,y和z分量
Ex=Ex1*cos(beta)*cos(alfa)+Ey1*cos(beta)*sin(alfa)-Ez1*sin(beta);
Ey=-Ex1*sin(alfa)+Ey1*cos(alfa);
Ez=Ex1*sin(beta)*cos(alfa)+Ey1*sin(beta)*sin(alfa)+Ez1*cos(beta);
```

```
Hx=Hx1*cos(beta)*cos(alfa)+Hy1*cos(beta)*sin(alfa)-Hz1*sin(beta);
Hy=-Hx1*sin(alfa)+Hy1*cos(alfa);
Hz=Hx1*sin(beta)*cos(alfa)+Hy1*sin(beta)*sin(alfa)+Hz1*cos(beta);
Er=Ex.*(sin(cita1)*cos(phai))+Ey.*(sin(cita1)*sin(phai))+Ez.*(cos
    (cita1)*yju1);
%高斯波电磁场的r,θ和Φ分量
Ecita=Ex.*(cos(cita1)*cos(phai))+Ey.*(cos(cita1)*sin(phai))-Ez.*
    (sin(cita1)*yju1);
Efai=-Ex.*(yju*sin(phai))+Ey.*(yju*cos(phai));
Hr=Hx.*(sin(cita1)*cos(phai))+Hy.*(sin(cita1)*sin(phai))+Hz.*(cos
    (cita1)*yju1);
Hcita=Hx.*(cos(cita1)*cos(phai))+Hy.*(cos(cita1)*sin(phai))-Hz.*
    (sin(cita1)*yju1);
Hfai=-Hx.*(yju*sin(phai))+Hy.*(yju*cos(phai));
%
Tm1=0;Tm2=0;
for m=-8:8
    mm=abs(m);
    if m==0
        nn=1:N+1;
        nt=nn';
        n1=repmat(nt,1,lc);
        n2=repmat(nn,lc,1);
        Nlerd=lerd0(cita1,N);Npai=pai0(cita1,N);
            Ntao=tao0(cita1,N);
        Plerd=Nlerd;Ppai=Npai;Ptao=Ntao;
        xpai=pai0(xita,N);xtao=tao0(xita,N);
    else
        nn=mm:mm+N;
        nt=nn';
        n1=repmat(nt,1,lc);
        n2=repmat(nn,lc,1);
Nlerd=mlerd(cita1,-m,N);Npai=mpai(cita1,-m,N);Ntao=mtao(cita1,-m,
    N);
```

```
Plerd=mlerd(cita1,m,N);Ppai=mpai(cita1,m,N);Ptao=mtao(cita1,m,N);
        xpai=mpai(xita,m,N);xtao=mtao(xita,m,N);
    end
    %球贝塞尔函数
    yuans1=sqrt(pi./(2*k0*rcita)).*besselj(nn+1/2,k0*rinv).';
    %用递推关系式求球贝塞尔函数除以其宗量
yuans2=sqrt(pi./(2*k0*rcita))./(2*n1+1).*(besselj(nn-1/2,k0*rinv)
    +besselj(nn+3/2,k0*rinv)).';
    %用递推关系式求球贝塞尔函数乘其宗量，然后求导数再除以其宗量
yuans3=sqrt(pi./(2*k0*rcita))./(2*n1+1).*((n1+1).*besselj(nn-1/2,
    k0*rinv).'-n1.*besselj(nn+3/2,k0*rinv).');
    %
    yuans4=sqrt(pi./(2*k0*rcita)).*besselh(nn+1/2,k0*rinv).';
yuans5=sqrt(pi./(2*k0*rcita))./(2*n1+1).*(besselh(nn-1/2,k0*rinv)
    +besselh(nn+3/2,k0*rinv)).';
yuans6=sqrt(pi./(2*k0*rcita))./(2*n1+1).*((n1+1).*besselh(nn-1/2,
    k0*rinv).'-n1.*besselh(nn+3/2,k0*rinv).');
    %
    yuansw1=sqrt(pi./(2*k1*rcita)).*besselj(nn+1/2,k1*rinv).';
yuansw2=sqrt(pi./(2*k1*rcita))./(2*n1+1).*(besselj(nn-1/2,k1*rinv
    )+besselj(nn+3/2,k1*rinv)).';
yuansw3=sqrt(pi./(2*k1*rcita))./(2*n1+1).*((n1+1).*besselj(nn-1/
    2,k1*rinv).'-n1.*besselj(nn+3/2,k1*rinv).');
    %构造方程组
U=i*(yuans1.*rcita.^2.*scita*(-1).*Npai.'*juc*(yuans4.'.*Ptao)+
    yuans1.*rcita.^2.*scita.*Ntao.'*juc*(yuans4.'.*Ppai));
V=yuans1.*rcita.^2.*scita*(-1).*Npai.'*juc*(yuans6.'.*Ppai)+
    yuans1.*rcita.^2.*scita.*Ntao.'*juc*(yuans6.'.*Ptao)+yuans1.*
    rcita.*prcita.*scita.*Ntao.'*juc*(yuans5.'.*n2.*(n2+1).*Plerd
    );
K=yuans3.*rcita.^2.*scita.*Npai.'*juc*(yuans4.'.*Ppai)-yuans3.*
    rcita.^2.*scita.*Ntao.'*juc*(yuans4.'.*Ptao)-yuans2.*rcita.*
    prcita.*scita.*n1.*(n1+1).*Nlerd.'*juc*(yuans4.'.*Ptao);
L=i*(yuans2.*rcita.*prcita.*scita.*n1.*(n1+1).*Nlerd.'*juc*
```

```
(yuans6.'.*Ppai)+yuans3.*rcita.*prcita.*scita.*Nlerd.'*juc*
(yuans5.'.*n2.*(n2+1).*Ppai)+yuans3.*rcita.^2.*scita.*Ntao.'*
juc*(yuans6.'.*Ppai)-yuans3.*rcita.^2.*scita.*Npai.'*juc*
(yuans6.'.*Ptao));
    %
UW=i*(yuans1.*rcita.^2.*scita*(-1).*Npai.'*juc*(yuansw1.'.*Ptao)+
    yuans1.*rcita.^2.*scita.*Ntao.'*juc*(yuansw1.'.*Ppai));
VW=yuans1.*rcita.^2.*scita*(-1).*Npai.'*juc*(yuansw3.'.*Ppai)+
    yuans1.*rcita.^2.*scita.*Ntao.'*juc*(yuansw3.'.*Ptao)+yuans1.
    *rcita.*prcita.*scita.*Ntao.'*juc*(yuansw2.'.*n2.*(n2+1).*
    Plerd);
KW=yuans3.*rcita.^2.*scita.*Npai.'*juc*(yuansw1.'.*Ppai)-yuans3.*
    rcita.^2.*scita.*Ntao.'*juc*(yuansw1.'.*Ptao)-yuans2.*rcita.*
    prcita.*scita.*n1.*(n1+1).*Nlerd.'*juc*(yuansw1.'.*Ptao);
LW=i*(yuans2.*rcita.*prcita.*scita.*n1.*(n1+1).*Nlerd.'*juc*
    (yuansw3.'.*Ppai)+yuans3.*rcita.*prcita.*scita.*Nlerd.'*juc*
    (yuansw2.'.*n2.*(n2+1).*Ppai)+yuans3.*rcita.^2.*scita.*Ntao.
    '*juc*(yuansw3.'.*Ppai)-yuans3.*rcita.^2.*scita.*Npai.'*juc*
    (yuansw3.'.*Ptao));
    %
ME=i*yuans1.*Npai.'.*scita.*rcita.^2*juc*Efai+yuans1.*Ntao.'.*
    scita.*rcita.*prcita*juc*Er+yuans1.*Ntao.'.*scita.*rcita.^2*
    juc*Ecita;
    ME=ME*juf*(exp(-i*m*phai1))/(2*pi);
NE=yuans2.*n1.*(n1+1).*Nlerd.'.*scita.*rcita.*prcita*juc*Efai+
    yuans3.*Ntao.'.*scita.*rcita.^2*juc*Efai-i*yuans3.*Npai.'.*
    scita.*rcita.*prcita*juc*Er-i*yuans3.*Npai.'.*scita.*rcita.^2
    *juc*Ecita;
    NE=NE*juf*(exp(-i*m*phai1))/(2*pi);
MH=i*yuans1.*Npai.'.*scita.*rcita.^2*juc*Hfai+yuans1.*Ntao.'.*
    scita.*rcita.*prcita*juc*Hr+yuans1.*Ntao.'.*scita.*rcita.^2*
    juc*Hcita;
    MH=MH*juf*(exp(-i*m*phai1))/(2*pi);
NH=yuans2.*n1.*(n1+1).*Nlerd.'.*scita.*rcita.*prcita*juc*Hfai+
```

```
    yuans3.*Ntao'.*scita.*rcita.^2*juc*Hfai-i*yuans3.*Npai.'.*
    scita.*rcita.*prcita*juc*Hr-i*yuans3.*Npai.'.*scita.*rcita.^2
    *juc*Hcita;
    NH=NH*juf*(exp(-i*m*phai1))/(2*pi);
    %
XX=[U,V,-UW,-VW;K,L,-KW,-LW;V,U,-yita0/yita1*VW,-yita0/yita1*UW;
    L,K,-yita0/yita1*LW,-yita0/yita1*KW];
YY=[-ME;-NE;-i*MH;-i*NH];
%求解方程组、确定展开系数、计算归一化的微分散射截面
    x=XX\YY;
    alpmn=(-i).^nt.*x(1:N+1);
    betmn=(-i).^nt.*x(N+2:2*N+2);
    dstheta=exp(i*m*fai)*(xpai*alpmn+xtao*betmn);
    dsfai=exp(i*m*fai)*i*(xtao*alpmn+xpai*betmn);
    Tm1=Tm1+dstheta;
    Tm2=Tm2+dsfai;
end
Tm=abs(Tm1).^2+abs(Tm2).^2;
plot(xita/pi*180,Tm);
```

从上述程序计算的旋转长椭球对高斯波束微分散射截面的数值结果, 与 3.2 节和 4.2 节及第 5 章扩展边界条件法的结果是一致的, 这里不再进行比较.

计算其他旋转对称粒子对高斯波束的散射时, 只需把对旋转长椭球粒子的描述换成其他粒子即可, 包括粒子组成物质的介电常数和粒子表面在球坐标系中的描述.

计算粒子对其他波束散射时, 也只需把对高斯波束的描述换成其他波束即可. 因此, 程序对各种粒子和入射波束具有通用性.

由本节理论和程序计算的任意波束入射旋转椭球粒子的归一化微分散射截面与 4.2 节的结果一致, 这里不再给出相关算例. 同样, 旋转椭球和有限长圆柱对高斯波束的归一化微分散射截面与第 5 章的结果也吻合很好, 也不再给出算例. 下面以雨滴形粒子对高斯波束的散射, 雨滴形和有限长圆柱粒子对零阶贝塞尔波束、厄米-高斯波束和拉盖尔-高斯波束的散射为例, 给出归一化微分散射截面的数值结果.

　　如图 6.2 所示的雨滴形粒子, 上面是一个半球, 下面为稍微偏离球形的半个椭球, 是球形雨滴由于重力作用而形成的。

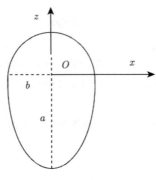

图 6.2　雨滴形粒子

　　球的半径以及椭球的半短轴为 b, 椭球的半长轴为 a, 则雨滴形粒子的表面可描述为

$$r(\theta) = \begin{cases} b, & 0 \leqslant \theta \leqslant \pi/2 \\ \dfrac{ab}{\sqrt{b^2 \cos^2 \theta + a^2 \sin^2 \theta}}, & \pi/2 < \theta \leqslant \pi \end{cases} \tag{6.1.22}$$

$$\frac{\mathrm{d}r}{\mathrm{d}\theta} = \begin{cases} 0, & 0 \leqslant \theta \leqslant \pi/2 \\ \dfrac{ab(b^2 - a^2) \sin \theta \cos \theta}{(b^2 \cos^2 \theta + a^2 \sin^2 \theta)^{\frac{3}{2}}}, & \pi/2 < \theta \leqslant \pi \end{cases} \tag{6.1.23}$$

　　图 6.3 为雨滴形粒子对 TE 和 TM 模式的高斯波束散射的归一化微分散射截面, 其中的参数为半长轴 $a = 1.5\lambda$, 半长轴和半短轴的比为 1.4, 粒子的相对折射率 $\tilde{n} = 1.33$; 高斯波束束腰半径 $w_0 = 5\lambda$, O 的坐标为 $x_0 = y_0 = 1\lambda$, $z_0 = 0.5\lambda$, 角度 $\alpha = 30°$, $\beta = 60°$。

　　下面给出这三种波束入射雨滴形和有限长圆柱粒子的归一化微分散射截面。

　　图 6.4 雨滴形粒子对零阶贝塞尔波束散射的归一化微分散射截面, 其中雨滴形粒子的参数为 $a = 1.5\lambda$, $a/b = 1.4$, $\tilde{n} = 1.33$; 零阶贝塞尔波束的半锥角为 $\psi = \pi/3$, O 的坐标为 $x_0 = y_0 = z_0 = 0$, 入射角度 $\alpha = 30°$, $\beta = 60°$。

　　图 6.5 为有限长圆柱粒子对零阶贝塞尔波束散射的归一化微分散射截面, 其中的参数为圆柱的长度 $l_0 = 1.5\lambda$, 圆柱长度与横截面半径的比 $l_0/r_0 = 2$, 圆柱粒子的相对折射率 $\tilde{n} = 1.33$; 零阶贝塞尔波束的参数为 $\psi = 60°$, $x_0 = y_0 = z_0 = 0$,

$\alpha = 30°$，$\beta = 60°$。

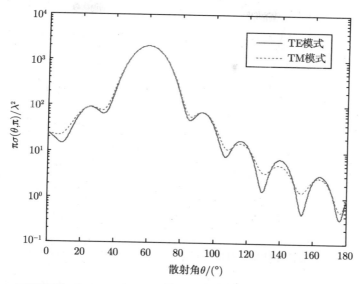

图 6.3 雨滴形粒子对 TE 和 TM 模式的高斯波束散射的归一化微分散射截面

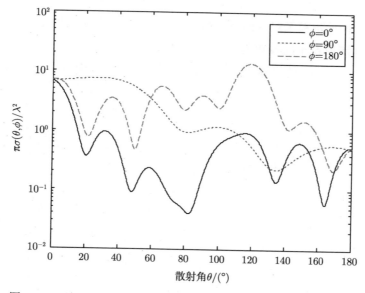

图 6.4 雨滴形粒子对零阶贝塞尔波束散射的归一化微分散射截面

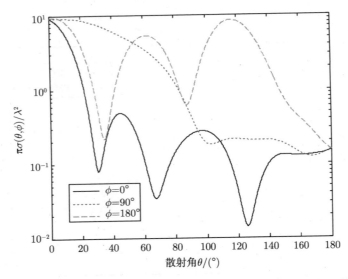

图 6.5　有限长圆柱粒子对零阶贝塞尔波束散射的归一化微分散射截面

图 6.4 和图 6.5 体现了零阶贝塞尔波束散射的典型特点, 即并不是前向 $(\theta = \beta)$ 最强。

图 6.6 为雨滴形粒子对 $\mathrm{TEM}_{10}^{(x')}$ 模式的厄米–高斯波束散射的归一化微分散射截面, 其中雨滴形粒子的参数为 $a = 1.5\lambda$, $a/b = 1.4$, $\tilde{n} = 1.33$; 厄米–高斯波束的束腰半径 $w_0 = 5\lambda$, O 的坐标为 $x_0 = y_0 = z_0 = 0$, 入射角度 $\alpha = 30°$, $\beta = 60°$。

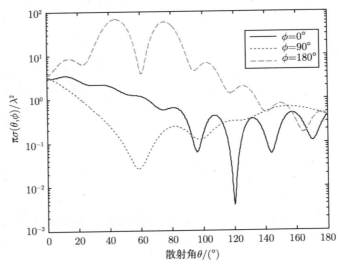

图 6.6　雨滴形粒子对 $\mathrm{TEM}_{10}^{(x')}$ 模式的厄米–高斯波束散射的归一化微分散射截面

图 6.7 为有限长圆柱粒子对 $\mathrm{TEM}_{10}^{(x')}$ 模式的厄米–高斯波束散射的归一化微分散射截面，其中圆柱粒子的参数为 $l_0 = 1.5\lambda$，$l_0/r_0 = 2$，$\tilde{n} = 1.33$；厄米–高斯波束的参数为 $w_0 = 5\lambda$，$x_0 = y_0 = z_0 = 0$，$\alpha = 30°$，$\beta = 60°$。

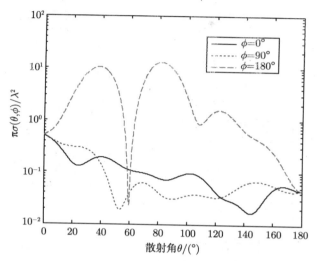

图 6.7　有限长圆柱粒子对 $\mathrm{TEM}_{10}^{(x')}$ 模式的厄米–高斯波束散射的归一化微分散射截面

图 6.8 为雨滴形粒子对 $\mathrm{TEM}_{dn}^{(\mathrm{rad})}$ 模式的拉盖尔–高斯波束散射的归一化微分散射截面，其中雨滴形粒子的参数为 $a = 1.5\lambda$，$a/b = 1.4$，$\tilde{n} = 1.33$；拉盖尔–高斯波束的束腰半径 $w_0 = 5\lambda$，O 的坐标为 $x_0 = y_0 = z_0 = 0$，入射角度 $\alpha = 30°$，$\beta = 60°$。

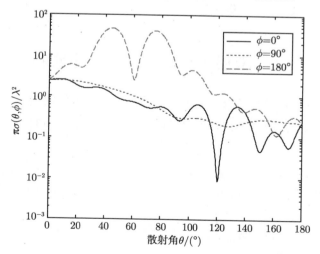

图 6.8　雨滴形粒子对 $\mathrm{TEM}_{dn}^{(\mathrm{rad})}$ 模式的拉盖尔–高斯波束散射的归一化微分散射截面

图 6.9 为有限长圆柱粒子对 $\mathrm{TEM}_{dn}^{\mathrm{(rad)}}$ 模式的拉盖尔–高斯波束散射的归一化微分散射截面，其中圆柱粒子的参数为 $l_0 = 1.5\lambda$，$l_0/r_0 = 2$，$\tilde{n} = 1.33$；拉盖尔–高斯波束的参数为 $w_0 = 5\lambda$，$x_0 = y_0 = z_0 = 0$，$\alpha = 30°$，$\beta = 60°$。

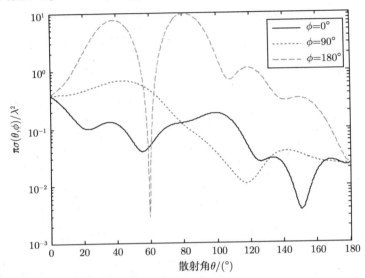

图 6.9　有限长圆柱粒子对 $\mathrm{TEM}_{dn}^{\mathrm{(rad)}}$ 模式的拉盖尔–高斯波束散射的归一化微分散射截面

对于 $\mathrm{TEM}_{10}^{(x')}$ 模式的厄米–高斯波束和 $\mathrm{TEM}_{dn}^{\mathrm{(rad)}}$ 模式的拉盖尔–高斯波束，由于它们在中心 (原点 O') 处均具有最小值，因此从图 6.8 和图 6.9 可看出在 $\theta = \beta$ 处散射强度具有明显的一个极小值。

6.2　双层粒子对任意波束的散射

图 6.10 为双层粒子对任意波束散射示意图，只需把如图 6.1 中的均匀粒子换成双层粒子即可。内外介质层的表面分别为 S_1 和 S，电磁场的时谐因子同样取为 $\exp(-\mathrm{i}\omega t)$。

双层粒子的散射场 $(\boldsymbol{E}^s, \boldsymbol{H}^s)$ 为式 (6.1.1) 和式 (6.1.2) 所给出的球矢量波函数展开式，外层粒子内部的场可用第一类和第三类球矢量波函数展开为

$$\boldsymbol{E}^w = E_0 \sum_{m=-\infty}^{\infty} \sum_{n=|m|}^{\infty} [c_{mn}\boldsymbol{M}_{mn}^{(1)}(k') + c'_{mn}\boldsymbol{M}_{mn}^{(3)}(k') + d_{mn}\boldsymbol{N}_{mn}^{(1)}(k') + d'_{mn}\boldsymbol{N}_{mn}^{(3)}(k')]$$

$$(6.2.1)$$

$$\boldsymbol{H}^w = -\mathrm{i}\frac{1}{\eta'}E_0 \sum_{m=-\infty}^{\infty} \sum_{n=|m|}^{\infty} [c_{mn}\boldsymbol{N}_{mn}^{(1)}(k') + c'_{mn}\boldsymbol{N}_{mn}^{(3)}(k')$$

$$+ d_{mn}\boldsymbol{M}_{mn}^{(1)}(k') + d'_{mn}\boldsymbol{M}_{mn}^{(3)}(k')] \tag{6.2.2}$$

其中，$k' = k\tilde{n}$，$\tilde{n}$ 为外层粒子的组成介质相对于自由空间的折射率；$\eta' = \dfrac{k'}{\omega\mu'}$。

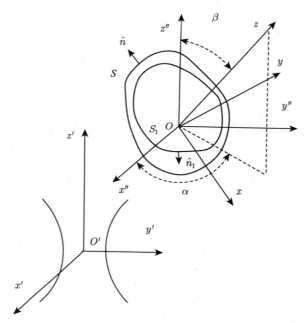

图 6.10 双层粒子对任意波束散射示意图

内层粒子内部的场用第一类球矢量波函数展开为

$$\boldsymbol{E}^{w(1)} = E_0 \sum_{m=-\infty}^{\infty} \sum_{n=|m|}^{\infty} [\delta_{mn}\boldsymbol{M}_{mn}^{r(1)}(k_1) + \gamma_{mn}\boldsymbol{N}_{mn}^{r(1)}(k_1)] \tag{6.2.3}$$

$$\boldsymbol{H}^{w(1)} = -\mathrm{i}\frac{1}{\eta_1}E_0 \sum_{m=-\infty}^{\infty} \sum_{n=|m|}^{\infty} [\delta_{mn}\boldsymbol{N}_{mn}^{r(1)}(k') + \gamma_{mn}\boldsymbol{M}_{mn}^{r(1)}(k_1)] \tag{6.2.4}$$

其中，$k' = k\tilde{n}$，$\tilde{n}$ 为内层粒子的组成介质相对于自由空间的折射率；$\eta_1 = \dfrac{k_1}{\omega\mu_1}$。

在外层粒子和自由空间的分界面 S 上具有如式 (6.1.5) 和式 (6.1.6) 的边界条件。把散射场外层粒子内部场的展开式代入边界条件可得

$$\hat{\boldsymbol{n}} \times E_0 \sum_{m=-\infty}^{\infty} \sum_{n=|m|}^{\infty} [\alpha_{mn}\boldsymbol{M}_{mn}^{(3)}(k) + \beta_{mn}\boldsymbol{N}_{mn}^{(3)}(k)] + \hat{\boldsymbol{n}} \times \boldsymbol{E}^i$$

$$= \hat{n} \times E_0 \sum_{m=-\infty}^{\infty} \sum_{n=|m|}^{\infty} [c_{mn} \boldsymbol{M}_{mn}^{(1)}(k') + c'_{mn} \boldsymbol{M}_{mn}^{(3)}(k')$$

$$+ d_{mn} \boldsymbol{N}_{mn}^{(1)}(k') + d'_{mn} \boldsymbol{N}_{mn}^{(3)}(k')] \tag{6.2.5}$$

$$\hat{n} \times E_0 \sum_{m=-\infty}^{\infty} \sum_{n=|m|}^{\infty} [\alpha_{mn} \boldsymbol{N}_{mn}^{(3)}(k) + \beta_{mn} \boldsymbol{M}_{mn}^{(3)}(k)] + \hat{n} \times \mathrm{i}\eta \boldsymbol{H}^i$$

$$= \hat{n} \times E_0 \frac{\eta}{\eta'} \sum_{m=-\infty}^{\infty} \sum_{n=|m|}^{\infty} [c_{mn} \boldsymbol{N}_{mn}^{(1)}(k') + c'_{mn} \boldsymbol{N}_{mn}^{(3)}(k')$$

$$+ d_{mn} \boldsymbol{M}_{mn}^{(1)}(k') + d'_{mn} \boldsymbol{M}_{mn}^{(3)}(k')] \tag{6.2.6}$$

遵循 6.1 节中的思路, 在式 (6.2.5) 和式 (6.2.6) 两边分别点乘球矢量波函数 $\boldsymbol{M}_{(-m')n'}^{(1)}(k)$ 和 $\boldsymbol{N}_{(-m')n'}^{(1)}(k)$, 然后在分界面 S 上进行积分可得

$$-\oint_S \boldsymbol{M}_{(-m')n'}^{(1)}(k_0\boldsymbol{r}) \times \boldsymbol{E}^i \cdot \hat{n}\mathrm{d}S = E_0 \sum_{m=-\infty}^{\infty} \sum_{n=|m|}^{\infty} [U_{m'n'mn}\alpha_{mn} + V_{m'n'mn}\beta_{mn}]$$

$$- E_0 \sum_{m=-\infty}^{\infty} \sum_{n=|m|}^{\infty} [U_{m'n'mn}^{(1)}c_{mn} + U_{m'n'mn}^{(3)}c'_{mn} + V_{m'n'mn}^{(1)}d_{mn} + V_{m'n'mn}^{(3)}d'_{mn}]$$

$$\tag{6.2.7}$$

$$-\oint_S \boldsymbol{N}_{(-m')n'}^{(1)}(k) \times \boldsymbol{E}^i \cdot \hat{n}\mathrm{d}S = E_0 \sum_{m=-\infty}^{\infty} \sum_{n=|m|}^{\infty} [K_{m'n'mn}\alpha_{mn} + L_{m'n'mn}\beta_{mn}]$$

$$- E_0 \sum_{m=-\infty}^{\infty} \sum_{n=|m|}^{\infty} [K_{m'n'mn}^{(1)}c_{mn} + K_{m'n'mn}^{(3)}c'_{mn} + L_{m'n'mn}^{(1)}d_{mn} + L_{m'n'mn}^{(3)}d'_{mn}]$$

$$\tag{6.2.8}$$

$$-\mathrm{i}\eta\oint_S \boldsymbol{M}_{(-m')n'}^{(1)}(k) \times \boldsymbol{H}^i \cdot \hat{n}\mathrm{d}S = E_0 \sum_{m=-\infty}^{\infty} \sum_{n=|m|}^{\infty} [V_{m'n'mn}\alpha_{mn} + U_{m'n'mn}\beta_{mn}]$$

$$- E_0 \frac{\eta}{\eta'} \sum_{m=-\infty}^{\infty} \sum_{n=|m|}^{\infty} [V_{m'n'mn}^{(1)}c_{mn} + V_{m'n'mn}^{(3)}c'_{mn} + U_{m'n'mn}^{(1)}d_{mn} + U_{m'n'mn}^{(3)}d'_{mn}]$$

$$\tag{6.2.9}$$

$$-\mathrm{i}\eta\oint_S \boldsymbol{N}_{(-m')n'}^{(1)}(k) \times \boldsymbol{H}^i \cdot \hat{n}\mathrm{d}S = E_0 \sum_{m=-\infty}^{\infty} \sum_{n=|m|}^{\infty} [L_{m'n'mn}\alpha_{mn} + K_{m'n'mn}\beta_{mn}]$$

$$- E_0 \frac{\eta}{\eta'} \sum_{m=-\infty}^{\infty} \sum_{n=|m|}^{\infty} [L_{m'n'mn}^{(1)}c_{mn} + L_{m'n'mn}^{(3)}c'_{mn} + K_{m'n'mn}^{(1)}d_{mn} + K_{m'n'mn}^{(3)}d'_{mn}]$$

$$\tag{6.2.10}$$

参数 $U_{m'n'mn}$、$V_{m'n'mn}$、$K_{m'n'mn}$ 和 $L_{m'n'mn}$ 的表达式分别为

$$U_{m'n'mn} = \oint_S \boldsymbol{M}^{(1)}_{(-m')n'}(k) \times \boldsymbol{M}^{(3)}_{mn}(k) \cdot \hat{n}\mathrm{d}S \tag{6.2.11}$$

$$V_{m'n'mn} = \oint_S \boldsymbol{M}^{(1)}_{(-m')n'}(k) \times \boldsymbol{N}^{(3)}_{mn}(k) \cdot \hat{n}\mathrm{d}S \tag{6.2.12}$$

$$K_{m'n'mn} = \oint_S \boldsymbol{N}^{(1)}_{(-m')n'}(k) \times \boldsymbol{M}^{(3)}_{mn}(k) \cdot \hat{n}\mathrm{d}S \tag{6.2.13}$$

$$L_{m'n'mn} = \oint_S \boldsymbol{N}^{(1)}_{(-m')n'}(k) \times \boldsymbol{N}^{(3)}_{mn}(k) \cdot \hat{n}\mathrm{d}S \tag{6.2.14}$$

参数 $U^{(j)}_{m'n'mn}$、$V^{(j)}_{m'n'mn}$、$K^{(j)}_{m'n'mn}$ 和 $L^{(j)}_{m'n'mn}(j=1,3)$ 的具体表达式只需把 $U_{m'n'mn}$、$V_{m'n'mn}$、$K_{m'n'mn}$ 和 $L_{m'n'mn}$ 中的球矢量波函数 $\boldsymbol{M}^{(3)}_{mn}(k)$ 和 $\boldsymbol{N}^{(3)}_{mn}(k)$，用相应的 $\boldsymbol{M}^{(j)}_{mn}(k')$ 和 $\boldsymbol{N}^{(j)}_{mn}(k')$ 代替即可得到。

应用边界条件和投影法，在式 (6.2.7)~式 (6.2.10) 中给出展开系数所满足的关系式，其他所需的关系式可由 5.3 节中的零场定理来给出，得到如式 (5.3.15)、式 (5.3.16) 与式 (5.3.18)、式 (5.3.19) 所示的关系式。这里不再应用零场定理进行具体推导，直接给出相应的关系式如下：

$$\sum_{m=-\infty}^{\infty} \sum_{n=|m|}^{\infty} [(V^{(1,1)}_{m'n'mn} + K^{(1,1)}_{m'n'mn})c_{mn} + (V^{(1,3)}_{m'n'mn} + K^{(1,3)}_{m'n'mn})c'_{mn}$$
$$+ (U^{(1,1)}_{m'n'mn} + L^{(1,1)}_{m'n'mn})d_{mn} + (U^{(1,3)}_{m'n'mn} + L^{(1,3)}_{m'n'mn})d'_{mn}]$$
$$= \sum_{m=-\infty}^{\infty} \sum_{n=|m|}^{\infty} \left[\left(\frac{\eta'}{\eta_1}V^{(1)}_{m'n'mn} + K^{(1)}_{m'n'mn} \right) \delta_{mn} + \left(\frac{\eta'}{\eta_1}U^{(1)}_{m'n'mn} + L^{(1)}_{m'n'mn} \right) \gamma_{mn} \right] \tag{6.2.15}$$

$$\sum_{m=-\infty}^{\infty} \sum_{n=|m|}^{\infty} [(L^{(1,1)}_{m'n'mn} + U^{(1,1)}_{m'n'mn})c_{mn} + (L^{(1,3)}_{m'n'mn} + U^{(1,3)}_{m'n'mn})c'_{mn}$$
$$+ (K^{(1,1)}_{m'n'mn} + V^{(1,1)}_{m'n'mn})d_{mn} + (K^{(1,3)}_{m'n'mn} + V^{(1,3)}_{m'n'mn})d'_{mn}]$$
$$= \sum_{m=-\infty}^{\infty} \sum_{n=|m|}^{\infty} \left[\left(\frac{\eta'}{\eta_1}L^{(1)}_{m'n'mn} + U^{(1)}_{m'n'mn} \right) \delta_{mn} + \left(\frac{\eta'}{\eta_1}K^{(1)}_{m'n'mn} + V^{(1)}_{m'n'mn} \right) \gamma_{mn} \right] \tag{6.2.16}$$

$$\sum_{m=-\infty}^{\infty} \sum_{n=|m|}^{\infty} [(V^{(3,1)}_{m'n'mn} + K^{(3,1)}_{m'n'mn})c_{mn} + (V^{(3,3)}_{m'n'mn} + K^{(3,3)}_{m'n'mn})c'_{mn}$$
$$+ (U^{(3,1)}_{m'n'mn} + L^{(3,1)}_{m'n'mn})d_{mn} + (U^{(3,3)}_{m'n'mn} + L^{(3,3)}_{m'n'mn})d'_{mn}]$$
$$= \sum_{m=-\infty}^{\infty} \sum_{n=|m|}^{\infty} \left[\left(\frac{\eta'}{\eta_1}V^{(3)}_{m'n'mn} + K^{(3)}_{m'n'mn} \right) \delta_{mn} + \left(\frac{\eta'}{\eta_1}U^{(3)}_{m'n'mn} + L^{(3)}_{m'n'mn} \right) \gamma_{mn} \right] \tag{6.2.17}$$

$$\sum_{m=-\infty}^{\infty} \sum_{n=|m|}^{\infty} [(L_{m'n'mn}^{(3,1)} + U_{m'n'mn}^{(3,1)})c_{mn} + (L_{m'n'mn}^{(3,3)} + U_{m'n'mn}^{(3,3)})c'_{mn}$$

$$+ (K_{m'n'mn}^{(3,1)} + V_{m'n'mn}^{(3,1)})d_{mn} + (K_{m'n'mn}^{(3,3)} + V_{m'n'mn}^{(3,3)})d'_{mn}]$$

$$= \sum_{m=-\infty}^{\infty} \sum_{n=|m|}^{\infty} \left[\left(\frac{\eta'}{\eta_1} L_{m'n'mn}^{(3)} + U_{m'n'mn}^{(3)} \right) \delta_{mn} + \left(\frac{\eta'}{\eta_1} K_{m'n'mn}^{(3)} + V_{m'n'mn}^{(3)} \right) \gamma_{mn} \right]$$

$$(6.2.18)$$

其中, 各个参数分别为 $(i, j = 1, 3)$

$$(U \quad V)_{m'n'mn}^{(i,j)} = \oint_S \boldsymbol{M}_{(-m')n'}^{(i)}(k') \times (\boldsymbol{M} \quad \boldsymbol{N})_{mn}^{(j)}(k') \cdot \hat{n} \mathrm{d}S \quad (6.2.19)$$

$$(K \quad L)_{m'n'mn}^{(i,j)} = \oint_S \boldsymbol{N}_{(-m')n'}^{(i)}(k') \times (\boldsymbol{M} \quad \boldsymbol{N})_{mn}^{(j)}(k') \cdot \hat{n} \mathrm{d}S \quad (6.2.20)$$

$$(U \quad K)_{m'n'mn}^{(i)} = \oint_{S_1} (\boldsymbol{M} \quad \boldsymbol{N})_{(-m')n'}^{(i)}(k') \times \boldsymbol{M}_{mn}^{(1)}(k_1) \cdot \hat{n}_1 \mathrm{d}S_1 \quad (6.2.21)$$

$$(V \quad L)_{m'n'mn}^{(i)} = \oint_{S_1} (\boldsymbol{M} \quad \boldsymbol{N})_{(-m')n'}^{(i)}(k') \times \boldsymbol{N}_{mn}^{(1)}(k_1) \cdot \hat{n}_1 \mathrm{d}S_1 \quad (6.2.22)$$

如 6.1 节的讨论, 当 $\boldsymbol{E}^i$ 和 $\boldsymbol{H}^i$ 已知时, 式 (6.2.7)~式 (6.2.10) 和式 (6.2.15)~式 (6.2.18) 组成一个方程组。对于双层旋转对称粒子 (内外粒子均旋转对称), 关于每个 $m = -M, -M+1, \cdots, M$, 取 $n = |m|, |m|+1, \cdots, |m|+N$, 以及 $n' = |m|, |m|+1, \cdots, |m|+N$ (M 和 N 为截断数), 则可得到一个包含 $8(N+1)$ 个未知数的方程组。求解方程组可得到散射场和内部场的展开系数, 进而求出相应的场分布, 以及其他散射参数。

下面以 5.3 节的双层旋转长椭球粒子和双层圆柱粒子为例, 给出归一化微分散射截面的数值结果。对于高斯波束入射的情况, 用本节理论和程序所得的结果与 5.3 节由扩展边界条件法所得的结果吻合较好, 因此不再给出结果和比较。下面给出零阶贝塞尔波束、厄米–高斯波束和拉盖尔–高斯波束入射时的归一化微分散射截面。

图 6.11 为双层旋转长椭球粒子对零阶贝塞尔波束散射的归一化微分散射截面。其中, 双层旋转长椭球粒子的参数为 $a = 1.5\lambda$, $a/b = 1.5$, $\tilde{n} = 1.33$, $a_1 = 1\lambda$, $a_1/b_1 = 2$, $\tilde{n}_1 = \sqrt{2}$; 零阶贝塞尔波束的半锥角为 $\psi = 60°$, O 的坐标为 $x_0 = y_0 = z_0 = 0$, 入射角 $\alpha = 0°$, $\beta = 60°$。

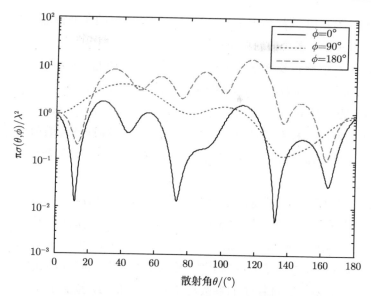

图 6.11 双层旋转长椭球粒子对零阶贝塞尔波束散射的归一化微分散射截面

图 6.12 为双层圆柱粒子对零阶贝塞尔波束散射的归一化微分散射截面。其中,双层圆柱粒子的参数为 $2l_0 = 1.5\lambda$, $l_0/r_0 = 1$, $\tilde{n} = 1.33$, $2l_1 = 1\lambda$, $l_1/r_1 = 1$, $\tilde{n}_1 = \sqrt{2}$；零阶贝塞尔波束的半锥角为 $\psi = 60°$, O 的坐标为 $x_0 = y_0 = z_0 = 0$, 入射角 $\alpha = 0°$, $\beta = 60°$。

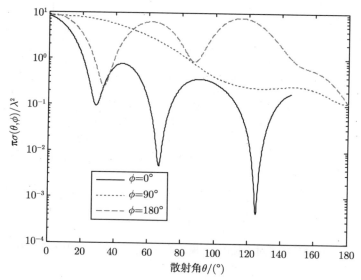

图 6.12 双层圆柱粒子对零阶贝塞尔波束散射的归一化微分散射截面

图 6.11 和图 6.12 同样体现了零阶贝塞尔波束散射的典型特点，即并不是前向 ($\theta = \beta$) 最强，往往有多个散射强度的极大值点。

图 6.13 为双层旋转长椭球粒子对 $\text{TEM}_{10}^{(x')}$ 模式的厄米–高斯波束散射的归一化微分散射截面，其中双层旋转长椭球粒子的参数与图 6.11 的相同，厄米–高斯波束的参数为束腰半径 $w_0 = 5\lambda$, $x_0 = y_0 = z_0 = 0$, $\alpha = 0°$, $\beta = 60°$。

图 6.14 为双层圆柱粒子对 $\text{TEM}_{10}^{(x')}$ 模式的厄米–高斯波束散射的归一化微分散射截面，其中双层圆柱粒子的参数与图 6.12 的相同，厄米–高斯波束的参数与图 6.13 的相同。

图 6.15 为双层旋转长椭球粒子对 $\text{TEM}_{dn}^{(\text{rad})}$ 模式的拉盖尔–高斯波束散射的归一化微分散射截面，其中双层旋转长椭球粒子的参数与图 6.11 的相同，拉盖尔–高斯波束的参数为束腰半径 $w_0 = 5\lambda$, $x_0 = y_0 = z_0 = 0$, $\alpha = 0°$, $\beta = 60°$。

图 6.16 为双层圆柱粒子对 $\text{TEM}_{dn}^{(\text{rad})}$ 模式的拉盖尔–高斯波束散射的归一化微分散射截面，其中双层圆柱粒子的参数与图 6.12 的相同，拉盖尔–高斯波束的参数与图 6.15 的相同。

由图 6.13～图 6.16 同样可以看出，对于 $\text{TEM}_{10}^{(x')}$ 模式的厄米–高斯波束和 $\text{TEM}_{dn}^{(\text{rad})}$ 模式的拉盖尔–高斯波束在 $\theta = \beta$ 处散射强度具有明显的一个极小值。

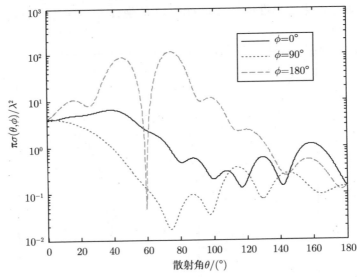

图 6.13 双层旋转长椭球粒子对 $\text{TEM}_{10}^{(x')}$ 模式的厄米–高斯波束散射的归一化微分散射截面

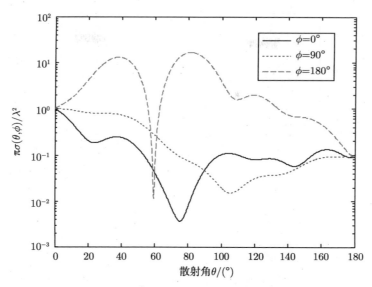

图 6.14 双层圆柱粒子对 $\mathrm{TEM}_{10}^{(x')}$ 模式的厄米–高斯波束散射的归一化微分散射截面

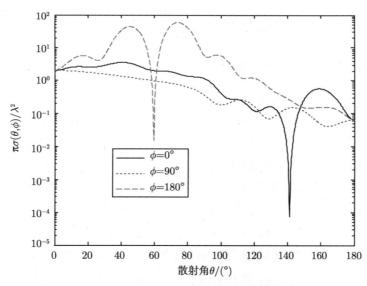

图 6.15 双层旋转长椭球粒子对 $\mathrm{TEM}_{dn}^{(\mathrm{rad})}$ 模式的拉盖尔–高斯波束散射的归一化微分散射截面

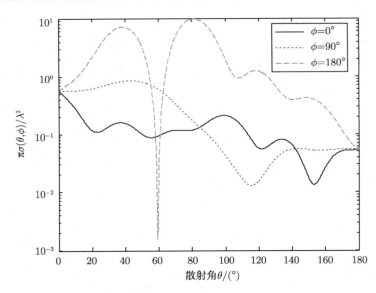

图 6.16　双层圆柱粒子对 $\mathrm{TEM}_{dn}^{(\mathrm{rad})}$ 模式的拉盖尔–高斯波束散射的归一化微分散射截面

6.3　镀层导体粒子对任意波束的散射

6.3.1　镀层导体粒子散射的一般理论

在图 6.10 中把内层粒子换成良导体，即描述了一个镀层导体粒子对任意波束散射的示意图。将粒子的内部为良导体，外部的介质层为镀层，称为镀层导体粒子。

同样，镀层导体粒子的散射场 $(\boldsymbol{E}^s, \boldsymbol{H}^s)$ 具有如式 (6.1.1) 和式 (6.1.2) 所给出的球矢量波函数展开式，外面介质镀层内的电磁场 $(\boldsymbol{E}^w, \boldsymbol{H}^w)$ 具有如式 (6.2.1) 和式 (6.2.2) 所表示的展开式，内层良导体内没有场分布。

镀层与自由空间的分界面 S 上同样具有如式 (6.1.5) 和式 (6.1.6) 的边界条件。与 6.2 节的讨论相同，应用投影法可得散射场与镀层内部场展开系数之间的关系式，即式 (6.2.7)~式 (6.2.10)。展开系数其他的关系式可由良导体表面 S' 上的边界条件和投影法得到。

良导体表面 S_1 上的边界条件要求电场强度在 S_1 上的切向分量为零，可表示为

$$\hat{n}_1 \times \boldsymbol{E}^w = 0 \tag{6.3.1}$$

把式 (6.2.1) 代入可得

$$\hat{n}_1 \times \sum_{m=-\infty}^{\infty} \sum_{n=|m|}^{\infty} [c_{mn} \boldsymbol{M}_{mn}^{(1)}(k') + c'_{mn} \boldsymbol{M}_{mn}^{(3)}(k') + d_{mn} \boldsymbol{N}_{mn}^{(1)}(k') + d'_{mn} \boldsymbol{N}_{mn}^{(3)}(k')] = 0$$

(6.3.2)

受 6.1 节的启示，可以理解为: 散射场以及粒子内部的场是由入射场的激励而产生的。因此，可以把入射场看作是 "源"，而散射场和粒子内部的场为随后的 "响应"。第一类球矢量波函数 $\boldsymbol{M}_{mn}^{r(1)}(k)$ 和 $\boldsymbol{N}_{mn}^{r(1)}(k)$ 常用来对入射场进行展开，可理解为基函数，即入射波束用合适的基函数展开。随后投影法的操作可认为是求在基函数上的投影。同样，在镀层内部的场包括了向导体传输的场和导体辐射的场，其中向导体传输的场可看作是激励源，激励导体产生辐射场，辐射场为对激励源的响应。向导体传输的场可用第一类球矢量波函数 $\boldsymbol{M}_{mn}^{r(1)}(k')$ 和 $\boldsymbol{N}_{mn}^{r(1)}(k')$ 展开，而导体的辐射场则用第三类球矢量波函数 $\boldsymbol{M}_{mn}^{r(3)}(k')$ 和 $\boldsymbol{N}_{mn}^{r(3)}(k')$ 展开。因此，下面可以按照 6.1 节的思路，求边界条件在第一类球矢量波函数上的投影，即在式 (6.3.2) 两边分别点乘 $\boldsymbol{M}_{(-m')n'}^{(1)}(k')$ 和 $\boldsymbol{N}_{(-m')n'}^{(1)}(k')$，然后在导体表面 S_1 上求面积分，可得

$$\sum_{m=-\infty}^{\infty} \sum_{n=|m|}^{\infty} [U_{m'n'mn}^{(1)} c_{mn} + U_{m'n'mn}^{(3)} c'_{mn} + V_{m'n'mn}^{(1)} d_{mn} + V_{m'n'mn}^{(3)} d'_{mn}] = 0 \quad (6.3.3)$$

$$\sum_{m=-\infty}^{\infty} \sum_{n=|m|}^{\infty} [K_{m'n'mn}^{(1)} c_{mn} + K_{m'n'mn}^{(3)} c'_{mn} + L_{m'n'mn}^{(1)} d_{mn} + L_{m'n'mn}^{(3)} d'_{mn}] = 0 \quad (6.3.4)$$

其中，相应的参数分别为 $(j=1,3)$

$$(U \quad V)_{m'n'mn}^{(j)} = \oint_{S_1} \boldsymbol{M}_{(-m')n'}^{(1)}(k') \times (\boldsymbol{M} \quad \boldsymbol{N})_{mn}^{(j)}(k') \cdot \hat{n}_1 \mathrm{d}S_1 \quad (6.3.5)$$

$$(K \quad L)_{m'n'mn}^{(j)} = \oint_{S_1} \boldsymbol{N}_{(-m')n'}^{(1)}(k') \times (\boldsymbol{M} \quad \boldsymbol{N})_{mn}^{(j)}(k') \cdot \hat{n}_1 \mathrm{d}S_1 \quad (6.3.6)$$

如 6.2 节的讨论，当 $\boldsymbol{E}^i$ 和 $\boldsymbol{H}^i$ 已知时，式 (6.2.7)~式 (6.2.10) 和式 (6.3.3)、式 (6.3.4) 组成一个方程组。对于旋转对称粒子 (镀层和导体均旋转对称)，关于每个 $m = -M, -M+1, \cdots, M$，取 $n = |m|, |m|+1, \cdots, |m|+N$，以及 $n' = |m|, |m|+1, \cdots, |m|+N$ (M 和 N 为截断数)，则可得到一个包含 $6(N+1)$ 个未知数的方程组。应用通常的方法，如高斯消去法求解方程组得到散射场和镀层内场的展开系数，进而可求出相应的场和有关散射参数。

下面以高斯波束、零阶贝塞尔波束、厄米–高斯波束和拉盖尔–高斯波束入射镀层旋转长椭球和有限长圆柱为例，给出归一化微分散射截面的数值结果。

图 6.17 为镀层旋转长椭球粒子对 TE 模式的高斯波束散射的归一化微分散射截面。其中，镀层旋转长椭球粒子的参数为 $a = 1.5\lambda$，$a/b = 1.5$，$\tilde{n} = 2$，$a_1 = 1\lambda$，$a_1/b_1 = 2$；高斯波束束腰半径 $w_0 = 5\lambda$，O 的坐标为 $x_0 = y_0 = z_0 = 0$，入射角度 $\alpha = 0°$，$\beta = 60°$。

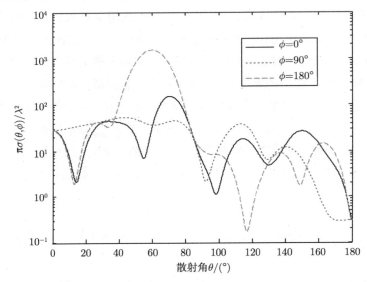

图 6.17　镀层旋转长椭球粒子对 TE 模式的高斯波束散射的归一化微分散射截面

图 6.18 为镀层有限长圆柱粒子对 TE 模式的高斯波束散射的归一化微分散射截面。其中，镀层有限长圆柱粒子的参数为 $2l_0 = 1.5\lambda$，$l_0/r_0 = 1$，$\tilde{n} = 2$，$2l_1 = 1\lambda$，$l_1/r_1 = 1$；高斯波束束腰半径 $w_0 = 5\lambda$，O 的坐标为 $x_0 = y_0 = z_0 = 0$，入射角度 $\alpha = 0°$，$\beta = 60°$。

图 6.17 和图 6.18 中表现出了高斯波束前向 $(\theta = \beta)$ 散射最强的特点。

图 6.19 为镀层旋转长椭球粒子对零阶贝塞尔波束散射的归一化微分散射截面。其中，镀层旋转长椭球粒子的参数与图 6.17 的相同；零阶贝塞尔波束的参数：半锥角为 $\psi = 60°$，O 的坐标为 $x_0 = y_0 = z_0 = 0$，入射角度 $\alpha = 0°$，$\beta = 60°$。

图 6.20 为镀层有限长圆柱粒子对零阶贝塞尔波束散射的归一化微分散射截面。其中，镀层有限长圆柱粒子的参数与图 6.18 的相同；零阶贝塞尔波束的参数与图 6.19 的相同。

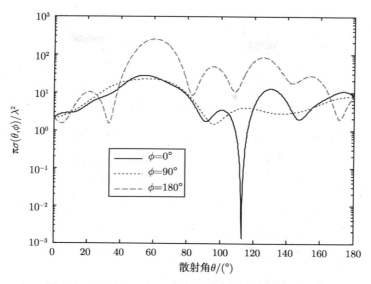

图 6.18　镀层有限长圆柱粒子对 TE 模式的高斯波束散射的归一化微分散射截面

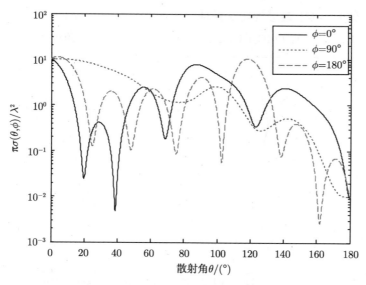

图 6.19　镀层旋转长椭球粒子对零阶贝塞尔波束散射的归一化微分散射截面

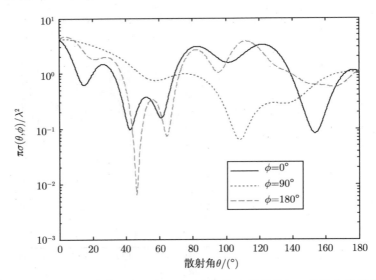

图 6.20 镀层有限长圆柱粒子对零阶贝塞尔波束散射的归一化微分散射截面

图 6.21 为镀层旋转长椭球粒子对 $\mathrm{TEM}_{10}^{(x')}$ 模式的厄米–高斯波束散射的归一化微分散射截面, 其中镀层旋转长椭球粒子的参数与图 6.17 的相同; 厄米–高斯波束的束腰半径 $w_0 = 5\lambda$, O 的坐标为 $x_0 = y_0 = z_0 = 0$, 入射角度 $\alpha = 0°$, $\beta = 60°$。

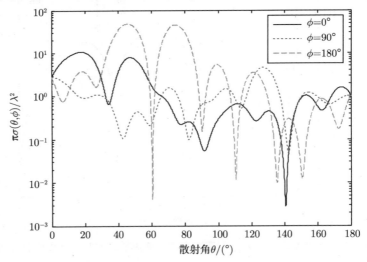

图 6.21 镀层旋转长椭球粒子对 $\mathrm{TEM}_{10}^{(x')}$ 模式的厄米–高斯波束散射的归一化微分散射截面

图 6.22 为镀层有限长圆柱粒子对 $\mathrm{TEM}_{10}^{(x')}$ 模式的厄米–高斯波束散射的归一化微分散射截面。其中, 镀层有限长圆柱粒子的参数与图 6.18 的相同; 厄米–高斯

波束的参数与图 6.21 的相同。

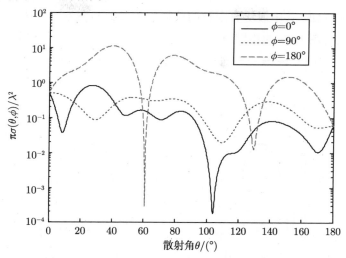

图 6.22 镀层有限长圆柱粒子对 $\mathrm{TEM}_{10}^{(x')}$ 模式的厄米–高斯波束散射的归一化微分散射截面

图 6.23 为镀层旋转长椭球粒子对 $\mathrm{TEM}_{dn}^{(\mathrm{rad})}$ 模式的拉盖尔–高斯波束散射的归一化微分散射截面，其中镀层旋转长椭球粒子的参数与图 6.17 的相同；拉盖尔–高斯波束的束腰半径 $w_0 = 5\lambda$，O 的坐标为 $x_0 = y_0 = z_0 = 0$，入射角度 $\alpha = 0^\circ$，$\beta = 60^\circ$。

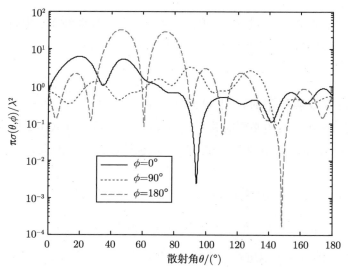

图 6.23 镀层旋转长椭球粒子对 $\mathrm{TEM}_{dn}^{(\mathrm{rad})}$ 模式的拉盖尔–高斯波束散射的归一化微分散射截面

图 6.24 为镀层有限长圆柱粒子对 $\mathrm{TEM}_{dn}^{(\mathrm{rad})}$ 模式的拉盖尔-高斯波束散射的归一化微分散射截面,其中镀层有限长圆柱粒子的参数与图 6.18 的相同;拉盖尔-高斯波束的参数与图 6.23 的相同。

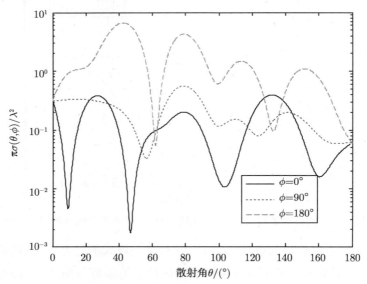

图 6.24 镀层有限长圆柱粒子对 $\mathrm{TEM}_{dn}^{(\mathrm{rad})}$ 模式的拉盖尔-高斯波束散射的归一化微分散射截面

与前面讨论的单层、双层粒子相比,镀层粒子对高斯波束、零阶贝塞尔波束、厄米-高斯波束和拉盖尔-高斯波束的散射也有相似的特点。

6.3.2 问题讨论

(1) 在讨论双层粒子时,由投影法得到展开系数之间的一些关系式,即式(6.2.7)~式(6.2.10)。其他必要的关系式由零场定理得到,即式(6.2.15)~式(6.2.18)。考虑到 6.3 节的讨论,式 (6.2.15)~式 (6.2.18) 也可以由另外的关系式来代替。具体如下。

考虑分界面 S_1 上的边界条件:

$$\hat{n}_1 \times \boldsymbol{E}^w = \hat{n}_1 \times \boldsymbol{E}^{w(1)}, \quad \hat{n}_1 \times \boldsymbol{H}^w = \hat{n}_1 \times \boldsymbol{H}^{w(1)} \tag{6.3.7}$$

根据 6.3 节的讨论可以进行如下操作:把式 (6.2.1)~式 (6.2.4) 代入到式 (6.3.7),然后采用投影法,在所得到的方程两边分别点乘 $\boldsymbol{M}_{mn}^{(1)}(k')$ 和 $\boldsymbol{N}_{mn}^{(1)}(k')$,并在 S_1 上求面积分。这样可以得到 4 个方程,与式 (6.2.7)~式 (6.2.10) 组成方程组,也可从中求出各展开系数。

(2) 讨论良导体对任意波束的散射。该散射问题的示意图只需把图 6.1 中的介质用良导体代替即可。散射场仍然有式 (6.1.1) 和式 (6.1.2) 的球矢量波函数展开式，良导体内部场为零，边界条件为

$$\hat{n} \times (\boldsymbol{E}^i + \boldsymbol{E}^s) = 0 \tag{6.3.8}$$

把式 (6.1.1) 代入式 (6.3.8) 可得

$$\hat{n} \times \sum_{m=-\infty}^{\infty} \sum_{n=|m|}^{\infty} [\alpha_{mn} \boldsymbol{M}_{mn}^{r(3)}(k) + \beta_{mn} \boldsymbol{N}_{mn}^{r(3)}(k)] = 0 \tag{6.3.9}$$

在式 (6.3.9) 两边分别点乘 $\boldsymbol{M}_{m'n'}^{(1)}(k)$ 和 $\boldsymbol{N}_{m'n'}^{(1)}(k)$，并在 S 上求面积分可得

$$-\oint_S \boldsymbol{M}_{m'n'}^{r(1)}(k) \times \boldsymbol{E}^i \cdot \hat{n} \mathrm{d}S = E_0 \sum_{m=-\infty}^{\infty} \sum_{n=|m|}^{\infty} [U_{m'n'mn}\alpha_{mn} + V_{m'n'mn}\beta_{mn}] \tag{6.3.10}$$

$$-\oint_S \boldsymbol{N}_{m'n'}^{r(1)}(k) \times \boldsymbol{E}^i \cdot \hat{n} \mathrm{d}S = E_0 \sum_{m=-\infty}^{\infty} \sum_{n=|m|}^{\infty} [K_{m'n'mn}\alpha_{mn} + L_{m'n'mn}\beta_{mn}] \tag{6.3.11}$$

由式 (6.3.10) 和式 (6.3.11) 组成的方程组可求出散射场的展开系数。读者可以在 6.1 节均匀粒子散射程序的基础上进行简单改动，编写出良导体对任意波束散射的程序。

(3) 从物理意义上来讲，对于双层和镀层粒子，当外层介质的相对折射率 $\tilde{n}$ 取值为 1 时，则相应转化为了均匀粒子和良导体对任意波束的散射问题。根据问题 (1) 和 (2) 从理论上可以证明上述结论，并且从程序上也可以验证。对于均匀粒子和双层粒子，在 6.1 节和 6.2 节中已给出了一些数值结果；对于良导体的散射，下面给出几个微分散射截面的算例，以便读者验证自己所写的问题 (2) 的程序。

图 6.25 为良导体旋转长椭球对高斯波束散射的归一化微分散射截面。其中，良导体旋转长椭球参数为 $a = 1.5\lambda$，$a/b = 2$；入射高斯波束参数：$x_0 = y_0 = z_0 = 0$，$x_0 = y_0 = z_0 = 0$，$w_0 = 5\lambda$，入射角 $\alpha = 0°$，$\beta = 60°$。

图 6.26 为良导体有限长圆柱对高斯波束散射的归一化微分散射截面。其中，良导体有限长圆柱参数为长度 $l_0 = 1.5\lambda$，长度与半径之比 $l_0/r_0 = 2$，入射高斯波束参数与图 6.25 相同。

图 6.27 为良导体旋转长椭球对不同半锥角 ψ 的零阶贝塞尔波束散射的归一化微分散射截面。其中，良导体旋转长椭球参数与图 6.25 相同；入射零阶贝塞尔波束参数为 $x_0 = y_0 = z_0 = 0$，入射角 $\alpha = 0°$，$\beta = 60°$。

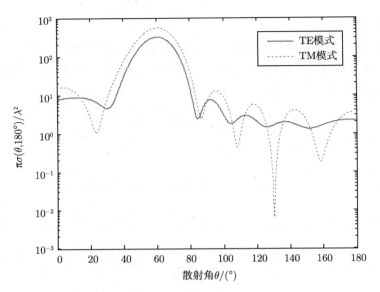

图 6.25　良导体旋转长椭球对高斯波束散射的归一化微分散射截面

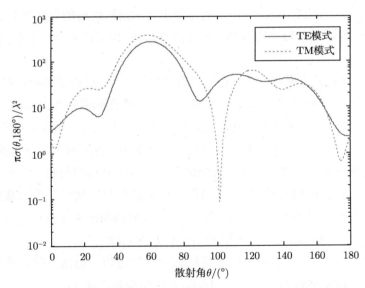

图 6.26　良导体有限长圆柱对高斯波束散射的归一化微分散射截面

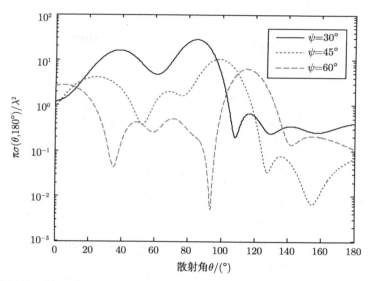

图 6.27　良导体旋转长椭球对不同半锥角 ψ 的零阶贝塞尔波束散射的归一化微分散射截面

　　图 6.28 为良导体有限长圆柱对不同半锥角 ψ 的零阶贝塞尔波束散射的归一化微分散射截面。其中，良导体圆柱的参数与图 6.26 相同；入射零阶贝塞尔波束参数与图 6.27 相同。

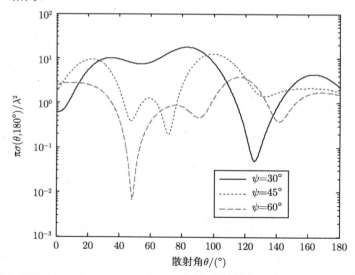

图 6.28　良导体有限长圆柱对不同半锥角 ψ 的零阶贝塞尔波束散射的归一化微分散射截面

　　读者也可以编程计算良导体旋转长椭球和有限长圆柱对 $\mathrm{TEM}_{10}^{(x')}$ 模式的厄米-高斯波束和 $\mathrm{TEM}_{dn}^{(\mathrm{rad})}$ 模式的拉盖尔-高斯波束散射的微分散射截面。

参 考 文 献

[1] Ishimaru A. Wave Propagation and Scattering in Random Medium[M]. NewYork: Academic Press, 1978.

[2] De Hulst H C. Light Scattering by Small Particles[M]. New York: Dover Publications Inc., 1981.

[3] Bohren C F, Huffman D R. Absorption and Scattering of Light by Small Particles[M]. New York: John Wiley & Sons Inc., 1983.

[4] Barber P W, Hill S C. Light Scattering by Particles: Computational Methods[M]. London: World Scientific Publishing, 1990.

[5] Liou K N, Takano Y. Light scattering by nonspherical particles: Remote sensing and climatic implications[J]. Atmospheric Research, 1994, 31(94): 271-298.

[6] Mishchenko M L , Travis L D, Lacis A A. Book review: Scattering, absorption, and emission of light by small particles / Cambridge University Press[J]. Space Science Reviews, 2002, 101: 442.

[7] Gouesbet G, Lock J A. On the electromagnetic scattering of arbitrary shaped beams by arbitrary shaped particles: A review[J]. Journal of Quantitative Spectroscopy and Radiative Transfer, 2015, 162: 31-49.

[8] Gouesbet G. Latest achievements in generalized Lorenz-Mie theories: A commented reference database[J]. Annalen der Physik, 2014, 526(12): 461-489.

[9] Wang M, Zhang H, Han Y, et al. Scattering of shaped beam by a conducting infinite cylinder with dielectric coating[J]. Applied Physics B, 2009, 96(1): 105-109.

[10] Wang M, Zhang H, Liu G, et al. Gaussian beam scattering by a rotationally uniaxial anisotropic sphere[J]. Journal of The Optical Society of America A, 2012, 29(11): 2376-2380.

[11] 金亚秋, 闵昊. 密集散射粒子的辐射传输和冰雪遥感的数值特征 [J]. 计算物理, 1992, 9: 793-796.

[12] Draine B T, Flatau P J. Discrete-dipole approximation for scattering calculations[J]. Journal of The Optical Society of America A, 1994, 11(4): 1491-1499.

[13] Morita N, Tanaka T, Yamasaki T, et al. Scattering of a beam wave by a spherical object[J]. IEEE Transactions on Antennas and Propagation, 1968, 16(6): 724-727.

[14] Tam W G, Corriveau R. Scattering of electromagnetic beams by spherical objects[J]. Journal of the Optical Society of America, 1978, 68(6): 763-767.

[15] Davis L W. Theory of electromagnetic beams[J]. Physical Review A, 1979, 19(3): 1177-1179.

[16] Kojima T, Yanagiuchi Y. Scattering of an offset two-dimensional Gaussian beam wave by a cylinder[J]. Journal of Applied Physics, 1979, 50(1): 41-46.

[17] Kozaki S. A new expression for the scattering of a Gaussian beam by a conducting cylinder[J]. IEEE Transactions on Antennas and Propagation, 1982, 30(5): 881-887.

[18] Kim J S, Lee S S. Scattering of laser beams and the optical potential well for a homogeneous sphere[J]. Journal of the Optical Society of America, 1983, 73(3): 303-312.

[19] Gouesbet G, Maheu B, Gréhan G. Light scattering from a sphere arbitrarily located in a Gaussian beam, using a Bromwich formulation[J]. Journal of the Optical Society of America A, 1988, 5(9): 1427-1443.

[20] Gouesbet G, Grehan G, Maheu B. Computations of the g_n coefficients in the generalized Lorenz-Mie theory using three different methods[J]. Applied Optics, 1988, 27(23): 4874-4883.

[21] Barton J P, Alexander D R, Schaub S A. Internal and near-surface electromagnetic fields for a spherical particle irradiated by a focused laser beam[J]. Journal of Applied Physics, 1988, 64(4): 1.

[22] Gouesbet G, Gréhan G, Maheu B. Localized interpretation to compute all the coefficients g_n^m in the generalized lorenz-mie theory[J]. Journal of the Optical Society of America A, 1990, 7(6): 998-1007.

[23] Barton J P, Alexander D R. Electromagnetic fields for an irregularly shaped, near-spherical particle illuminated by a focused laser beam[J]. Journal of Applied Physics, 1991, 69(12): 7973-7986.

[24] Lock J A. Contribution of high-order rainbows to the scattering of a gaussian laser beam by a spherical particle[J]. Journal of the Optical Society of America A, 1993, 10(4): 693-706.

[25] Khaled E E, Hill S C, Barber P W, et al. Scattered and internal intensity of a sphere illuminated with a Gaussian beam[J]. IEEE Transactions on Antennas and Propagation, 1993, 41(3): 295-303.

[26] Lock J A, Gouesbet G. Rigorous justification of the localized approximation to the beam-shape coefficients in generalized Lorenz-Mie theory. I. On-axis beams[J]. Journal of the Optical Society of America A, 1994, 11(9): 2503-2515.

[27] Gouesbet G, Lock J A. Rigorous justification of the localized approximation to the

beam-shape coefficients in generalized Lorenz-Mie theory. II. Off-axis beams[J]. Journal of the Optical Society of America A, 1994, 11(9): 2516-2525.

[28]   Gouesbet G, Gréhan G. Interaction between a Gaussian beam and an infinite cylinder with the use of non-$\sum$-separable potentials[J]. Journal of the Optical Society of America A,1994, 11(12): 3261-3273.

[29]   Khaled E E, Hill S C, Barber P W, et al. Light scattering by a coated sphere illuminated with a Gaussian beam[J]. Applied Optics, 1994, 33(15): 3308-3314.

[30]   Khaled E E, Hill S C, Barber P W, et al. Internal electric energy in a spherical particle illuminated with a plane wave or off-axis Gaussian beam[J]. Applied Optics, 1994, 33(3): 524-532.

[31]   Barton J P. Internal and near-surface electromagnetic fields for an absorbing spheroidal particle with arbitrary illumination[J]. Applied Optics, 1995, 34(36): 8472-8473.

[32]   Barton J P. Internal and near-surface electromagnetic fields for a spheroidal particle with arbitrary illumination [J]. Applied Optics, 1995, 34(24): 5542-5551.

[33]   Gouesbet G. Interaction between Gaussian beams and infinite cylinders, by using the theory of distributions[J]. Journal of Optics, 1995, 26(5): 225-239.

[34]   Onofri F, Gréhan G, Gouesbet G. Electromagnetic scattering from a multilayered sphere located in an arbitrary beam[J]. Applied Optics, 1995, 34(30): 7113-7124.

[35]   Hodges J T, Gréhan G, Gouesbet G, et al. Forward scattering of a gaussian beam by a nonabsorbing sphere[J]. Applied Optics, 1995, 34(12): 2120-2132.

[36]   Lock J A. Improved gaussian beam-scattering algorithm[J]. Applied Optics, 1995, 34(3): 559-570.

[37]   Barton J P. Electromagnetic-field calculations for irregularly shaped, axisymmetric layered particles with focused illumination[J]. Applied Optics, 1996, 35(3): 532-541.

[38]   Lock J A, Hodges J T. Far-field scattering of a non-Gaussian off-axis axisymmetric laser beam by a spherical particle[J]. Applied Optics, 1996, 35(33): 6605-6616.

[39]   Wu Z S, Guo L X, Ren K F, et al. Improved algorithm for electromagnetic scattering of plane waves and shaped beams by multilayered spheres[J]. Applied Optics, 1997, 36(21): 5188-5198.

[40]   Barton J P. Electromagnetic-field calculations for a sphere illuminated by a higher-order Gaussian beam. I. Internal and near-field effects[J]. Applied Optics, 1997, 36(6): 1303-1311.

[41]   Ren K F, Gréhan G, Gouesbet G. Scattering of a Gaussian beam by an infinite cylinder in the framework of generalized Lorenz-Mie theory: formulation and numerical results[J]. Journal of the Optical Society of America A, 1997, 50(14): 3014-3025.

[42] Doicu A, Wriedt T. Computation of the beam-shape coefficients in the generalized Lorenz-Mie theory by using the translational addition theorem for spherical vector wave functions[J]. Applied Optics, 1997, 36(13): 2971-2978.

[43] Barton J P. Electromagnetic field calculations for a sphere illuminated by a higher-order Gaussian beam. II. Far-field scattering[J]. Applied Optics, 1998, 37(15): 3339-3344.

[44] 吴振森, 郭立新, 吴成明. 离轴多层球对高斯波束的光散射 [J]. 光学学报, 1998,18(6): 680-687.

[45] Mees L, Ren K F, Gréhan G, et al. Scattering of a gaussian beam by an infinite cylinder with arbitrary location and arbitrary orientation: numerical results[J]. Applied Optics, 1999, 38(9): 1867.

[46] Gouesbet G, Ren K F, Mees L, et al. Cylindrical localized approximation to speed up computations for Gaussian beams in the generalized Lorenz-Mie theory for cylinders, with arbitrary location and orientation of the scatter[J]. Applied Optics, 1999, 38(12): 2647-2665.

[47] Gouesbet G. Validity of the cylindrical localized approximation for arbitrary shaped beams in generalized Lorenz-Mie theory for circular cylinders[J]. Journal of Moden Optics, 1999, 46(8): 1185-1200.

[48] Yokota M, He S, Takenaka T. Scattering of a Hermite-Gaussian beam field by a chiral sphere[J]. Journal of the Optical Society of America A, 2001, 18(7): 1681-1689.

[49] Han Y, Wu Z. Scattering of a spheroidal particle illuminated by a gaussian beam[J]. Applied Optics, 2001, 40(15): 2501-2509.

[50] Cai Y, Lin Q, Ge D. Propagation of partially coherent twisted anisotropic Gaussian Schell-model beams in dispersive and absorbing media[J]. Journal of the Optical Society of America A, 2002, 19(10): 2036-2042.

[51] 白璐. 多粒子对高斯波束的相干散射 [D]. 西安：西安电子科技大学, 2006.

[52] Kotlyar V V, Nalimov A G. Analytical expression for radiation forces on a dielectric cylinder illuminated by a cylindrical Gaussian beam[J]. Optics Express, 2006, 14(13): 6316-6321.

[53] Yan S , Yao B. Transverse trapping forces of focused Gaussian beam on ellipsoidal particles[J]. Journal of The Optical Society of America B, 2007, 24(7): 1596-1602.

[54] Yokota M, Aoyama K. Scattering of a Gaussian beam by dielectric cylinders with arbitrary shape using multigrid-moment method[J]. IEICE Transactions on Electronics, 2007, 90(2): 258-264.

[55] Venkatapathi M, Hirleman E D. Effect of beam size parameters on internal fields in an infinite cylinder irradiated by an elliptical Gaussian beam[J]. Journal of The Optical

Society of America A, 2007, 24(10): 3366-3370.

[56] Pawliuk P, Yedlin M. Gaussian beam scattering from a dielectric cylinder, including the evanescent region[J]. Journal of The Optical Society of America A, 2009, 26(12): 2558-2566.

[57] Wu Z, Yuan Q, Peng Y, et al. Internal and external electromagnetic fields for on-axis Gaussian beam scattering from a uniaxial anisotropic sphere[J]. Journal of The Optical Society of America A, 2009, 26(8): 1778-1787.

[58] Elsayed Esam M K. Scattering of a focused Gaussian beam by a dielectric spheroidal particle with a nonconcentric spherical core[C]. New York: Laser Science, 2010.

[59] Yuan Q, Wu Z, Li Z. Electromagnetic scattering for a uniaxial anisotropic sphere in an off-axis obliquely incident Gaussian beam[J]. Journal of The Optical Society of America A, 2010, 27(6): 1457-1465.

[60] Zhang H, Sun Y. Scattering by a spheroidal particle illuminated with a Gaussian beam described by a localized beam model[J]. Journal of The Optical Society of America B, 2010, 27(5): 883-887.

[61] Sun X, Wang H, Zhang H. Scattering of Gaussian beam by a conducting spheroidal particle with confocal dielectric coating[J]. Journal of Infrared, Millimeter and Terahertz Waves, 2010, 31(9): 1100-1108.

[62] Zhang H, Liao T. Scattering of Gaussian beam by a spherical particle with a spheroidal inclusion[J]. Journal of Quantitative Spectroscopy & Radiative Transfer, 2011, 112(9): 1486-1491.

[63] Yan B, Zhang H, Liu C. Gaussian beam scattering by a spheroidal particle with an embedded conducting sphere[J]. Journal of Infrared Millimeter & Terahertz Waves, 2011, 32(1): 126-133.

[64] Cui Z, Han Y, Xu Q. Numerical simulation of multiple scattering by random discrete particles illuminated by Gaussian beams[J]. Journal of The Optical Society of America A, 2011, 28(11): 2200-2208.

[65] Cui Z, Han Y, Zhang H. Scattering of an arbitrarily incident focused Gaussian beam by arbitrarily shaped dielectric particles[J]. Journal of The Optical Society of America B, 2011, 28(11): 2625-2632.

[66] Zhai Y, Zhang H, Sun Y, et al. On-axis Gaussian beam scattering by a chiral cylinder[J]. Journal of The Optical Society of America A, 2012, 29(11): 2509-2513.

[67] Han Y P, Cui Z W, Zhao W J, et al. Scattering of Gaussian beam by arbitrarily shaped particles with multiple internal inclusions[J]. Optics Express, 2012, 20(2): 718-731.

[68] Han Y P, Cui Z W, Gouesbet G, et al. Numerical simulation of Gaussian beam scattering by complex particles of arbitrary shape and structure[J]. Journal of Quantitative Spectroscopy & Radiative Transfer, 2012, 113(13): 1719-1727.

[69] Wang M, Zhang H, Liu G, et al. Gaussian beam scattering by a rotationally uniaxial anisotropic sphere[J]. Journal of the Optical Society of America A, 2012, 29(11): 2376-2380.

[70] Jiang Y, Shao Y, Qu X, et al. Scattering of a focused Laguerre-Gaussian beam by a spheroidal particle[J]. Journal of Optics, 2012, 14(12): 125709.

[71] Zhu X, Liao T, Zhang H, et al. Gaussian beam scattering by a chiral sphere[J]. Journal of Quantitative Spectroscopy and Radiative Transfer, 2012, 113(15): 1946-1950.

[72] Zhang H, Huang Z, Shi Y. Internal and near-surface electromagnetic fields for a uniaxial anisotropic cylinder illuminated with a Gaussian beam[J]. Optics Express, 2013, 21(13): 15645.

[73] Sun X, Zhang H, Wang H, et al. On-axis Gaussian beam scattering by a spheroid with a rotationally uniaxial anisotropic spherical inclusion[J]. Optics and Laser Technology, 2013: 185-189.

[74] Sun X, Wang H. Scattering of on-axis polarized Gaussian light beam by spheroidal water coating aerosol particle[J]. Chinese Optics Letter, 2014, 12(1): 69-72.

[75] Chen Z, Zhang H, Huang Z, et al. Scattering of on-axis Gaussian beam by a uniaxial anisotropic object[J]. Journal of The Optical Society of America A, 2014, 31(11): 2545-2550.

[76] Chen Z, Zhang H, Wu X, et al. Transmission of a Gaussian beam through a gyrotropic cylinder[J]. Journal of The Optical Society of America A, 2014, 31(9): 1931-1935.

[77] Wani M A, Kant N. Nonlinear propagation of Gaussian laser beam in an inhomogeneous plasma under plasma density ramp[J]. Optik, 2016, 127(16): 6710-6714.

[78] Chen Z, Zhang H, Wu X, et al. Gaussian beam scattering by a gyrotropic anisotropic object[J]. Journal of Quantitative Spectroscopy & Radiative Transfer, 2016, 180: 1-6.

[79] Huang Q, Cheng M, Guo L, et al. Scattering of aerosol particles by a Hermite-Gaussian beam in marine atmosphere[J]. Applied Optics, 2017, 56(19): 5329-5335.

[80] Zheng W, Tang H. Modeling of scattering cross section for mineral aerosol with a Gaussian beam[J]. Journal of Nanotechnology, 2018: 1-7.

[81] Doicu A, Wriedt T. Plane wave spectrum of electromagnetic beams[J]. Optics Communications, 1997, 136(1-2): 114-124.

[82] Friedman B, Russek J. Addition theorems for spherical waves[J]. Quarterly of Applied Mathematics, 1954, 12(1): 13-23.

[83] Stein S. Addition theorems for spherical wave functions[J]. Quarterly of Applied Mathematics, 1961, 19(1): 15-24.

[84] Cruzan Orval R. Translational addition theorems for spherical vector wave functions[J]. Quarterly of Applied Mathematics, 1962, 20(1): 33-40.

[85] Edmonds A R, Mendlowitz H. Angular momentum in quantum mechanics[J]. Physics Today, 1958, 11(4): 34-38.

[86] Stratton J A. Electromagnetic Theory[M]. New York: Dover Publications, 1941.

[87] Barton J P, Alexander D R. Fifth-order corrected electromagnetic field components for a fundamental Gaussian beam[J]. Journal of Applied Physics, 1989, 66(7): 2800-2802.

[88] Gouesbet G. Validity of the localized approximation for arbitrary shaped beams in generalized Lorenz-Mie theory for spheres[J]. Journal of the Optical Society of America A, 1999, 16(7): 1641-1650.

[89] Gouesbet G, Lock J A, Grehan G, et al. Generalized Lorenz-Mie theories and description of electromagnetic arbitrary shaped beams: Localized approximations and localized beam models, a review[J]. Journal of Quantitative Spectroscopy & Radiative Transfer, 2011, 112(1): 1-27.

[90] Stratton J A, Morse P M, Chu L J, et al. Spheroidal wave functions[J]. Computing in Science & Engineering, 1956, 9(6): 30-31.

[91] Zhang H, Han Y. Addition theorem for the spherical vector wave functions and its application to the beam shape coefficients[J]. Journal of the Optical Society of America B, 2008, 25(25): 255-260.

[92] Asano S, Yamamoto G. Light scattering by a spheroidal particle[J]. Applied Optics, 1975, 14(1): 29-49.

[93] Asano S. Light Scattering properties of spheroidal particles[J]. Applied Optics, 1979, 18(5): 712-723.

[94] 韩一平. 椭球粒子对高斯波束的散射 [D]. 西安: 西安电子科技大学, 2000.

[95] Zhang H, Han Y, Han G. Expansion of the electromagnetic fields of a shaped beam in terms of cylindrical vector wave functions[J]. Journal of The Optical Society of America B, 2007, 24(6): 1383-1391.

[96] Mitri F G. Arbitrary scattering of an electromagnetic zero-order Bessel beam by a dielectric sphere[J]. Optics Letters, 2011, 36(5): 766-768.